高等职业教育系列教材

S7-1500 PLC 应用技术

郭　琼　主　编
陈浩云　副主编
姚晓宁　丁　健　商　进　参　编

机械工业出版社

本书以西门子 S7-1500 PLC 为对象，介绍了 PLC 的基本结构、硬件配置及组态、编程指令、程序结构及编程方法，并在此基础上通过大量的案例分析、项目实践来提高读者对 PLC 的应用能力。此外，本书还介绍了 PLC 通信系统及 SCL 编程语言的应用，为进一步开发综合项目奠定基础。本书从实例分析、综合应用和项目设计着手，制定相应学习目标，在分析和解决问题的过程中，促进理论知识的学习和专业技能的提升。本书内容由浅入深、循序渐进，注重应用能力的培养，通过案例分析、项目引导及技能训练等环节加深读者对知识的理解和吸收。

本书可作为高等职业院校和应用型本科自动化类相关专业的教材，也可作为工程人员的培训教材或相关技术人员的参考书。

本书配有微课视频、电子课件、习题答案和源程序，视频可直接扫描书中二维码观看，需要其他教学资源的教师可登录 www.cmpedu.com 进行免费注册，审核通过后下载，或联系编辑获取（微信：13261377872，电话：010-88379739）。

图书在版编目(CIP)数据

S7-1500 PLC 应用技术/郭琼主编．—北京：机械工业出版社，2023.6(2025.2重印)
高等职业教育系列教材
ISBN 978-7-111-72793-4

Ⅰ. ①S… Ⅱ. ①郭… Ⅲ. ①PLC 技术-高等职业教育-教材 Ⅳ. ①TM571.6

中国国家版本馆 CIP 数据核字(2023)第 047734 号

机械工业出版社（北京市百万庄大街 22 号　邮政编码 100037）
策划编辑：李文轶　　　　　责任编辑：李文轶
责任校对：李小宝　李　杉　责任印制：郜　敏
北京富资园科技发展有限公司印刷
2025 年 2 月第 1 版·第 2 次印刷
184mm×260mm·16.25 印张·421 千字
标准书号：ISBN 978-7-111-72793-4
定价：69.00 元

电话服务　　　　　　　　　网络服务
客服电话：010-88361066　　机　工　官　网：www.cmpbook.com
　　　　　010-88379833　　机　工　官　博：weibo.com/cmp1952
　　　　　010-68326294　　金　书　网：www.golden-book.com
封底无防伪标均为盗版　　　机工教育服务网：www.cmpedu.com

Preface 前　言

党的二十大报告指出：坚持把发展经济的着力点放在实体经济上，推进新型工业化，加快建设制造强国、质量强国、航天强国、交通强国、网络强国、数字中国。实施产业基础再造工程和重大技术装备攻关工程，支持专精特新企业发展，推动制造业高端化、智能化、绿色化发展。

可编程序控制器（PLC）是一种以微型计算机为核心的通用工业控制器。从产生到现在，其控制功能和应用领域不断拓展，实现了由单体设备的简单逻辑控制到运动控制、过程控制及集散控制等各种复杂任务的发展。现在的 PLC 在模拟量处理、数据运算、人机接口和工业控制网络等方面的能力都已大幅提高，成为工业控制领域的主流控制设备之一。

本书以培养技术技能型人才为出发点，从实例分析、综合应用和项目设计着手，制定相应学习目标，使学生在分析和解决实际问题的过程中，逐步增强专业知识的应用能力。

本书以 S7-1500 PLC 为对象，对 PLC 的硬件结构、编程软件、编程指令及其项目应用进行了详细的介绍，以满足岗位对 S7-1500 PLC 项目开发和应用维护等方面相关人才的需求。本书共 8 章，第 1 章介绍了 PLC 的概念、产品和原理等；第 2 章介绍了 S7-1500 PLC 的硬件系统；第 3 章介绍了 TIA Portal 编程软件的应用、数据结构、硬件组态及简单项目应用；第 4、5 章介绍了 S7-1500 PLC 常用指令的属性、应用及程序块的属性和应用；第 6、7 章以 S7-1500 PLC 为主线，介绍了其综合应用，包括模拟量控制、变频驱动控制、通信等；第 8 章介绍了 S7-1500 PLC SCL 的基础指令及应用，为进一步开发基于 S7-1500 PLC 的综合项目奠定基础。

在 PLC 基础指令及程序块讲解方面，配有相应的实训，便于学生理解和掌握指令的基础知识、程序块结构和在程序中的应用；在 PLC 程序编写及设计方面，尽可能地采用案例分析和项目实践；各章节后还附有相应的技能训练和习题，便于学生更好地掌握 PLC 的相关知识；每章的最后用名言警句共勉。

本书理论通俗、案例和项目具体，注重知识的应用和技能的提升，可作为高等职业院校和应用型本科自动化类相关专业的教材，也可作为工程人员的培训教材或相关技术人员的参考书。

本书由无锡职业技术学院郭琼教授担任主编，陈浩云工程师担任副主编，无锡职业技术学院姚晓宁、丁健、商进副教授参与编写。

本书在编写过程中参考了大量的手册和相关书籍，在此向各位作者表示诚挚的感谢。由于编者水平有限，书中难免有疏漏之处，敬请读者批评指正。

编　者

目 录 Contents

前言

第 1 章 PLC 概述 1

1.1 PLC 的概念及应用 1
  1.1.1 PLC 的起源及发展 1
  1.1.2 PLC 的特点 1
  1.1.3 PLC 的应用 2
1.2 PLC 的分类及产品介绍 3
  1.2.1 PLC 的分类 3
  1.2.2 PLC 生产厂家及主要产品 ... 4
  1.2.3 西门子 S7 系列 PLC 及其软件 4
1.3 PLC 系统构成及工作原理 5
  1.3.1 PLC 系统基本构成 5
  1.3.2 PLC 的工作原理 6
  1.3.3 PLC 控制系统与继电接触器控制系统的比较 7
1.4 习题 8

第 2 章 S7-1500 PLC 硬件系统 9

2.1 S7-1500 系统介绍 9
  2.1.1 SIMATIC 自动化系统 9
  2.1.2 S7-1500 PLC 系统构成 11
2.2 CPU 模块 12
  2.2.1 CPU 分类 12
  2.2.2 CPU 结构及存储卡 13
  2.2.3 模块安装及接线 15
  2.2.4 固件更新 16
2.3 电源模块 19
  2.3.1 带有电源模块的 PLC 系统结构 ... 19
  2.3.2 负载电源 (PM) 20
  2.3.3 系统电源 (PS) 20
2.4 信号模块 (SM) 22
  2.4.1 模块类型 22
  2.4.2 数字量输入/输出模块 23
  2.4.3 模拟量输入/输出模块 26
  2.4.4 模块安装 32
2.5 通信模块 33
  2.5.1 模块分类 33
  2.5.2 CP 1543-1 模块特性 34
  2.5.3 CM 1542-5 模块特性 35
  2.5.4 CM PtP RS422/485 BA 模块特性 ... 36
2.6 CPU 的通电与设置 37
  2.6.1 CPU 的通电 37
  2.6.2 通过显示屏设置 IP 地址 ... 38
  2.6.3 CPU 的操作模式 39
2.7 习题 39

第 3 章 TIA Portal 编程软件及使用 40

3.1 TIA Portal 编程软件 40
  3.1.1 编程软件的特点 40
  3.1.2 编程软件的安装 41
  3.1.3 认识编程软件界面 44
3.2 编程基本知识 46
  3.2.1 S7-1500 PLC 数据类型 46
  3.2.2 S7-1500 PLC 的地址及寻址 ... 52
  3.2.3 程序中的变量 55
  3.2.4 程序中的常量 56
3.3 PLC 的编程语言及特点 57

3.3.1 编程语言选择操作 …………… 57
3.3.2 梯形图（LAD）和功能块图（FBD） … 58
3.3.3 语句表（STL） ………………… 58
3.3.4 结构化控制语言（SCL） ……… 59
3.4 S7-1500 PLC 的设备组态 ………… 59
3.4.1 设备组态的功能 ……………… 59
3.4.2 设备组态的操作 ……………… 60
3.5 实训 1：简单项目的建立与运行 … 66
3.5.1 任务 1：控制要求及 PLC 外部接线 … 66
3.5.2 任务 2：简单项目的建立 …… 67
3.5.3 任务 3：项目调试 …………… 75
3.6 实训 2：PLC 变量表及监控表功能 … 76
3.6.1 任务 1：PLC 变量表及变量寻址 … 76
3.6.2 任务 2：使用监控表和强制表调试程序 … 79
3.7 实训 3：TIA Portal 软件仿真功能的应用 … 80
3.7.1 任务 1：了解 S7-1500 仿真器 … 80
3.7.2 任务 2：启动和应用仿真功能 … 81
3.7.3 任务 3：系统和时钟存储器功能应用 … 82
3.8 习题 ………………………………… 84

第 4 章 S7-1500 PLC 的常用指令 …… 85

4.1 位逻辑运算指令 …………………… 86
4.1.1 基本指令及属性 ……………… 86
4.1.2 触点/线圈指令 ……………… 88
4.1.3 置位/复位指令 ……………… 90
4.1.4 沿检测指令 …………………… 91
4.1.5 SR/RS 触发器 ………………… 95
4.2 定时器指令 ………………………… 95
4.2.1 定时器指令概述 ……………… 95
4.2.2 定时器指令功能 ……………… 97
4.2.3 定时器指令的应用 ………… 100
4.3 计数器指令 ………………………… 101
4.3.1 加计数器 …………………… 102
4.3.2 减计数器 …………………… 102
4.3.3 加减计数器 ………………… 103
4.3.4 计数器指令的应用 ………… 104
4.4 数据处理与运算指令 …………… 104
4.4.1 移动操作指令 ……………… 104
4.4.2 比较操作指令 ……………… 107
4.4.3 数据转换指令 ……………… 109
4.4.4 数学函数指令 ……………… 112
4.5 程序控制操作指令 ……………… 113
4.5.1 JMP(N) 指令 ………………… 114
4.5.2 JMP_LIST 指令 ……………… 115
4.5.3 SWITCH 及 RET 指令 ……… 115
4.6 移位和循环移位指令 …………… 116
4.6.1 移位指令 …………………… 116
4.6.2 循环移位指令 ……………… 117
4.6.3 移位彩灯控制功能设计 …… 118
4.7 基本指令应用 …………………… 119
4.7.1 实训 1：三台电动机顺序起动功能实现 … 119
4.7.2 实训 2：交通灯控制系统设计 …… 120
4.7.3 实训 3：多台设备运行状态监控系统设计 … 123
4.8 习题 ……………………………… 126

第 5 章 程序块及其应用 …………… 128

5.1 用户程序 ………………………… 128
5.1.1 用户程序的任务 …………… 128
5.1.2 用户程序中的块 …………… 128
5.1.3 线性化编程与结构化编程 … 128
5.2 数据块（DB）及其应用 ………… 130
5.2.1 DB 介绍 …………………… 130
5.2.2 全局数据块 ………………… 131
5.2.3 背景数据块 ………………… 133
5.3 组织块（OB）及其应用 ………… 134
5.3.1 OB 的功能及类型 ………… 134

5.3.2	循环执行组织块	135
5.3.3	启动组织块	136
5.3.4	中断组织块的建立	137

5.4 功能（FC）及其应用 143
- 5.4.1 FC 介绍 143
- 5.4.2 带有形参的 FC 144
- 5.4.3 没有参数的 FC 146

5.5 功能块（FB）及其应用 150
- 5.5.1 FB 介绍 150
- 5.5.2 具有单个背景数据块的 FB 151
- 5.5.3 具有多重背景数据块的 FB 155

5.6 技能训练 158
- 5.6.1 任务 1：通过片段访问对 DB 变量寻址 158
- 5.6.2 任务 2：采用程序块设计函数 159

5.7 习题 159

第 6 章 PLC 综合项目设计与分析 161

6.1 PLC 控制系统设计 161
- 6.1.1 基本原则 161
- 6.1.2 步骤和内容 161

6.2 实训 1：液体混合搅拌器控制系统的设计与实现 163
- 6.2.1 任务 1：PLC 选型及外部接线 163
- 6.2.2 任务 2：控制功能的实现 165

6.3 实训 2：多台设备报警控制系统的设计与实现 166
- 6.3.1 任务 1：系统资源配置 166
- 6.3.2 任务 2：程序设计 167
- 6.3.3 任务 3：系统联调 168

6.4 实训 3：模拟量在控制系统中的应用 169
- 6.4.1 任务 1：模拟量的认识 169
- 6.4.2 任务 2：基于模拟量输入（A/D）的状态检测系统设计 169
- 6.4.3 任务 3：基于模拟量输出（D/A）的三角波信号发生器设计 174

6.5 实训 4：基于 PID 的变频调速系统的设计与实现 177
- 6.5.1 任务 1：变频调速系统外部接线 177
- 6.5.2 任务 2：变频调速系统硬件组态 179
- 6.5.3 任务 3：PID 工艺对象组态 185
- 6.5.4 任务 4：系统程序设计 188
- 6.5.5 任务 5：系统联调 190

6.6 习题 193

第 7 章 S7-1500 PLC 系统的通信应用 194

7.1 S7-1500 PLC 通信基础 194
- 7.1.1 PROFINET 接口通信 194
- 7.1.2 基于通信模块的通信 194

7.2 实训 1：S7-1500 PLC 的 S7 通信应用 195
- 7.2.1 任务 1：S7 通信及相关指令 195
- 7.2.2 任务 2：S7 通信系统的硬件组态 196
- 7.2.3 任务 3：PUT/GET 指令应用 197
- 7.2.4 任务 4：S7 通信系统通信功能测试 202

7.3 实训 2：S7-1500 PLC 以太网通信应用 203
- 7.3.1 任务 1：Modbus TCP 通信协议 203
- 7.3.2 任务 2：Modbus TCP 通信系统的硬件组态 204
- 7.3.3 任务 3：Modbus TCP 客户端程序设计 207
- 7.3.4 任务 4：Modbus TCP 服务器程序设计 213
- 7.3.5 任务 5：Modbus TCP 系统通信功能测试 215

7.4 实训 3：基于 PLCSIM Advanced 软件的仿真通信 216
- 7.4.1 任务 1：PLCSIM Advanced 仿真软件 216
- 7.4.2 任务 2：PLCSIM Advanced 3.0 仿

软件介绍 ················· 216
7.4.3　任务 3：PLCSIM Advanced 通信仿真
　　调试 ···················· 220
7.5　习题 ····················· 222

第 8 章　SCL 编程语言 ················ 224

8.1　SCL 简介 ··················· 224
　8.1.1　SCL 的特点 ············ 224
　8.1.2　SCL 的编辑界面 ········· 224
8.2　SCL 常用指令 ··············· 226
　8.2.1　指令类型及语法规则 ······ 226
　8.2.2　指令的输入方法 ·········· 227
　8.2.3　指令介绍 ··············· 229
8.3　SCL 程序监控及注释 ········· 236
　8.3.1　程序监控 ··············· 236
　8.3.2　程序注释 ··············· 237
8.4　SCL 编程设计 ··············· 238
　8.4.1　起保停电路 ············· 238
　8.4.2　定时器指令应用 ········· 238
　8.4.3　SCL 表达式和运算指令 ··· 239
　8.4.4　采用 SCL 实现数值查找功能 ········ 241
8.5　SCL 编程的综合应用 ············ 242
　8.5.1　实训 1：4 台电动机顺序起动控制程序
　　设计 ···················· 242
　8.5.2　实训 2：交通灯控制系统程序
　　设计 ···················· 244
8.6　习题 ····················· 249

附录　本书二维码视频清单　　250

参考文献　　252

第 1 章　PLC 概述

1.1　PLC 的概念及应用

1.1.1　PLC 的起源及发展

PLC 是可编程序控制器，英文名为 Programmable Logic Controller（可编程逻辑控制器），但并不意味 PLC 只具有逻辑功能，它是一种通用的自动控制装置，是专为在工业环境下应用而设计的工业计算机。这种工业计算机采用"面向用户的指令"，因此编程方便，能完成逻辑运算、顺序控制、运动控制、过程控制等功能，还具有"数字量或模拟量的输入/输出控制"等能力。

PLC 的定义有许多种，国际电工委员会（IEC）对 PLC 的定义是：可编程序控制器是一种专为在工业环境下应用而设计的数字运算操作的电子装置。它采用可编程序的存储器，用来在其内部存储执行逻辑运算、顺序控制、定时、计数和算术运算等操作的指令，并通过数字的或模拟的输入和输出，控制各种类型的机械或生产过程。可编程序控制器及其有关的外围设备，都应按易于与工业控制系统形成一个整体，易于扩展其功能的原则而设计。

PLC 起源于 20 世纪 60 年代末，因美国汽车制造业竞争激烈，各生产厂家需要不断推出新的车型来适应市场的快速变化。但在 PLC 出现之前，汽车生产线是通过继电接触器控制的，如果需要重新配置，则意味着对整个汽车控制系统的重新连接或重新建设。

因此，1968 年，美国当时最大的汽车制造商——通用汽车公司（GM）对汽车控制系统提出了具体要求并公开招标，目的是适应生产工艺不断更新的需要，设计一种新型的工业控制器来取代继电接触器控制装置，并要求把计算机控制的优点（功能完备，灵活性、通用性好）和继电接触器控制的优点（简单易懂、使用方便、价格低廉）结合起来，设想将继电接触器控制的硬接线逻辑转变为计算机的软件逻辑编程，且要求编程简单、容易上手。1969 年，美国数字设备公司（DEC）根据招标要求研制出世界上第一台可编程序控制器，并在美国通用汽车公司的自动装配线上试用成功，可编程序控制器自此诞生。

PLC 自问世以来，经过几十年的快速发展，技术日益成熟，应用范围也越来越广泛，现已形成了完整的产品系列，其功能与初级产品早已不可同日而语，强大的软、硬件功能已接近或达到计算机功能。目前，PLC 产品在工业控制领域中随处可见，并扩展到楼宇自动化、家庭自动化、商业、公共事业、测试设备和农业等领域。

1.1.2　PLC 的特点

PLC 功能强大、通用性好、适应面广、可靠性高、抗干扰能力强和编程简单且其控制系统结构简单、使用方便等特点，使其成为当前工业自动化领域使用量最多的控制设备，并跃居工业自动化三大支柱（PLC、机器人和CAD/CAM）的首位。

1. 抗干扰能力强、可靠性高

因工业现场存在电磁、电源波动、机械振动、温湿度变化等干扰因素，会影响计算机的正常工作。而PLC从硬件和软件两个方面都采取相应的抗干扰措施，使其能够安全、可靠地工作在恶劣的工业环境中。

硬件方面，PLC采用大规模和超大规模的集成电路，采用了隔离、滤波、屏蔽、接地等抗干扰措施，以及隔热、防潮、防尘、抗震等措施；软件方面，PLC采用循环周期扫描工作方式，减少了由于外界环境干扰引起的故障；在系统程序中设有故障检测和自诊断程序，能对系统硬件电路等故障实现检测和判断；采用数字滤波等抗干扰和故障诊断措施。以上这些措施使PLC具有了较高的抗干扰能力和可靠性。

2. 结构简单、使用方便，编程简单

在PLC控制系统中，只需在PLC的输入/输出端子上接入相应的信号线，不需要连接时间继电器、中间继电器等电压电器和大量复杂的硬件接线，大大简化了控制系统的结构。PLC体积小、质量轻，安装与维护也极为方便。此外，PLC的编程大多采用类似于继电器控制线路的梯形图形式，这种编程语言形象直观、容易掌握，编程非常方便。

3. 功能强大、通用性好

PLC内部有大量可供用户使用的编程元件，可以实现非常复杂的控制功能，满足用户的不同需求。此外，PLC的产品已经实现标准化、系列化、模块化，配备品种齐全的各种硬件装置供用户使用，用户能灵活方便地进行系统配置，组成不同功能、不同规模的控制系统。

PLC是将微电子技术应用于工业设备的产品，其结构紧凑、体积小、能耗低、重量轻。与继电接触器控制电路相比，PLC控制可完全替代需要使用大量电磁装置的继电接触器系统，由此极大地节省了空间，降低了电量消耗，也减小了设备维护的工作量。

1.1.3 PLC的应用

随着PLC技术的发展，PLC的应用领域已经从最初的单机、逻辑控制，发展到能够联网的、功能丰富的控制。

1. 逻辑控制

通过开关量"与""或""非"等逻辑指令的组合，取代传统的继电接触器控制电路，实现逻辑控制、定时控制与顺序控制，既可用于单台设备的控制，也可用于多机群控及自动化流水线控制，这是PLC最基本、最广泛的应用领域和最初能完成的基本功能，如机床、电镀流水线和电梯控制等。

2. 运动控制

运动控制通常采用数字控制（NC）技术。目前，发达国家在金属切削机床方面，数控化的比例已达到40%~80%。PLC可通过高速脉冲输出和计数功能，配合强大的数据处理及运算能力，通过NC技术实现各种运动控制功能。

PLC使用专用的运动控制模块，对步进电动机或伺服电动机的单轴或多轴进行控制。PLC将描述位置的数据传送给该模块，其输出可以移动一轴或数轴到目标位置；每个轴移动时，位置控制模块保持适当的速度和加速度，确保运动平滑，如各种机床、机器人和电梯等场合。

3. 过程控制

过程控制是指对温度、压力、流量等模拟量的控制。对于模拟量的控制，PLC 提供了配套的模数（A/D）和数模（D/A）转换模块，使其可以方便地处理这些模拟量；PLC 可以通过编写相应的控制算法程序，实现系统闭环控制，从而实现较高精度的过程控制，如 PID 控制。过程控制在冶金、化工、热处理、锅炉控制等场合都有非常广泛的应用。

4. 联网和通信功能

PLC 具有很强的联网和通信能力，其能与计算机、智能仪表、智能执行装置联成网络，适应了当今计算机集成制造系统（CIMS）及智能化工厂发展的需要，使设备级的控制、生产线的控制、工厂管理层的控制连成一个整体，形成控制自动化与管理自动化的有机集成，从而创造更高的经济效益。

PLC 发展至今，已成为设备控制、信息采集和数据通信的主要技术手段。PLC 通过自带的通信接口，或借助通信模块、协议转换器等方式与其他智能设备和系统互联，还可通过互联网或智能网关与云服务器连接，实现网间设备的信息共享和交互，获取故障信息和报警通知，实现远程运维。在未来通用工业控制器技术平台中，它是智能制造的核心和智能工厂的关键环节。

1.2 PLC 的分类及产品介绍

1.2.1 PLC 的分类

PLC 的分类可以按以下两种方法来进行。

1. 按 PLC 的点数分类

根据 PLC 及可扩展的输入/输出（I/O）点数，可以将 PLC 分为小型 PLC、中型 PLC 和大型 PLC 三类。一般小型 PLC 的输入/输出点数在 256 以下，中型 PLC 的输入/输出点数在 256~2048，大型 PLC 的输入/输出点数在 2048 以上。

2. 按 PLC 的结构分类

按结构进行分类，PLC 可分为整体式和模块式。整体式 PLC 将电源、CPU、存储器、I/O 系统都集中在一个小箱体内，小型 PLC 多为整体式 PLC，如图 1-1 所示；模块式 PLC 是按功能分成若干模块，如电源模块、CPU 模块、输入模块、输出模块、通信模块等，再根据系统要求，组合不同的模块，形成不同用途的 PLC，中大型的 PLC 多为模块式 PLC，如图 1-2 所示。

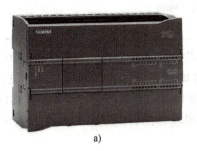
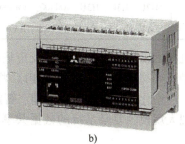

a)   b)

图 1-1 整体式 PLC

a) 西门子 S7-1200 系列　b) 三菱 FX5U 系列

 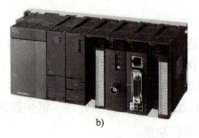

图 1-2 模块式 PLC

a) 西门子 S7-1500 系列   b) 三菱 Q 系列

1.2.2　PLC 生产厂家及主要产品

目前全球 PLC 生产厂家有 200 多家,市场占有率较高的有德国的西门子(SIEMENS)、法国的施耐德(Schneider)、TE(Telemecanique);美国的罗克韦尔(Rockwell)、通用(GE);日本的三菱(MITSUBISHI)、欧姆龙(OMRON)、松下电器(Panasonic)、富士电动机(FUJI)等品牌。

我国的 PLC 研制、生产和应用发展很快。在 20 世纪 70 年代末和 80 年代初,我国引进了很多国外的 PLC 成套设备。此后,在传统设备改造和新设备设计中,PLC 的应用逐年增多,并取得显著的经济效益。我国从 20 世纪 90 年代开始生产 PLC,也拥有较多的 PLC 品牌,如无锡信捷、深圳汇川、北京和利时和凯迪恩(KDN)、浙大中控、台湾地区的台达和永宏等;2019 年,国产 PLC 的市场份额已经超过 15%。目前应用较广的 PLC 生产厂商的主要产品如表 1-1 所示。

表 1-1　目前应用较广的 PLC 生产厂商的主要产品

生产厂商	主要产品
SIEMENS	S7-200 Smart、S7-1200、S7-300/400、S7-1500
Schneider	Micro、Premium、M340、Quantum、M580
Rockwell	MicroLogix、Compactlogix、SLC500、ControlLogix、PLC5
GE	90TM-30、90TM-70、90-70、VersaMax、PACSystems Rx3i
MITSUBISHI	FX3U、FX5U、Q00-Q25
OMRON	CP、CJ、CH、NJ、CS、CV
信捷	XE、XD、XC
汇川	H2U、H3U、H5U、AM400、AM600、AM610
台达	DVPSS、ES、EX、EH、AH、SA

随着计算机技术、网络技术的发展及市场需求的不断变化,目前 PLC 正朝着两个方向发展:一是向小型化、微型化方向发展,PLC 将体积更小、速度更快、功能更强、价格更低;二是向大型化、网络化、高性能、多功能、智能化方向发展,同计算机与智能设备组成分布式控制系统,实现大规模、复杂系统的数据共享和综合控制。因此 PLC 产品的快速更新迭代是必然趋势。

1.2.3　西门子 S7 系列 PLC 及其软件

目前市场上西门子 S7 系列 PLC 产品有 S7-200 Smart/1200/300/400/1500 等。

PLC 的老产品包括 S7-200、S7-300 及 S7-400 CPU，CPU 至少包含一个 RS485 通信接口，可用于程序上传、下载和与其他智能设备进行串口通信。S7-200 PLC 为小型 PLC，其性价比高、市场使用量大，但目前已停产，其升级版是 2012 年西门子推出的 S7-200 Smart，只针对中国市场。S7-200 Smart CPU 除带有 RS485 通信接口，还增加了以太网接口，其指令、程序结构和通信功能与 S7-200 的基本相同，但增加的以太网接口、通信库文件等内容使得其应用更加方便灵活，编程软件采用 STEP7-Micro/WIN Smart，不需要进行设备组态。S7-300/400 为中大型 PLC，是从西门子的 S5 系列发展而来，CPU 种类较多，如标准型 CPU314、紧凑型 CPU314C、故障安全型 CPU315F 等，它们与 S7-200 系列 PLC 使用方法差别较大，采用 STEP7 软件编程，且需进行设备组态。

　　S7-1200、S7-1500 是西门子公司主推的新一代 PLC 产品，是 SIMATIC PLC 产品家族中的旗舰产品，CPU 模块采用网络接口，可用于程序上传、下载和与其他智能设备的工业以太网通信。S7-1200 PLC 属于一体式的小型机，定位于 S7-200 和 S7-300 产品之间，用于中小型控制系统的集成及应用，其编程风格与 S7-200 的差别很大，但与 S7-300/400 的类似；S7-1500 PLC 适用于中高端自动化控制任务，适合较复杂的控制，是 S7-300/400 的替代产品，也是西门子当前主推的中大型机型。S7-1200 PLC 和 S7-1500 PLC 的指令是兼容的，但 S7-1500 PLC 的指令更加丰富，两类 PLC 的组态及编程采用了西门子全集成自动化的理念，将控制器、HMI（人机接口）、驱动等产品完美地集成到一个统一的平台——TIA Portal 软件。

　　目前，S7 系列中，除 S7-200 Smart 外，S7-1200、S7-300/400、S7-1500 的 PLC 产品都可在 TIA Portal 软件中进行项目的开发、编程、集成和仿真，软件平台的统一也使得 S7 产品的应用更加方便。

1.3　PLC 系统构成及工作原理

1.3.1　PLC 系统基本构成

　　西门子 S7-1500 PLC 是模块化结构的 PLC，各个模块之间可以通过组合和扩展，构成不同控制功能的 PLC 系统。S7-1500 PLC 系统可以包括 CPU 模块、信号模块、通信模块、工艺模块、电源模块等，这些模块统一安装在一根安装导轨上，并通过 U 型连接器互相连接。一个典型的 S7-1500 PLC 系统的构成如图 1-3 所示。

1. CPU 模块

　　中央处理器（CPU）是 PLC 系统的核心部件，它的主要作用是执行用户程序和连接其他自动化组件；一般由控制器、运算器和存储器组成。它将输入模块采集的外部信号，经过运算和逻辑处理后，通过输出模块的输出去控制执行机构，完成自动化控制任务。

2. 信号模块

　　信号模块是数字量输入/输出（I/O）模块和模拟量输入/输出（I/O）模块的总称；输入/输出模块是 CPU 与外部检测和控制元件的接口；输入模块分为数字量输入模块和模拟量输入模块；输出模块分为数字量输出模块和模拟量输出模块。

　　数字量输入模块主要用于采集外部的开关量信号到 CPU 中，如采集按钮、接近开关等开关类器件的信号；数字量输出模块用于输出 CPU 的逻辑运算结果，并控制外部数字量执行元件，如控制指示灯、线圈等。

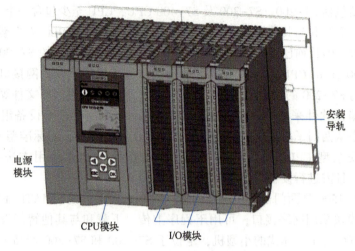

图 1-3 一个典型的 S7-1500 PLC 系统的构成

模拟量输入模块是将外部各类传感器、变送器等产生的标准电压或电流信号转换为 16 位数值并传送到 CPU；而模拟量输出模块是将 CPU 计算后的 16 位数字量转换为标准电压或电流信号，去控制外部模拟量执行元件，如控制电动阀门、变频器等。

3. 通信模块

S7-1500 PLC 系统可以通过通信模块将多个相对独立的站点相互连接并建立通信关系；S7-1500 系列 CPU 都集成有 PN 接口，可以实现基于 PROFINET 和以太网的通信连接；还可以通过增加通信模块的方式，实现更广泛的通信；S7-1500 系统的通信模块有点对点通信模块、PROFIBUS 通信模块和 PROFINET/ETHERNET 通信模块等。通过通信模块，CPU 和其他的 PLC、HMI、智能仪表或计算机相连，从而实现"人-机"或"机-机"之间的信息交互。

4. 工艺模块

工艺模块通常可以实现单一、特殊的功能，西门子功能强大的各类工艺模块可自动完成各种工艺任务，有效降低 CPU 的负荷。S7-1500 系统的工艺模块有计数模块、位置检测模块、基于时间的 I/O 模块、称重模块等；可以实现高速脉冲计数、高速脉冲输出，还可以实现高精度的速度和位置控制。

5. 电源模块

S7-1500 系统的电源模块有负载电源（PM）和系统电源（PS）两种。负载电源一般为 220 V 交流电源输入，直流 24 V 电源输出，用于向负载供电；负载电源不能通过背板总线向模块供电，不用安装在机架上。系统电源用于系统供电，它通过背板总线为 CPU 及模块供电，且必须安装在机架上。

1.3.2 PLC 的工作原理

PLC 的本质是一种工业控制计算机，其功能是从输入设备接收外部信号，根据用户程序的计算和逻辑运算结果，通过输出信号去控制外围设备的整个控制流程。PLC 的功能结构图如图 1-4 所示。

PLC 工作时，采用周期循环扫描的工作方式，即在每个工作周期中，输入、输出接口的

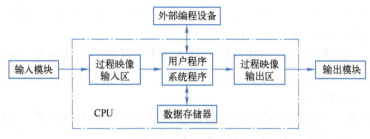

图 1-4　PLC 的功能结构图

信号状态都会被扫描一次并实时更新到过程映像输入区、过程映像输出区中；PLC 中的用户程序将以当前存储到过程映像区的输入、输出状态为基础执行程序，并将中间计算结果实时更新到过程映像输出区中。

一般来说，当 PLC 运行后，其工作过程可分为输出刷新阶段、输入采样阶段、程序执行阶段，完成这 3 个阶段即称为一个扫描周期。

1. 输出刷新阶段

CPU 在启动或新一个扫描周期开始时，会将初始值或程序执行后的结果，通过过程映像输出区（PIQ）输出到输出模块；输出模块输出信号驱动外部负载。

2. 输入采样阶段

输出刷新后，CPU 将输入模块各端子的状态读入过程映像输入区（PII）中，过程映像输入区的数值被更新，随后进入程序执行阶段。

3. 程序执行阶段

在程序执行阶段，用户程序只能访问过程映像区的数据，并不能访问 I/O 模块的端口，因此无论外部输入、输出端子信号如何变化，过程映像区的内容始终保持不变；直到下一个扫描周期的输入采样阶段才会将新内容重新写入。

PLC 根据最新读入的过程映像区的数据，以先左后右、先上后下的顺序逐行执行用户编写的程序，并将程序执行结果动态存入过程映像输出区（PIQ）中。

采用过程映像区处理输入、输出信号的好处在于，在 CPU 的一个扫描周期中，过程映像区可以向用户程序提供一个不变的过程信号，从而保证了 CPU 在执行用户程序过程中数据的一致性。

1.3.3　PLC 控制系统与继电接触器控制系统的比较

PLC 控制系统与继电接触器控制系统在运行方式上存在着本质的区别。继电接触器控制系统采用的是"并行运行"方式，各条支路同时上电；当一个继电接触器的线圈通电或者断电，该继电接触器的所有触点都会立即同时动作。而 PLC 采用"周期循环扫描"的工作方式，即 CPU 是通过逐行扫描并执行用户程序来实现的，当一个逻辑线圈接通或断开，该线圈的所有触点并不会立即动作，必须等到程序扫描执行到该触点时才会动作。

继电接触器控制是采用硬件和接线来实现控制逻辑的，它通过选用合适的分立元件（接触器、主令电器、各类继电器等），按照控制要求采用导线将触点相互连接，从而形成并实现既定的逻辑控制；如控制要求改变，硬件构成及接线都需进行相应的调整。而 PLC 采用程序控制，其控制逻辑是以程序方式存储在内存中，系统要完成的控制任务是通过执行存放在存储器中的程序来实现的；如控制要求改变，硬件电路连接可不用调整或进行简单的改动即可，主要是通过程序调整来实现，也称"软接线"。

PLC 采用软件编程取代了继电接触器控制系统中大量的中间继电器、时间继电器、计数器等器件，大大减少了 PLC 控制系统的体积和安装、接线的工作量；有效减少了系统维修工作量，并提高了工作的可靠性。

PLC 控制系统除了可以完成传统继电接触器控制系统所具有的功能，还可以实现模拟量控制、高速计数、过程控制、运动控制及通信联网等功能。

在控制系统中 PLC 并不是自动控制的唯一选择，还可以选择继电接触器控制和计算机控制等方式。根据控制要求的不同，每一种控制器都具有其独特的优势。但随着 PLC 价格的不断降低、性能的不断提升及系统集成的需求，PLC 控制器的优势越来越明显，应用范围也越来越广泛。

1.4 习题

1.1 PLC 具有哪些特点？主要应用在哪些方面？
1.2 PLC 按 I/O 点数可分为哪几类？
1.3 整体式 PLC 与模块式 PLC 各有什么特点？
1.4 PLC 按硬件结构分为哪两种？
1.5 试阐述 PLC 的工作原理。
1.6 输入/输出模块是_____的接口。
1.7 S7-1500 PLC 系统可以由哪些模块组成？
1.8 PLC 控制系统与继电接触器控制系统在运行方式上有何不同？

> 无一事而不学，无一时而不学，无一处而不学，成功之路也。
>
> ——朱熹

第 2 章　S7-1500 PLC 硬件系统

2.1　S7-1500 系统介绍

2.1.1　SIMATIC 自动化系统

SIMATIC 控制器集成在 TIA Portal 平台中，用于确保数据的高度一致以及全系统操作的统一，其产品的定位如图 2-1 所示，横轴为应用程序的复杂性，纵轴为系统性能。SIMATIC S7-1500 控制器的特点如下。

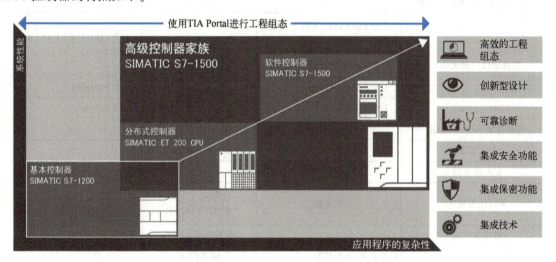

图 2-1　SIMATIC 产品的定位

1) SIMATIC S7-1500 控制器集成了通信和工艺功能，适用于自动化领域内的各种复杂应用。

2) SIMATIC S7-1500 控制器包含了 S7-1500 控制器的诸多功能，非常适合具有高复杂性和高系统性能要求的工厂自动化解决方案，可满足系统性能、灵活性和网络功能等方面的严苛要求。

3) SIMATIC ET 200 CPU 是一款兼备 S7-1500 突出性能与 ET 200SP I/O（分布式模块）简单易用、身形小巧于一身的分布控制器，为对机柜空间大小有要求或者分布式控制应用提供了完美的解决方案。

4) SIMATIC S7-1500 软件控制器采用 Hypervisor（又称虚拟机监视器，Virtual Machine Monitor，VMM）技术，在安装到 SIEMENS 工控机后，将工控机的硬件资源虚拟成两套硬件，其中一套运行 Windows 系统，另一套运行 S7-1500 PLC 实时系统，两套系统并行运行，通过西门子通信协议进行数据交换。

5）如果要提高系统的可用性，可使用冗余系统S7-1500R/H，该系统中有两个CPU（主CPU和备用CPU）会并行处理用户程序，并永久地同步所有相关数据；如果主CPU发生故障，则备用CPU将在中断处接管过程控制。

6）如果在控制柜外使用，可选择CPU 1513pro-2PN和CPU 1516pro-2PN控制器，该类控制器采用ET 200pro设计形式且防护等级为IP65/IP67。

表2-1列出了SIMATIC S7-1500系统的主要技术规范。

表2-1　SIMATIC S7-1500系统的主要技术规范

类型 技术规范	SIMATIC S7-1500	S7-1500软件控制器	SIMATIC S7-1500R/H
数据工作存储器（最大值）/MB	60	20	60
代码工作存储器（最大值）/MB	9	5	9
最大装载内存存储器	32 GB（存储卡）	320 MB	32 GB
I/O地址（最大值）/KB	32/32	32/32	32/32
集成接口（最大值）	1个PROFINET I/O（双端口交换机） 1个PROFINET I/O 1个PROFINET 1个PROFIBUS	支持硬件接口	1个PROFINET I/O（双端口交换机） 1个PROFINET 1个h-Sync
控制器集成输入/输出	C-CPU	×	×
组态控制	✓	✓	×
Web服务器	✓	✓	×
等时同步模式	分布式	分布式（支持使用CP1625）	×
集成显示屏	✓	同Windows应用	✓
集成工艺功能	运动控制/PID控制 C-CPU：高速计数器/PWM/PTO/频率输出	运动控制 PID控制	PID控制
安全集成	✓	✓	✓
集成系统诊断	✓	✓	✓
集成安全功能	在F-CPU中	在F-CPU中	×
防护等级	IP20	取决于硬件设备	IP20
系统冗余	×	×	✓

注：表中✓表示支持或具有该功能；×为不支持或不具有该功能。余表同。

SIMATIC S7-1500控制器具有人性化的外观设计，尤其是CPU上配置有LED显示屏，即插即用、不需要编程。在调试过程中，可通过显示屏来更改IP地址，可在菜单中显示控制信息和状态信息，并可进行各种设置，从而节省了大量的时间和成本；维修时，可通过显示屏快速访问诊断报警，减少了工厂停工时间。

SIMATIC S7-1500 控制器还提供了各种类型的功能模块，可实现输入/输出（I/O）、通信和工艺功能的扩展。由于 S7-1500 PLC 性能卓越，已成为工厂客户和现场维护人员的首选控制器。本书将介绍 SIMATIC S7-1500 PLC 的基本性能、程序编写及工程应用。

2.1.2 S7-1500 PLC 系统构成

S7-1500 PLC 系统包括 CPU 模块、电源模块、输入/输出模块、通信模块、接口模块、工艺模块等，模块之间可以通过 CPU 模块或 ET 200MP、ET 200S 等分布式 I/O 模块连接，共同完成系统任务。S7-1500 PLC 系统硬件模块组态如图 2-2 所示。可见，S7-1500 PLC 系统最多有 32 个模块，占用插槽 0~31，CPU 后面最多可以扩展 30 个模块（I/O、通信、系统电源等），系统采用单排配置（或组态），所有模块安装在导轨上，模块之间通过 U 型连接器连接在一起，形成一个自装配的背板总线。

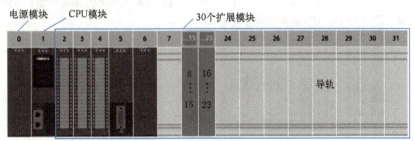

图 2-2 S7-1500 PLC 系统硬件模块组态

S7-1500 系统可由以下模块组成，配置示例如图 2-3 所示。
1）CPU 模块：分为标准型、紧凑型、故障安全型或工艺型。
2）信号模块（I/O）：又称输入/输出模块，包括数字量 I/O 模块和模拟量 I/O 模块。
3）通信模块：包括 PROFINET/Ethernet 通信、PROFIBUS 通信和 PtP 通信等模块。
4）工艺模块：包括计数、位置检测、称重和步进驱动控制等模块。
5）电源模块（可选）：包括负载电源模块和系统电源模块。

SIMATIC ET200MP 分布式 I/O 系统包括接口模块、信号模块、通信模块、系统电源模块等，配置示例如图 2-4 所示。其中，接口模块的接口支持 PROFINET 或 PROFIBUS 协议，用于与不在同一机架的 CPU 连接，如图 2-5 所示；接口模块后面最多可以扩展 12 个模块（I/O、通信、系统电源等），例如，带 IM 155-5 PN BA 接口模块的 ET200MP 配置如图 2-6 所示。

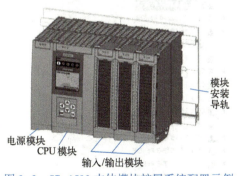

图 2-3 S7-1500 本体模块扩展系统配置示例

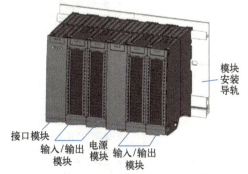

图 2-4 SIMATIC ET200MP 分布式 I/O 系统配置示例

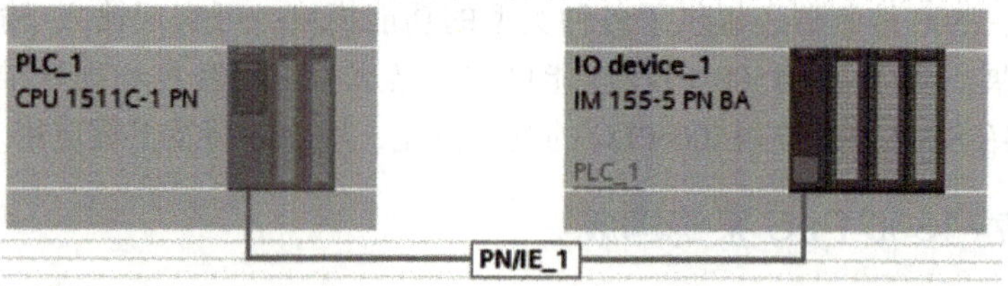

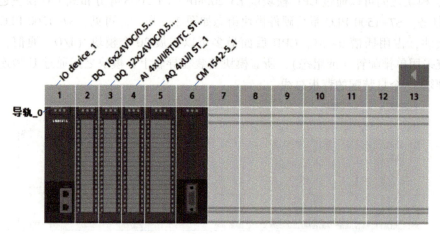

图 2-5　通过分布式 I/O 系统配置示例

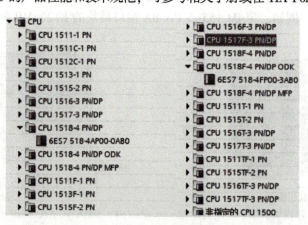

图 2-6　带 IM 155-5 PN BA 接口模块的 ET200MP 配置

2.2　CPU 模块

2.2.1　CPU 分类

CPU 模块是 PLC 系统必选的模块。CPU 模块分为标准型、紧凑型、安全型和工艺型等类型，如标准型模块 CPU 1511-1 PN、紧凑型模块 CPU 1512C-1 PN、安全型模块 CPU 1513F-1 PN、工艺型模块 CPU 1516T-3 PN/DP。

S7-1500 自动化系统提供了多种类型的 CPU，图 2-7 列出了 TIA Portal V16 编程软件中的 CPU 种类。要了解各种 CPU 的产品性能和技术规范，可参考相关手册或在 TIA Portal 软件中查看。

图 2-7　TIA Portal V16 编程软件中的 CPU 种类

2.2.2 CPU 结构及存储卡

1. CPU 结构

（1）模块外观

下面以标准型 CPU 1511-1 PN、紧凑型 CPU 1511C-1 PN 为基础，介绍 CPU 的性能、结构及接线。

标准型 CPU 1511-1 PN 外部结构如图 2-8 所示；同 CPU 1511-1 PN 结构相比，紧凑型 CPU 1511C-1 PN 不仅具有 CPU 模块，还集成了一块模拟量模块（AI5/AQ2）和一块数字量模块（DI16/DQ16），如图 2-9 所示。

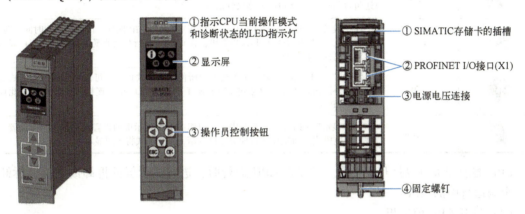

图 2-8 标准型 CPU 1511-1 PN 外部结构

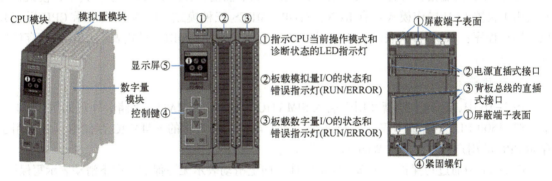

图 2-9 紧凑型 CPU 1511C-1 PN 外部结构

两款 CPU 的应用特性对比如表 2-2 所示。

表 2-2 CPU 1511-1 PN 和 CPU 1511C-1 PN 的应用特性对比

CPU	性能领域	PROFINET I/O RT/IRT 接口	工作存储器/MB	位操作处理时间/ns
1511-1 PN	适用于中小型应用的标准型 CPU	1	1.15	60
1511C-1 PN	适用于中小型应用的紧凑型 CPU	1	1.175	60

（2）CPU 前盖板

S7-1500 CPU 带有一个前盖板，上面装有显示屏和操作按键。在显示屏上可通过各种菜单显示控制数据和状态数据，并可执行大量的组态设置，显示屏子菜单说明如表 2-3 所示。

通过操作按键，可以在菜单之间进行切换。CPU 的显示屏具有下列优点：

1）通过纯文本形式的诊断消息缩短停机时间。
2）不需要编程设备便可更改站点上的界面设置。
3）可通过编程软件对显示屏分配密码。

表 2-3 显示屏子菜单说明

主菜单项	含 义	描 述
ℹ	概述	"概述"（Overview）菜单包含有关 CPU 属性的信息
∿	诊断	"诊断"（Diagnostics）菜单包含有关诊断消息、诊断说明和中断指示的信息。此外，还包含每个 CPU 接口的网络属性信息
🔧	设置	在"设置"（Settings）菜单中，可以指定 CPU 的 IP 地址，设置日期、时间、时区、操作模式（RUN/STOP）和保护等级，在 CPU 上执行存储器复位和复位为出厂设置以及显示固件更新状态
⫼	模块	"模块"（Modules）菜单包含组态中所使用的模块信息，可以集中或外围方式部署模块。外围部署的模块可通过 PROFINET 和/或 PROFIBUS 连接到 CPU。可在此设置 CPU 的 IP 地址
📱	显示屏	在"显示"（Display）菜单中，可以组态有关显示屏的设置，例如，语言设置、亮度和省电模式（省电模式将使显示屏变暗，待机模式将关闭显示屏）

CPU 的前盖板可以打开或移除。可以在 CPU 运行时，进行显示屏的拆卸或更换，拆卸时不会影响运行中的 CPU。

（3）打开 CPU 前盖板

打开 CPU 前盖板，可看见模式选择开关和存储卡插槽，如图 2-10 所示。其中，模式选择开关用于设置 CPU 操作模式：有 RUN、STOP、MRES 三种模式。RUN 模式表示 CPU 运行并执行用户程序；STOP 模式表示 CPU 停止，不执行用户程序；MRES 模式表示 CPU 进行存储器复位。

2. 存储卡

图 2-10 中，存储卡插槽②用于插入 SIMATIC 存储卡，SIMATIC 存储卡外观如图 2-11 所示。S7-1500 PLC 的存储卡仅支持经过西门子公司预先格式化的 SIMATIC 存储卡，主要用于存储 CPU 的用户程序，兼容 Windows 操作系统。

图 2-11 中通过写保护滑块修改保护属性，向上滑动表示无写保护，向下滑动表示写保护。

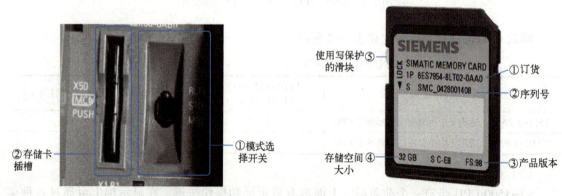

图 2-10 模式选择开关和存储卡插槽　　　　图 2-11 SIMATIC 存储卡外观

用户可以删除存储卡中的文件和文件夹。如果使用 Windows 工具对 SIMATIC 存储卡进行格式化（如使用市售读卡器），则该存储卡将无法再用作 S7 系列 CPU 的存储介质。

SIMATIC 存储卡可用作 CPU 的程序存储或固件更新，S7-1500 PLC 只有在插入 SIMATIC 存储卡后，才能操作 CPU。

设置存储卡类型时，需要将 SIMATIC 存储卡插入编程设备的读卡器中，然后从 TIA Portal 界面的项目树中选择"读卡器/USB 存储器"文件夹。在所选存储卡的属性中，指定卡类型为程序卡或固件卡。

（1）程序卡

可将程序卡用作 CPU 的外部装载存储器，存储 CPU 的整个用户程序。用户程序将被传送到工作存储器并在工作存储器中运行；如果移除包含用户程序的 SIMATIC 存储卡，则用户程序将无法使用。

（2）固件卡

S7-1500 PLC 的固件文件可存储在 SIMATIC 存储卡中。因此，可通过专门准备的 SIMATIC 存储卡进行固件更新。

2.2.3 模块安装及接线

CPU 模块安装在 DIN（德国工业标准）导轨上，安装步骤如图 2-12 所示：

① 将 CPU 安装在导轨上，将其滑动至左侧的电源模块（如果安装了电源模块）。

② 将 U 型连接器插入 CPU 后部的右侧。

③ 确保 U 型连接器插入电源模块，并向后旋动 CPU。

④ 拧紧 CPU 的螺钉（扭矩为 1.5 N·m）。

CPU 模块接线主要包括模块的电源连接和 PROFINET 接口的连接，这里以 CPU 1511C-1 PN 的 CPU 模块为例。打开 CPU 盖板可看见电源接线端子如图 2-13 所示，两个网络接口排列如图 2-14 所示。

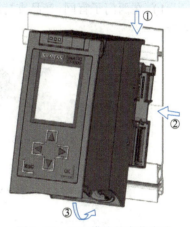

图 2-12　CPU 模块的安装步骤

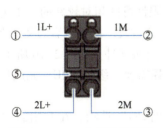

图 2-13　CPU 电源接线端子

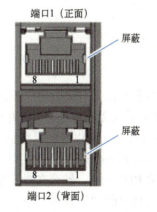

图 2-14　两个网络接口排列

CPU 通过电源模块供电时，其电源接线端子如图 2-13 所示。其中，1 和 4 为 +24 V DC 接线端子；2和3为0V（接地）端子；5为弹簧压接器，每个端子都有一个弹簧压接器。如果CPU通过系统电源供电，则可由背板总线馈电，不需要连接24V电源。

CPU程序的上传/下载及与其他智能设备的通信，都可通过网络连接线连接PROFINET接口，PROFINET接口排列如图2-14所示。该接口采用RJ45插头的以太网标准，若自动协商禁用，则RJ45插座被分配成一个交换机；若自动协商激活，则自动跨接生效，可将RJ45插座指定为数据终端设备或交换机。

2.2.4 固件更新

固件（Firmware）相当于智能设备的操作系统，智能设备功能的更新以及一些错误的更正可通过固件版本的升级来实现。S7-1500 PLC系统中CPU、显示屏、分布式I/O等模块都可进行固件更新。需要更新的固件可以从西门子公司网站下载，不同的模块有不同的固件和版本号。固件更新是将固件更新到相应订货号可用的最新版本，之前的固件版本可用作备份，方便用户降级为原始版本，固件的最新版本适用于该订货号的所有版本。

下面主要介绍两种CPU固件更新的方法。

1. 通过STEP7（TIA Portal）软件在线进行固件更新

1）在西门子官网-产品支持网页搜索"固件更新"，下载所需CPU更新文件，如图2-15所示。

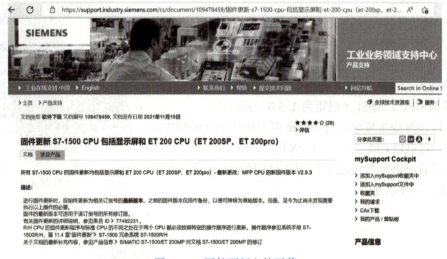

图2-15 固件更新文件下载

2）因部分版本仅支持注册用户下载，故选择权限许可的相对较新的版本进行下载；下载完成后，需要对下载文件进行解压缩并保存到本机适合位置。在解压后的文件夹中，打开FW-UPDATE.S7S文件夹，可以看到以订货号命名的固件升级文件，如图2-16所示。

3）打开TIA Portal软件，新建项目，控制器选择需要升级的CPU。完成后，用网线连接PC与PLC，给PLC上电，转至在线连接。

4）在打开项目的"项目树"下，选择"在线和诊断"选项，在右侧的"在线访问"页面中，选择"功能"→"固件更新"→"PLC"，可以看到CPU当前订货号和固件版本，本例的PLC型号为CPU 1511C-1 PN，订货号为6ES7 511-1CK00-0AB0，当前固件版本为

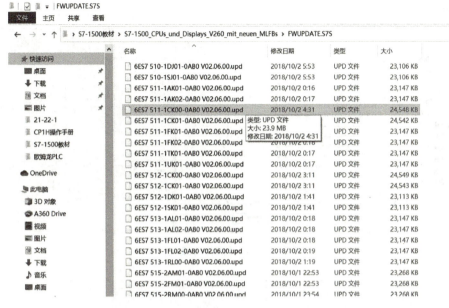

图 2-16 以订货号命名的固件升级文件

V2.1.0。之后在固件引导程序下,单击"浏览"按钮,在已解压的文件中选择固件升级版本文件,如图 2-17 所示。

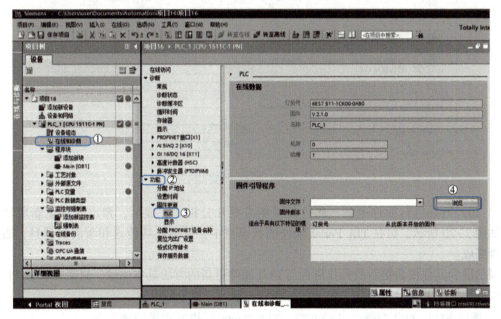

图 2-17 "在线和诊断"中选择固件升级文件

5）根据升级文件的保存路径,打开升级文件夹 FWUPDATE.S7S,按照订货号 6ES7 511-1CK00-0AB0,查找对应的固件升级文件,本例为 6ES7 511-1CK00-0AB0 V02.06.00.upd (待升级固件版本为 V2.6.0),选择后单击"打开"按钮,如图 2-18 所示。

6）完成后,选中"更新后运行固件",然后单击"运行更新"按钮;在弹出的将 CPU 的操作模式设置为 STOP 的对话框中单击"是"按钮,开始更新固件,如图 2-19 所示。

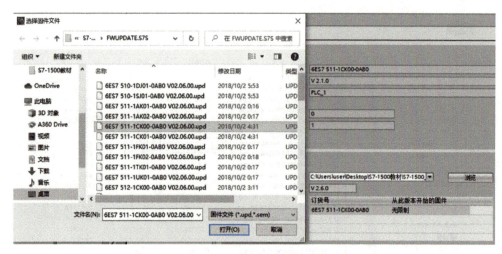

图 2-18　选择固件升级文件

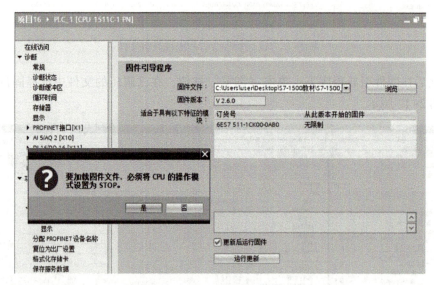

图 2-19　固件更新操作

7）PLC 开始进行固件更新，此过程可能需要几分钟。完成后，弹出固件更新成功对话框，如图 2-20 所示。可在 TIA Portal 软件的状态栏中，看到成功传送和激活的消息，表明固件升级完成。

显示屏和其他模块更新的操作流程与 PLC 固件更新的方法基本一致，只需在步骤 4）中选择对应的模块，并在升级文件夹中选择与硬件一致的订货号即可。

2. 通过 SIMATIC 存储卡（STEP7，TIA Portal）进行离线固件更新

1）在西门子官网下载所需的固件更新文件，并解压缩文件。

2）将 SIMATIC 存储卡插入编程设备/计算机的 SD 卡读卡器中；在 TIA Portal 软件中，选择"项目树"→"读卡器/USB 存储器"（Card Reader/USB memory），并选择 SIMATIC 存储卡所对应的驱动器。

3）在上下文菜单（右击）中选择"读卡器/USB 存储器"→"创建固件更新存储卡"（Card Reader/USB memory→Create Firmware Update Memory Card）。

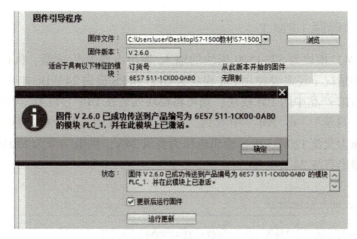

图 2-20 固件更新成功状态显示

4）通过文件选择对话框导航到固件更新文件。在下一步中，将删除 SIMATIC 存储卡的内容，并将固件更新文件添加到 SIMATIC 存储卡中。

5）将包含固件更新文件的 SIMATIC 存储卡插入 CPU。

6）上电启动后，自动开始进行固件更新。显示器将指示 CPU 处于"STOP→ 固件更新"模式，并会执行固件更新。同时，显示屏将显示固件更新的进度，也会显示固件更新期间出现的所有错误。

固件更新完成后，显示屏会显示现在可以拔出 SIMATIC 存储卡。CPU 的运行指示灯（RUN LED）亮起黄色，MAINT LED 呈黄色闪烁；如果以后要使用 SIMATIC 存储卡作为程序卡，则必须手动删除固件更新文件。

2.3 电源模块

2.3.1 带有电源模块的 PLC 系统结构

S7-1500 PLC 系统电源模块分为两种：负载电源（PM）和系统电源（PS）。带有负载电源模块和系统电源模块的系统结构如图 2-21 所示。

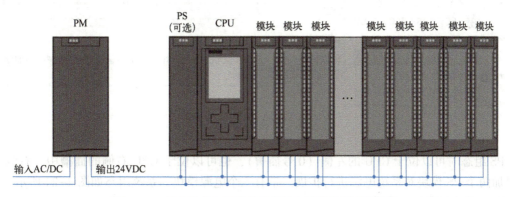

图 2-21 带有负载电源模块和系统电源模块的系统结构

2.3.2 负载电源（PM）

负载电源（PM）模块为 S7-1500 模块的输入/输出电路及传感器、执行器等器件提供电源。此外，在某些情况下还需要使用 PM 模块为 CPU 和 PS 提供 24 V DC 电源。在系统配置中，如果选择了 SIMATIC 产品中的 PM 模块，则可将模块安装在 DIN 导轨上，PM 模块型号及订货号可在其硬件的"目录"→"PM"中看到，如图 2-22 所示。如 PM 190W 120/230 V AC 模块，额定输入电压为交流 120/230V，输出电压为直流 24 V，供电功率为 190 W，使用时通过模块前端接线端子输出直流 24 V 电压。

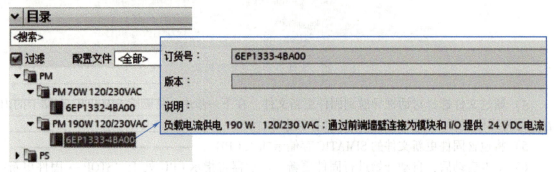

图 2-22 PM 模块型号及订货号

2.3.3 系统电源（PS）

系统电源（PS）模块连接到背板总线（U 型连接器），它专为背板总线提供内部所需的系统电压，并为系统的各个模块提供电源。如果 CPU 或接口模块未连接到 24 V DC 负载电源，PS 模块还可以为其供电。PS 模块型号及订货号如图 2-23 所示，例如，与其他模块相比，PS 60 W 24/48/60 V DC HF 模块（电压为直流 24/48/60 V，功率为 60 W）除了为系统提供背板电源，还可以为 CPU 中数据备份的保持存储器提供电压。

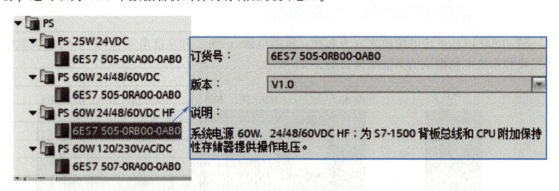

图 2-23 PS 模块型号及订货号

PS 组态时可以位于 CPU 的左侧（0 号插槽），也可以位于 CPU 右侧的插槽中，右侧最多可附加两个 PS 模块对系统电源进行扩展。带有三个电源模块的系统组态如图 2-24 所示。

PLC 系统的背板总线供电有以下三种形式。

1）通过 CPU 模块供电。这种形式下，由负载电源向 CPU 模块提供 24 V DC 电源，再由

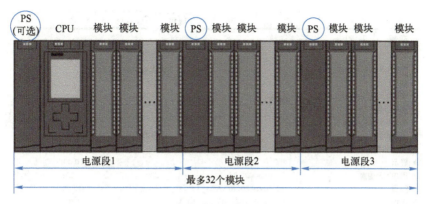

图 2-24　带有三个电源模块的系统组态

CPU 模块通过背板总线向其他模块供电，通常可满足中小型硬件配置的需要。应注意，所连接模块的功耗不能超过 CPU 模块提供的功率（一般不超过 10 W 或 12 W，与所选 CPU 有关）。

如果 CPU 模块供电能满足硬件配置的需要，则不需要配置 PS 模块；CPU 模块通过 PM 模块获得 24 V DC 电压；设置 CPU 参数时，需要在其"属性"→"常规"→"系统电源"中，选择"连接电源电压 L+"，则 CPU 为背板总线提供电源，如图 2-25 所示。

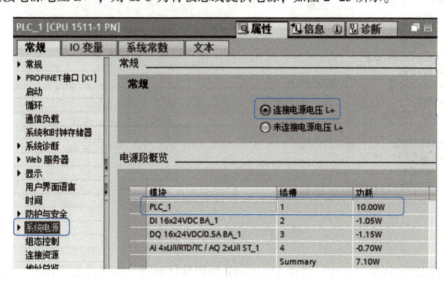

图 2-25　通过 CPU 模块供电

2）PS 模块与 CPU 模块共同供电。对于较大型的硬件配置，模块消耗的总功率超出 CPU 模块可提供的功率，则需安装额外的系统电源（图 2-24 中 CPU 模块右侧的 PS 电源），由 PS 模块与 CPU 模块共同供电。

在这种供电模式下，CPU 模块通过负载电源 PM 获得 24 V DC 电源，同样需要图 2-25 所示界面中，选择"连接电源电压 L+"，就可实现由 PS 模块与 CPU 模块共同为系统提供电源，如图 2-26 所示。

3）仅通过系统电源供电。设置 CPU 参数时，如果选择"未连接电源电压 L+"，则只能使用 PS 模块向背板总线提供所需的全部电能，此时包括 CPU 在内的模块，其电源全部由系统电源提供，而系统电源需要插入 CPU 的左侧（0 号插槽），如图 2-27 所示。

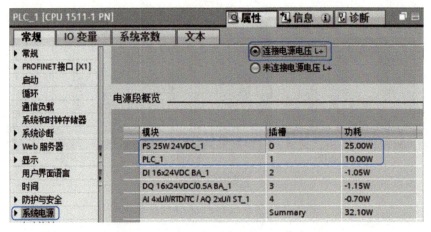

图 2-26　通过 PS 模块和 CPU 模块共同供电

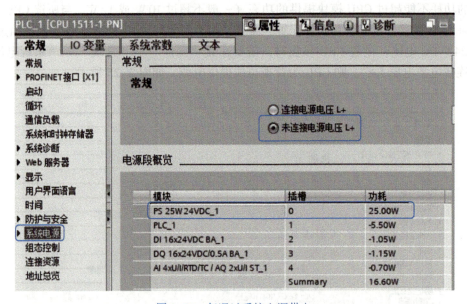

图 2-27　仅通过系统电源供电

在系统配置和规划过程中，将由 TIA Portal 编程软件对每一电源段进行供电平衡是否合理的检查，查看供电平衡值是否为正值（见图 2-27）。如果供电平衡值为负值，则用红色标记尚未供电的模块。

2.4　信号模块（SM）

2.4.1　模块类型

信号模块（Signal Module，SM）是 CPU 与现场设备之间的接口，分为输入模块和输出模块。输入模块采集现场输入变量并传送到 CPU 进行计算和逻辑处理，CPU 逻辑运算结果和控制指令将会通过输出模块输出并控制外部设备运行。

外部信号主要包括数字量信号和模拟量信号，因此信号模块按照信号类型可以分为数字量模块和模拟量模块。例如，在电动机起停控制电路中，起动按钮、停止按钮等开关量接入 PLC 的数字量输入通道，为数字量输入信号；接触器（或继电器）线圈、指示灯等接入 PLC 的数字量输出通道，为数字量输出信号。

又如液位控制系统中，为实现液位恒定，需要检测并获得当前液位高度值，并与给定高度值比较后，对进水阀进行开度调节，通过调整进水流量来维持液位的稳定高度。当前液位高度值可通过液位传感器检测并得到相应的模拟量（标准电压或电流信号），此信号可通过模拟量输入模块转换为数字量并传送到 CPU；CPU 与给定高度值进行比较运算后，将控制结果——电磁阀开度值通过模拟量输出模块转换为相应的电压或电流值，去控制进水电磁阀的开度（对应电压为 0~10 V），以保持进水量和用水量的动态平衡。

信号模块根据功能类别可分为基本型、标准型、高性能型和高速型，对应的特性如表 2-4 所示。

表 2-4 不同功能类别信号模块的特性

功能类别	模块特点	性 能	模块名称举例
基本型（BA）	经济实用	● 无参数设置； ● 无诊断功能	DI 16x24 V DC BA（6ES7 521-1BH10-0AA0）
标准型（ST）	价格适中	● 支持按负载组/模块进行参数设置； ● 支持按负载组/模块进行诊断	AQ 2xU/I ST（6ES7 532-5NB00-0AB0）
高性能型（HF）	应用灵活，适用于复杂应用	● 支持按通道参数配置； ● 支持按通道进行诊断； ● 支持附加功能	DI 16x24 V DC HF（6ES7 521-1BH00-0AB0）
高速型（HS）	专用模块，适用于超高速应用	● 输入延时时间极短； ● 转换时间极短； ● 等时同步模式	AI 8xU/I HS（6ES7 532-5HF00-0AB0）

2.4.2 数字量输入/输出模块

1. 数字量输入模块

数字量输入模块的基本属性如表 2-5 所示，若要了解该类模块的更多属性，可参考相关手册。

表 2-5 数字量输入模块的基本属性

基本属性 \ 订货号	6ES7521-1BH00-0AB0 (DI 16x24 V DC HF)	6ES7521-1BL00-0AB0 (DI 32x24 V DC HF)	6ES7521-1BH50-0AA0 (DI 16x24 V DC SRC BA)	6ES7521-1FH00-0AA0 (DI 16x230 V AC BA)
输入数量	16	32	16	16
通道间的电气隔离	×	√	×	√
电势组数	1	2	1	4
额定输入电压/V	24	24	24	120/230
诊断错误中断	√	√	×	×
硬件中断	√	√	×	×
支持等时同步操作	√	√	×	×
输入延时/ms	0.05~20	0.05~20	3	25

下面以数字量输入模块 DI 16x230V AC BA（6ES7521-1FH00-0AA0）为例，介绍模块的接线端子分布及接线说明。若要了解其他数字量输入模块的接线，可查阅相关型号模块使用手册。

DI 16x230 V AC BA 模块方框图及接线端子分布如图 2-28 所示。其中，a、b 分别为输入通道分配到的地址字节；xN 为交流电源；ERROR 为错误 LED 指示灯（红色）；RUN 为状态 LED 指示灯（绿色）；CH*x* 为输入接线端子；16x 为各通道 LED 指示灯（绿色）。

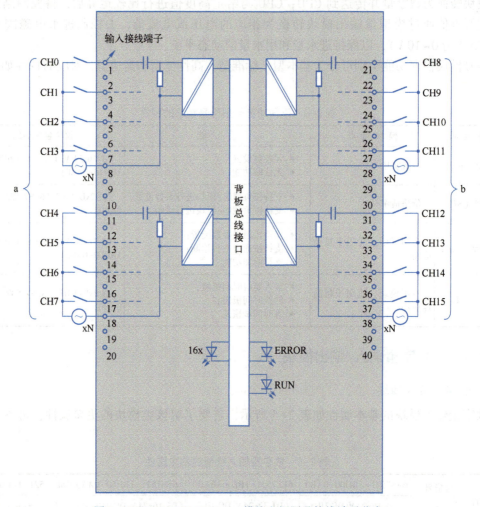

图 2-28　DI 16x230 V AC BA 模块方框图及接线端子分布

DI 16x230 V AC BA 模块的技术特性如下：

1) 16 路数字量输入，以 4 个为一组进行电气隔离。
2) 额定输入电压为 120/230 V AC。
3) 通道适用于连接开关以及 2、3、4 线 AC 型接近开关（交流电压）。

2. 数字量输出模块

数字量输出模块的基本属性如表 2-6 所示，若要了解该类模块的更多属性，可参考相关手册。

表 2-6 数字量输出模块的基本属性

基本属性 \ 订货号	6ES7522-1BH00-0AB0 (DQ 16x24 V DC/0.5 A ST)	6ES7522-1BL00-0AB0 (DQ 32x24 V DC/0.5 A ST)	6ES7522-1BF00-0AB0 (DQ 8x24 V DC/2 A HF)
输出数量	16	32	8
类型	晶体管	晶体管	晶体管
通道间的电气隔离	√	√	√
电势组数	2	4	2
额定输出电压(直流)/V	24	24	24
额定输出电流/A	0.5	0.5	2
诊断错误中断	√	√	√
支持等时同步操作	√	√	×

下面以数字量输出模块 DQ 16x24 V DC/0.5 A HF (6ES7522-1BH01-0AB0) 为例,介绍模块的接线端子分布及接线说明。若要了解其他数字量输出模块的接线,可查阅相关型号模块使用手册。

DQ 16x24 V DC/0.5 A HF 模块的方框图及接线端子分布如图 2-29a 所示。其中,1 L+、2 L+ 为电源电压 24 V DC 接线端;1M、2M 为接地端;MAINT 为维护指示灯(黄色);RUN 为状态 LED 指示灯(绿色);ERROR 为错误 LED 指示灯(红色);CHx 为通道或通道 LED 指示灯(绿色/红色);PWR 为电源电压 LED 指示灯(绿色)。

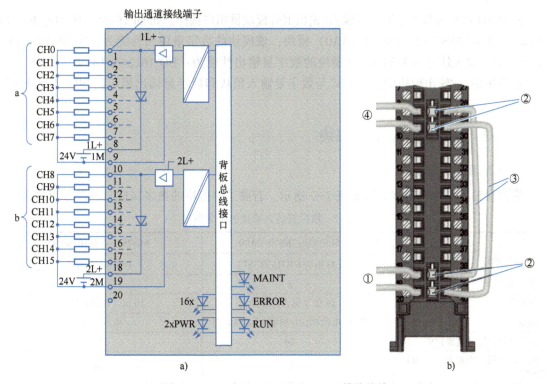

图 2-29 DQ 16x24 V DC/0.5 A HF 模块接线
a) 方框图和接线端子分布 b) 使用电位跳线

如果为两个负载组提供相同的电位(非隔离),则可使用前端连接器附带的电位跳线,这

样可以防止将两根线接到同一个端子上,如图 2-29b 所示。使用电位跳线的操作步骤如下:

① 将 24 V DC 电源连接到端子 19 和 20 上。

② 在以下端子之间插入电位跳线。

a) 9 和 29 (L+);

b) 10 和 30 (M);

c) 19 和 39 (L+);

d) 20 和 40 (M)。

③ 在端子 29 和 39 之间、30 和 40 之间插入跳线。

④ 使用端子 19 和 20 将电位传导到下一个模块。

DQ 16x24 V DC/0.5 A HF 模块的技术特性如下:

1) 16 个数字量输出,按每组 8 个进行电气隔离。

2) 额定输出电压为直流 24 V。

3) 每个通道的额定输出电流为直流 0.5 A。

4) 可组态替代值(按对应通道)。

5) 可组态诊断(按对应通道)。

6) 适用于电磁阀、直流接触器和指示灯。

7) 可记录所连执行器的开关周期,如电磁阀的开关周期。

3. 数字量输入/输出模块

S7-1500 PLC 还提供了数字量输入/输出混合模块供用户选择,如 DI 16x24 V DC/DQ 16x24 V DC/0.5 A BA(6ES7 523-1BL00-0AA0)模块,该模块的数字量输入性能为:DI 16x24 V DC,16 个一组,输入延时为 3.2 ms;该模块的数字量输出性能为:DQ 16x24 V DC/0.5 A,8 个一组。数字量输入/输出模块的接线方式与数字量输入模块和数字量输出模块的相同,此处不再赘述。

2.4.3 模拟量输入/输出模块

1. 模拟量输入模块

模拟量输入模块的基本属性如表 2-7 所示。若要了解模块的更多属性,可参考相关手册。

表 2-7 模拟量输入模块的基本属性

基本属性	订货号	6ES7531-7KF00-0AB0	6ES7531-7NF10-0AB0
		(AI 8xU/I/RTD/TC ST)	(AI 8xU/I HS)
输入数量		8	8
分辨率		16 位(包含符号位)	16 位(包含符号位)
测量方式		电压/电流/电阻/热敏电阻/热电偶	电压/电流
额定电源电压(直流)/V		24	24
输入间的最大电势差(UCM)(直流)/V		10	10
诊断错误中断		√,上/下限	√,上/下限
硬件中断		√	√
支持等时同步操作		×	√
转换时间(各个通道)		9/23/27/107 ms	125 μs(每个模块,与激活的通道数无关)

模拟量输入模块 AI 8xU/I HS（6ES7531-7NF10-0AB0）设置为电压测量类型时，其方框图和引脚分配如图 2-30 所示；设置为电流测量类型时，其方框图和引脚分配如图 2-31 所示。若要了解其他模拟量输入模块的接线，可查阅相关型号模块的使用手册。

AI 8xU/I HS 模块具有下列技术特性：

1）8 个模拟量输入通道；可以按通道设置为电压或电流测量类型。

2）16 位精度（包括符号）。

3）可组态诊断（每个通道）；可按通道设置超限时的硬件中断（每个通道设置 2 个下限和 2 个上限）。

4）高速更新测量值。

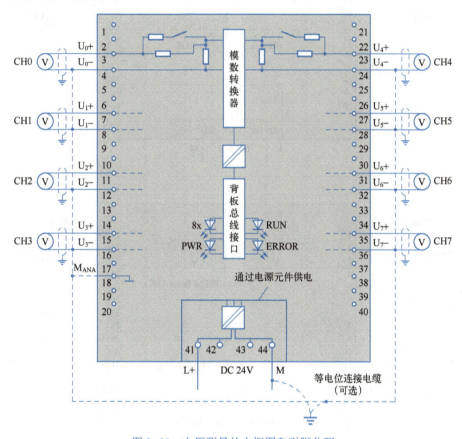

图 2-30　电压测量的方框图和引脚分配

设置为电流测量时，按测量方式可分为 2 线制和 4 线制。无论哪种测量方式，与模块的连接都是两根线，区别在于模块是否供电。例如，如果是 2 线制仪表，需要模拟量输入模块的两根信号线向仪表供电，且输出电流范围为 4~20mA（考虑仪表阻抗）；如果是 4 线制仪表，则仪表需要电源线两根，信号线两根，模拟量输入模块只接收仪表的电流信号。

由图 2-30 和图 2-31 可知，模拟量输入模块通过前连接器接线端子 41~44 供电，将电源电压两端与接线端子 41（L+）和 44（M）连接，并通过 42（L+）和 43（M）为下一个模块供电。图 2-30 和图 2-31 中，RUN 为状态 LED 指示灯（绿色）；ERROR 为错误 LED 指示灯（红色）；CHx 为通道或 8 个通道 LED 指示灯（绿色/红色）；PWR 为电源电压 LED 指示灯（绿色）。

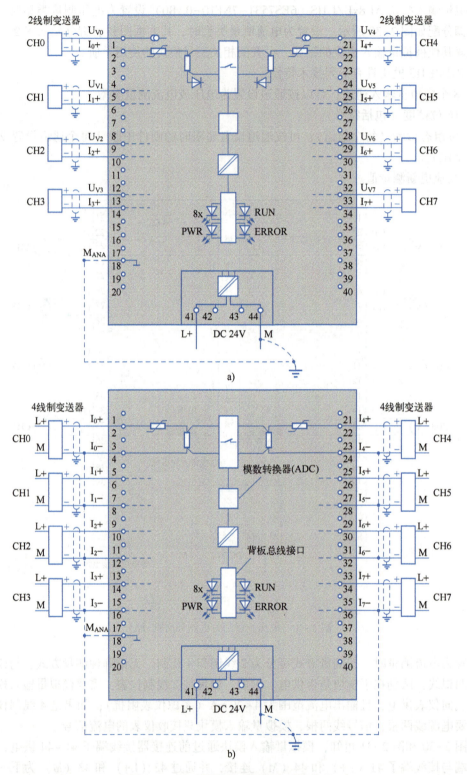

图 2-31 电流测量的方框图和引脚分配
a) 2 线制 b) 4 线制

输入回路电路连接完成后,可在编程软件中选择相应输入通道信号的测量类型和测量范围,如表 2-8 所示。

表 2-8 相应输入信号通道的测量类型和测量范围

测量类型	测量范围
电压	1~5 V、−5~5 V、−10~10 V
电流(4 线制变送器)	4~20 mA、0~20 mA、−20~20 mA
电流(2 线制变送器)	4~20 mA
已禁止	—

不同量程范围的模拟量输入信号对应不同的测量值,以选择电压测量范围为 1~5 V 为例,模拟值与数字值的对应关系如表 2-9 所示;以选择电流测量范围为 0~20 mA 和 4~20 mA 为例,其模拟值与数字值的对应关系如表 2-10 所示。

表 2-9 电压测量范围为 1~5 V 的模拟值与数字值的对应关系

数字值		电压测量范围	范围说明
十进制	十六进制	1~5 V	
32 767	7FFF	>5.704 V	上溢
32 511	7EFF	5.704 V	过冲范围
27 649	6C01		
27 648	6C00	5 V	额定范围
20 736	5100	4 V	
1	1	1 V+144.7 μV	
0	0	1 V	
−1	FFFF		下冲范围
−4 864	ED00	0.296 V	
−32 768	8000	<0.296 V	下溢

表 2-10 电流测量范围为 0~20 mA 和 4~20 mA 的模拟值和数字值对应关系

数字值		电流测量范围		范围说明
十进制	十六进制	0~20 mA	4~20 mA	
32 767	7FFF	>23.52 mA	>23.81 mA	上溢
32 511	7EFF	23.52 mA	23.81 mA	高于常值
27 649	6C01			
27 648	6C00	20 mA	20 mA	正常范围
20 736	5100	15 mA	16 mA	
1	1	723.4 nA	4 mA+578.7 nA	
0	0	0 mA	4 mA	

（续）

数　字　值		电流测量范围		范 围 说 明
十进制	十六进制	0~20 mA	4~20 mA	
-1	FFFF			低于常值
-4 864	ED00	-3.52 mA	1.185 mA	
-32 768	8000	<-3.52 mA	-1.185 mA	下溢

2. 模拟量输出模块

模拟量输出模块的基本属性如表 2-11 所示。若要了解模块的更多属性，可参考相关手册。

表 2-11　模拟量输出模块的基本属性

基本属性	订货号	6ES7532-5HD00-0AB0 （AQ 4xU/I ST）	6ES7532-5HF00-0AB0 （AQ 8xU/I HS）
输出数量		4	8
分辨率		16 位（包含符号位）	16 位（包含符号位）
输出类型		电压/电流	电压/电流
额定电源电压（直流）/V		24	24
诊断错误中断		✓	✓
支持等时同步操作		×	✓

图 2-32 给出了模拟量输出模块 AQ CHxU/I ST（6ES7532-5HD00-0AB0）的接线端子分布及接线说明。若要了解其他模拟量输出模块的接线，可查阅相关型号模块的使用手册。

AQ CHxU/I ST 模块的技术特性如下：

1) 4 个模拟量输出通道；可选择电压或电流输出的通道。

2) 精度为 16 位（含符号）；可组态诊断（每个通道）。

模拟量输出模块 AQ CHxU/I ST（6ES7532-5HD00-0AB0）模块可连接电压类执行机构或电流类执行机构。如图 2-32 所示，图中通道 CH0、CH1 连接 2 线制电压负载，通道的第 1、第 4 端子连接负载，第 2、第 3 端子分别短接第 1、第 4 端子；通道 CH2 连接 4 线制电压负载，通道的第 1、第 4 端子连接负载，第 2、第 3 端子同样需要连接至负载两端；通道 CH3 连接电流负载，使用通道中的第 1、第 4 端子连接负载。

输出回路电路连接完成后，可在编程软件中选择相应通道信号的输出类型和输出范围，如表 2-12 所示。

表 2-12　相应通道信号的输出类型和输出范围

输出类型	输出范围
电压	1~5 V、0~10 V、-10~10 V
电流	0~20 mA、4~20 mA、-20~20 V
已禁止	

以选择电压输出（-10~10 V）为例，数字量转换成模拟量的对应关系如表 2-13 所示；以电流测量范围为 -20~20 mA 和 0~20 mA 为例，其模拟值与数字值的对应关系如表 2-14 所示。

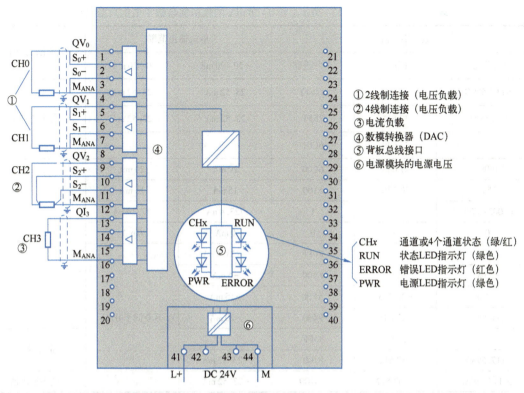

图 2-32 模拟量输出模块 AQ CHxU/I ST（6ES7532-5HD00-0AB0）的接线端子分布及接线说明

表 2-13 电压输出（-10~10 V）的数字量转换成模拟量的对应关系

数 字 值			电压输出范围	范围说明
百分比	十进制	十六进制	-10~10 V	
>117.589%	>32 511	>7EFF	11.76 V	最大输出值
117.589%	32 511	7EFF	11.76 V	过冲范围
	27 649	6C01		
100%	27 648	6C00	10 V	额定范围
75%	20 736	5100	7.5 V	
0.003 617%	1	1	361.7 μV	
0%	0	0	0 V	
	-1	FFFF	-361.7 μV	
-75%	-20 736	AF00	-7.5 V	
-100%	-27 648	9400	-10 V	
	-27 649	93FF		下冲范围
-117.593%	-32 512	8100	-11.76 V	
<-117.593%	<-32 512	<8100	-11.76 V	最小输出值

表 2-14 电流输出 −20~20 mA 和 0~20 mA 的模拟值与数字值的对应关系

数字值			电流输出范围		范围说明
百分比	十进制	十六进制	−20~20 mA	0~20 mA	
>117.589%	>32511	>7EFF	23.52 mA	23.52 mA	高于正常值
117.589%	32 511	7EFF	23.52 mA	23.52 mA	
	27 649	6C01			
100%	27 648	6C00	20 mA	20 mA	正常范围
75%	20 736	5100	15 mA	15 mA	
0.003 617%	1	1	723.4 nA	723.4 nA	
0	0	0	0 mA	0 mA	
	−1	FFFF	−723.4 nA		
−25%	−6912	E500	−5 mA	不会低于 0 mA	
−75%	−20 736	AF00	−15 mA		
−100%	−27 648	9400	−20 mA		
	−27 649	93FF			低于常值
−117.593%	−32 512	8100	−23.52 mA		
<−117.593%	<−32 512	<8100	−23.52 mA		最小输出值

3. 模拟量输入/输出模块

S7-1500 PLC 还提供了模拟量输入/输出模块供用户选择，如 AI 4xU/I/RTD/TC / AQ 2xU/I ST (6ES7 534-7QE00-0AB0) 模块，该模块的模拟量输入性能为：AI 4xU/I/RTD/TC，16 位，4 个一组，2 个通道带有 RTD 测量功能，可组态诊断等；模拟量输出性能为：AQ 2xU/I 16 位，2 个一组，可组态诊断；模块的接线方式、数模/模数对应关系与单独的模拟量输入和模拟量输出模块的相同，此处不再赘述。

2.4.4 模块安装

信号模块在 DIN 导轨上的安装步骤如图 2-33 所示。
① 在 CPU 模块和信号模块右侧安装 U 型连接器。
② 信号模块钩挂在安装导轨上，并将其滑动至左侧的 CPU 模块。
③ 向后旋动 I/O 模块；与 CPU 模块的 U 型连接器相连。
④ 拧紧固定螺钉（扭矩为 1.5 N·m）。

信号模块的前连接器位置及结构如图 2-34 所示。需要连接外部的传感器和执行器时，只需将外部传感器和执行器通过接线连接到前连接器，然后将前连接器插入信号模块中；如果更换模块，可以拆下已经接线的信号模块的前连接器，不需要拆除导线。标签条用于标记信号模块的引脚分配，可以根据需要将标签条标号。

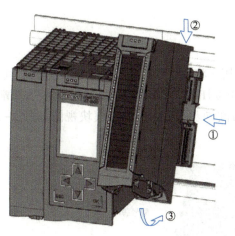

图 2-33　信号模块在 DIN 导轨上的安装步骤

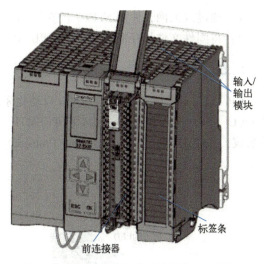

图 2-34　信号模块的前连接器位置及结构

2.5　通信模块

2.5.1　模块分类

S7-1500 自动化系统提供了多种通信模块，图 2-35 列出了 TIA Portal V16 编程软件中提供的通信模块种类。若要了解各种通信模块的技术规范，可参考相关手册或在 TIA Portal 软件中查看。

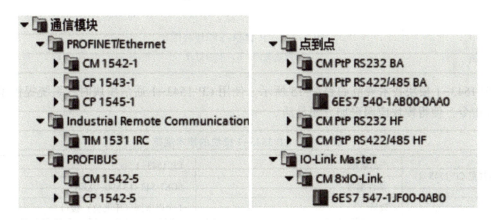

图 2-35　TIA Portal V16 编程软件中提供的通信模块种类

每一个 S7-1500 CPU 都集成了 PN 接口，可以进行主站间、主从站间以及与编程调试设备之间的通信。通过 CPU 集成的接口或者添加扩展的通信模块，可实现与智能设备间基于 PROFINET/Ethernet、PROFIBUS 以及 PTP 等协议的通信。

如果通信模块有新的固件版本可以使用，则可在 SIEMENS 工业在线支持的 Internet 页面上找寻相应的链接，固件文件具有"*.upd"的文件格式，在 PC（个人计算机）上保存固件文件。使用以下方法可在 CPU 上加载新的固件文件：

1)通过以太网,使用 STEP7 的在线功能。
2)将固件文件从存储卡加载到 CPU 中。

2.5.2 CP 1543-1 模块特性

CP 1543-1 模块运行在 S7-1500 自动化系统中,用于将 S7-1500 连接到工业以太网;其支持 OUC(ISO/TCP/ISO-on-TCP/UDP/SMTP)、S7(PG/HMI)和 FTP/FTPS(服务器/客户端)等协议,并使用 NTP(Network Time Protocol)进行时间同步。CP 1543-1 模块视图如图 2-36 所示。

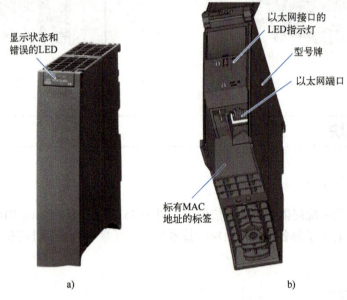

图 2-36 CP 1543-1 模块视图
a)前盖关闭 b)前盖打开

CP 1543-1 模块技术规范如表 2-15 所示。使用 CP 1543-1 通信模块时,系统提供了丰富的编程指令,使得模块应用更加方便灵活。

表 2-15 CP 1543-1 模块的技术规范

技术规范 CP 1543-1	产品名称		CP 1543-1
	部件编号		6GK7 543-1AX00-0XE0
工业以太网连接	数量		1 个以太网(千兆位)接口
	设计		RJ-45 插孔
	传输速度		10/100/1000 Mbit/s
电气数据	电源(通过 S7-1500 背板总线)		15 V
	电流消耗	来自背板总线	350 mA
		功率损耗	5.3 W
绝缘	绝缘测试电压		707 V DC(型式测试)

(续)

设计、尺寸和重量	模块规格	紧凑型，单宽度
	防护等级	IP20
	重量	约350 g
	尺寸（W×H×D）	35 mm×142 mm×129 mm
	安装选项	安装在S7-1500机架中

2.5.3　CM 1542-5模块特性

CM 1542-5（6GK7 542-5DX00-0XE0）模块是用于将SIMATIC S7-1500连接到PROFIBUS DP的通信处理器，其视图如图2-37所示。其中，PROFIBUS接口是1个9针D型母头连接器（RS 485）。

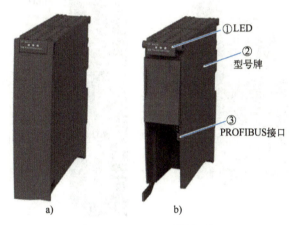

图2-37　CM 1542-5模块的视图
a) 前盖关闭　b) 前盖打开

CM 1542-5模块的技术规范如表2-16所示。

表2-16　CM 1542-5模块的技术规范

与PROFIBUS的连接	数量		1个PROFIBUS接口
	PROFIBUS接口的设计	连接器	1个D型母头连接器（RS 485）
		传输速度	9.6 Kbit/s、19.2 Kbit/s、45.45 Kbit/s、93.75 Kbit/s、187.5 Kbit/s、500 Kbit/s、1.5 Mbit/s、3 Mbit/s、6 Mbit/s、12 Mbit/s
电气数据	电源（通过S7-1500背板总线）		15 V
	电流消耗	来自背板总线	100 mA
		功率损耗	1.5 W
绝缘	绝缘测试电压		707 V DC

(续)

设计、尺寸和质量	模块规格	紧凑型，单宽度
	防护等级	IP20
	质量	约 270 g
	尺寸（W×H×D）	35 mm×142 mm×129 mm
	安装选项	安装在 S7-1500 机架中

2.5.4　CM PtP RS422/485 BA 模块特性

CM PtP RS422/485 BA（6ES7 540-1AB00-0AA0）通信模块用于连接 S7-1500 与串口智能设备，其视图如图 2-38 所示。其中，RS422/485 接口是 1 个 9 针 D 型母头连接器（RS422/485）。

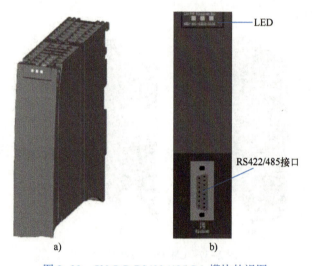

图 2-38　CM PtP RS422/485 BA 模块的视图

CM PtP RS422/485 BA 模块的技术规范如表 2-17 所示。

表 2-17　CM PtP RS422/485 BA 模块的技术规范

属　　性		参　　数
接口	• RS422	√
	• RS485	√
接口硬件	RS485：	
	• 最大传输率	19.2 Kbit/s
	• 最大电缆长度	1200 m
	RS422：	
	• 最大传输率	19.2 Kbit/s
	• 最大电缆长度	1200 m
	• 4 线制全双工连接	√
	• 4 级制多点连接	—

(续)

属　性		参　数
协议（集成协议）	自由口： • 最大帧长度 • 位/字符 • 停止位个数 • 奇偶校验	1 KB 7 或 8 1 或 2 位 无、偶校验、奇校验、始终为 1、始终为 0，任意
	3964(R)： • 最大帧长度 • 位/字符 • 停止位个数 • 奇偶校验	1 KB 7 或 8 1 或 2 位 无、偶校验、奇校验、始终为 1、始终为 0，任意
	帧缓冲： • 帧的缓冲区存储器 • 可以缓冲的帧数	2 KB 255
电气隔离	背板总线和接口之间	✓
绝缘	绝缘测试，使用	707 V DC（型式试验）
尺寸	• 宽度 • 高度 • 深度	35 mm 147 mm 127 mm
质量		≈0.22 kg

2.6　CPU 的通电与设置

2.6.1　CPU 的通电

这里以 CPU 1511C-1 PN 为例，说明 CPU 模块安装在导轨并固定后首次通电的步骤。

1) CPU 模块电源连接：可以通过负载电源（PM）模块或系统电源（PS）模块为 CPU 提供直流 24 V 电源，也可以借助其他 24 V DC 电源（如开关电源）为 CPU 模块供电。CPU 侧 24 V DC 电源连接完成如图 2-39 标注①所示。

2) 将 SIMATIC 内存卡插入 CPU 中，插入完成如图 2-39 标注②所示。

3) 打开供电电源开关，启动 CPU，CPU 启动并处于 STOP 模式。

图 2-39 CPU 模块启动准备

2.6.2 通过显示屏设置 IP 地址

CPU 模块上电后，可通过显示屏设置 CPU 的 IP 地址和子网掩码。例如，修改接口"X1"（IE/PN）的 IP 地址设置界面如图 2-40 所示，操作步骤如下。

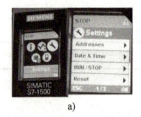   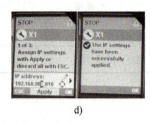 

　　a)　　　　　　b)　　　　c)　　　　　d)　　　　　　e)

图 2-40 修改接口"X1"（IE/PN）的 IP 地址设置界面
a) 步骤 1　b) 步骤 2　c) 步骤 3　d) 步骤 4　e) 步骤 5

1）浏览到"Settings"（设置），单击"OK"按钮，进入"Addresses"（地址）选项。

2）单击"OK"按钮，进入接口"X1"选项。

3）单击"OK"按钮，进入"X1"界面，单击"向上、向下"箭头按钮，选择菜单项"IP addresses：192.168.1.10"。

4）单击"OK"按钮进入 IP 地址修改子菜单，再次单击"OK"按钮，进入编辑状态，通过"向左、向右"箭头操作改变修改位置，通过"向上、向下"箭头修改数据值大小，修改完成后依次单击"OK"→"Apply"→"OK"按钮，出现"X1"设置完成界面。

5）单击"OK"按钮回到"X1"的"IP addresses：192.168.0.10"界面。

6）同样的步骤可设置子网掩码，此处不再赘述。

7）单击"ESC"按钮，退出当前界面。

2.6.3 CPU 的操作模式

CPU 的操作模式有运行（RUN）模式、停止（STOP）模式和存储器复位（MRES）模式这 3 种；可通过 CPU 模块上的模式选择开关、显示屏或在 TIA Portal 软件中调整 CPU 的操作模式，让 PLC 工作在不同的状态。

（1）运行（RUN）模式

在 RUN 模式下，CPU 前端的状态 RUN/STOP 指示灯显示绿色；CPU 将以循环扫描方式执行用户程序，每个循环自动更新输入/输出信号、响应中断，并处理故障信息等。

（2）停止（STOP）模式

在 STOP 模式下，CPU 前端的状态 RUN/STOP 指示灯显示黄色；CPU 不执行用户程序；根据模块的参数设置，控制输出状态，将控制过程保持在安全操作模式。

（3）存储器复位（MRES）模式

MRES 模式可以将 CPU 复位到"初始状态"；执行存储器复位操作后，RUN/STOP 黄色指示灯以 2 Hz 频率闪烁；复位完成后，CPU 将切换为 STOP 模式，RUN/STOP 指示灯黄色常亮。若在插入 SIMATIC 存储卡时进行 MRES 操作，则 CPU 会执行存储器复位；如果未插入 SIMATIC 存储卡时进行 MRES 操作，则 CPU 会复位为出厂设置；CPU 必须处于 STOP 模式才能进行存储器复位。

2.7 习题

2.1 S7-1500 PLC 的 CPU 模块可分为　　　　、　　　　、　　　　和　　　　等类型。

2.2 存储卡的作用是什么？

2.3 什么是固件？为什么要进行固件更新？

2.4 S7-1500 PLC 系统电源模块的作用是什么？

2.5 描述 PLC 数字量输入模块和数字量输出模块的功能。

2.6 模拟量输入模块输入电压为 1~5 V，转换为数字量是多少？

2.7 模拟量输出模块电压输出范围设置为（-10~10 V），若模块输出电压是 -3.5 V，则 PLC 输出的数字量是多少？

2.8 S7-1500 PLC 系统的通信模块支持哪些通信协议？

> 青春是有限的，智慧是无穷的，趁短暂的青春，去学习无穷的智慧。
> ——高尔基

第 3 章　TIA Portal 编程软件及使用

3.1　TIA Portal 编程软件

3.1.1　编程软件的特点

TIA Portal 为全集成自动化提供了一个统一的工程平台，在这个平台上，不同功能的软件可以同时运行，如用于 PLC 组态和程序编辑的 STEP7 软件、用于组态设备可视化的 WinCC 软件、用于驱动装置的 StartDrive 软件和用于运动控制的 SCOUT 软件等；在这个平台上，用户能够更为快速、直观地开发和调试自动化系统，而统一的数据库使各个系统之间能够快速、有效地进行互连互通，有效地完成控制系统的全集成自动化。

图 3-1 为 TIA Portal 软件平台支持的硬件类型图。由图 3-1 可知，TIA Portal 软件可支持不同类型的控制器、HMI、PC 及伺服驱动等硬件产品。该软件架构主要包含：SIMATIC STEP7、SIMATIC WinCC、SIMATIC StartDrive 及其他数字化软件选件等，如 STEP7 工程组态选件、运行选件、WinCC Runtime Advanced 选件等，具体选件功能可参见《TIA 博途与 SIMATIC S7-1500 可编程控制器》（2020.12）手册。

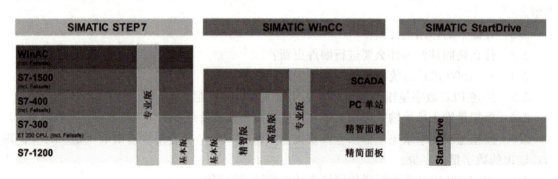

图 3-1　TIA Portal 软件平台支持的硬件类型图

1. SIMATIC STEP7

SIMATIC STEP7 是用于组态 SIMATIC S7-1200、SIMATIC S7-1500、SIMATIC S7-300/400 和 WinAC 控制器的工程组态软件，包含以下两种版本。

1）STEP7 基本版：用于组态 S7-1200 控制器。
2）STEP7 专业版：用于组态 S7-1200、S7-1500、S7-300/400 和 WinAC。

2. SIMATIC WinCC

SIMATIC WinCC 是用于组态精简面板、精智面板、PC 面板及 Portal SCADA 的组态和运行软件，包含以下 4 种版本。

1）WinCC 基本版：用于组态精简系列面板，包含在 STEP7 基本版和专业版中。

2）WinCC 精智版：用于组态所有面板，包括精智面板和移动面板。

3）WinCC 高级版：用于通过 WinCC Runtime Advanced 可视化组态所有面板和 PC。其中，WinCC Runtime Advanced 是一个基于 PC 单站系统的可视化软件，可购买带有 128、512、2 K、4 K、8 K 和 16 K 个外部变量的许可。

4）WinCC 专业版：SIMATIC WinCC 的最高版本，包含了 SIMATIC WinCC 高级版的所有功能；不仅可以组态所有的面板，还包括 SCADA 应用、WinCC 站、PC Station 及 C/S、B/S 架构。WinCC Runtime Professional 用于构建组态范围从单站系统到多站系统（包括标准客户端或 Web 客户端）的 SCADA 系统。WinCC Runtime Professional 可购买带有 128、512、2×1024、4×1024、8×1024、64×1024、100×1024、150×1024 和 256×1024 个外部变量（带过程接口的变量）的许可。

3. SIMATIC StartDrive

SIMATIC StartDrive 用于在 TIA Portal 平台上实现 SIMOTION 运动控制器的工艺对象配置、用户编辑、调试和诊断。

TIA Portal 软件整合了控制器、人机界面、驱动器件、PC 和交换机等内容，并通过使用一个共享的数据库来满足各种复杂的软件和硬件功能之间的高效配合，帮助用户在自动化系统的组态和编程上节省大量的时间和精力。TIA Portal 软件具有以下优点：

1）使用统一操作概念的集成工程组态，实现过程自动化和可视化。

2）通过功能强大的编辑器和通用符号，实现一致的集中数据管理。

3）建立完整的库概念，实现多次调用已有模块和项目的现有部分。

4）提供多种编程语言，满足具有不同专业背景用户的编程需求。

3.1.2　编程软件的安装

TIA Portal 软件集成了多种功能，对计算机的配置要求较高。以 SIMATIC STEP7 Professional V16 软件安装为例，推荐计算机硬件满足以下需求：处理器，Intel Core i5-6440EQ 3.4 GHz 或相当；内存，16 GB 或更大；硬盘，SSD 固态硬盘，至少 50 GB 的可用空间；显示器，15.6 in（1 in＝2.54 cm），宽屏显示，分辨率 1920×1080 或更高。操作系统要求：64 位，Windows 7、Windows 10 和 Windows Server（完整安装）。

西门子公司陆续推出了 SIMATIC STEP7 Professional V13 SP2、SIMATIC STEP7 Professional V14、SIMATIC STEP7 Professional V15 和 SIMATIC STEP7 Professional V16 等版本，对硬件和操作系统的要求也有调整和变化。TIA Portal V13 SP2 及以后的项目可以升级到 TIA Portal V16，且在同一计算机系统中可以同时安装不同版本的软件。

在安装软件时需要注意以下几个事项：

1）应关闭杀毒软件及系统自带的杀毒系统。

2）不要出现带有中文字符的安装路径。

3）如果在安装过程中遇到反复重启的问题，则需要删除注册表中的相关键值。操作过程为：在 Windows 系统下，按下组合键〈Win+R〉，弹出"运行"对话框，如图 3-2 所示，输入"regedit"并单击"确定"按钮打开"注册表编辑器"窗口；或者单击"开始"菜单按钮，在搜索框中直接输入"regedit"并按〈Enter〉键，打开"注册表编辑器"窗口。如图 3-3 所示，按照"\HKEY_LOCAL_MACHINE\SYSTEM\CurrentControlSet\Control\Session Manager"路径找到键值"PendingFileRenameOperations",右击并执行"删除"命令,然后关闭"注册表编辑器"窗口。这样,不需要重启计算机就可继续安装 TIA Portal 软件。

图 3-2 进入注册表

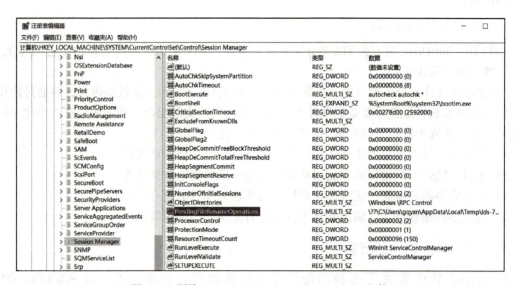

图 3-3 删除"PendingFileRenameOperations"文件

现在,打开 TIA Portal V16 软件包,如图 3-4 所示,双击.exe 文件后,先进行解压缩,解压缩完成后自动进入安装流程。

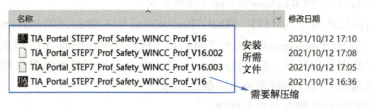

图 3-4 TIA Portal V16 软件包文件

SIMATIC STEP7 Professional V16 软件安装步骤如下(必须以管理员权限安装)。

1)右击 STEP7 Professional V16 文件夹根目录下的"Start.exe",在弹出的菜单中选择以管理员身份运行,弹出图 3-5 所示界面,单击"下一步"按钮。

2)进入安装程序后,按提示逐步安装所有项目。由于计算机性能不同,安装软件所用的时间也不同,一般需要花费 40~50 min。在安装过程中要求根据提示选择产品语言、要安装的

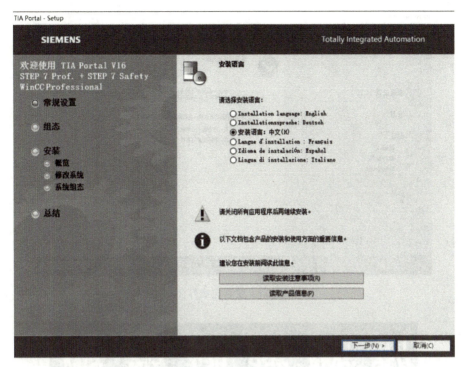

图 3-5　安装进入界面

产品配置、许可证条款和安全控制等选项，并进入安装阶段。

3）继续安装结束后会弹出许可证传送界面，如图 3-6 所示。

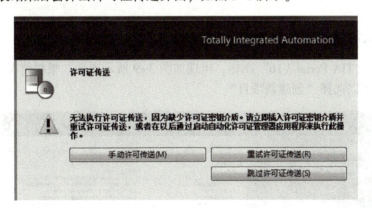

图 3-6　许可证传送界面

4）如果安装过程中未在计算机上找到许可密钥，可通过外部导入方式继续传送；也可单击"跳过许可证传送"按钮，安装完成后再进行注册。安装完成后弹出安装完成界面，如图 3-7 所示，单击"重新启动"按钮，重新启动计算机。

如果需要继续安装仿真软件，可以继续选择 SIMATIC S7-PLCSIM V16.0 软件进行解压缩和安装，安装过程与 SIMATIC STEP7 Professional V16 的基本一致。

安装完成后，桌面上出现快捷方式图标如图 3-8 所示。

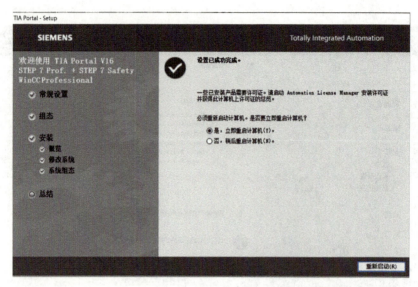

图 3-7　安装完成界面

图 3-8　TIA Portal 软件桌面快捷方式图标

3.1.3　认识编程软件界面

双击桌面的"TIA Portal V16"图标，出现如图 3-9 所示界面。根据情况可以选择"打开现有项目"，也可以选择"创建新项目"。

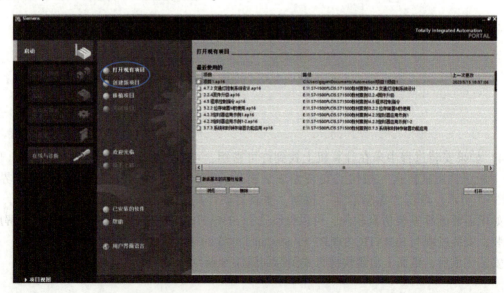

图 3-9　TIA Portal 软件进入界面

例如，选择"打开现有项目"→"项目 1.ap16"，出现如图 3-10 所示界面。

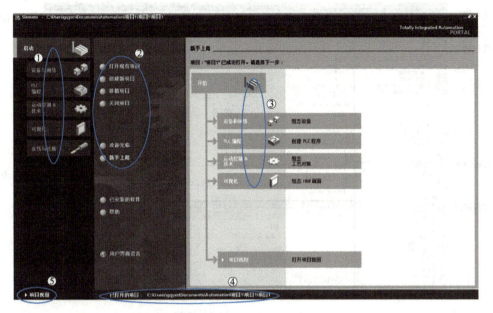

图 3-10 Portal 视图结构

TIA Portal 软件提供了两种视图：Portal 视图和项目视图，编程者可根据使用习惯进行选择，图 3-10 提供的是"Portal 视图"，该界面提供了面向任务的工具箱视图，下面就图中各部分功能做一个简单的说明。

① 任务入口：为各个任务区提供基本功能。Portal 视图中提供的功能取决于所安装的产品性能。

② 已选任务对应的操作：提供了①中选择的任务可以使用的操作，并提供了与任务相关联的"帮助"功能。

③ 已选操作相关列表：所有任务都有选择窗口，该窗口取决于操作者当前的选择。

④ 已打开的项目：可通过此处了解当前打开的项目名称。

⑤ 项目视图：可使用该链接切换到项目视图界面。

如果选择图 3-10 左下角的"项目视图"，则进入项目视图编辑界面。该界面是项目所有组件的结构化视图，提供了各种编辑器，可用来创建和编辑相应的项目组件，如图 3-11 所示。

下面就项目视图中各个部分的功能做一个简单的说明。

① 标题栏：用于显示项目名称。

② 菜单栏：包含工作所需的各种命令。

③ 工具栏：提供常用命令的按钮，以便快速访问这些命令。

④ 项目树：显示整个项目的元素，通过项目树可以访问所有组件和项目数据。

⑤ 详细视图：用于显示总览窗口或项目树所选择对象的特定内容。

⑥ 工作区：用于显示和操作为进行编辑而打开的对象。

⑦ 巡视窗口：显示有关所选对象或执行操作的附加信息。

⑧ 编辑器栏：显示打开的编辑器，可以使用编辑器在打开的对象之间进行快速切换。

⑨ 自动折叠：自动折叠箭头是一种快捷操作，通过操作箭头来显示和隐藏用户界面的相

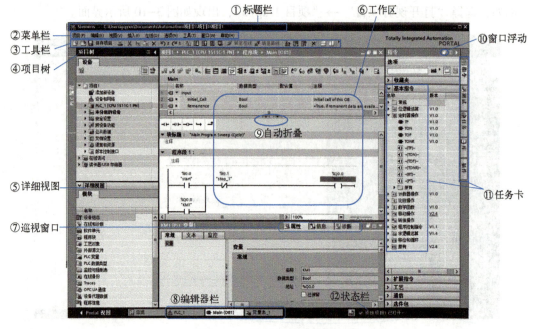

图 3-11 项目视图编辑界面

邻部分。

⑩ 窗口浮动：单击窗口浮动图标，窗口处于浮动位置，可以将浮动起来的窗口拖到其他地方；对于多屏显示，可以将窗口拖到其他屏幕中，实现多屏编程；单击浮动窗口右上角的图标，浮动窗口位置还原。

⑪ 任务卡：任务栏中显示的任务卡内容取决于所编辑或所选择的对象，可以随时折叠或重新打开这些任务卡。

⑫ 状态栏：用于显示当前正在后台运行的过程进度条和其他信息。

3.2 编程基本知识

3.2.1 S7-1500 PLC 数据类型

用户程序中的数据通过数据类型来识别。数据类型用于指定数据元素的大小以及如何解释数据。在 PLC 中，每个指令参数至少支持一种数据类型，而有些指令参数支持多种数据类型。数据类型主要包括基本数据类型、复合数据类型、PLC 数据类型、指针、参数类型、系统数据类型和硬件数据类型等。下面介绍基本数据类型、复合数据类型和 PLC 数据类型这 3 种常见数据类型，其他数据类型可查看相关技术手册或在应用中进一步了解。

1. 基本数据类型

PLC 数字系统内的最小信息单位为"位"（对于"二进制数"）。一个位（Bool）只能存储一种状态，即"0"（假或非真）或"1"（真）。当处理较复杂的数据时，CPU 将数据位编成组来实现；8 个位组成一组称为一个字节（Byte）；2 个字节（16 位）组成一组称为字（Word）。

S7-1500 PLC 和 S7-1200 PLC 的指令参数所用的基本数据类型有 1 位布尔型（Bool）、8 位字节型（Byte）、16 位单字（Word）、16 位有符号整数（Int）、32 位双字（DWord）、32 位

有符号双字整数（DInt）和 32 位浮点数（Real）等类型。

不同的数据类型具有不同的数据长度和数值范围。不同的数据长度对应的取值范围如表 3-1 所示，取值范围或表示方法可以采用二进制（2#）、八进制（8#）、十进制或十六进制（16#）表示。例如，数据长度为 16 位的单字（Word）用二进制表示的数值范围为 2#0~2#1111_1111_1111_1111、用八进制表示的数值范围为 8#0~8#177_777、用十进制表示的数值范围为 0~65 535、用十六进制表示的数值范围为 16#0000~16#FFFF。

表 3-1 基本数据类型不同的数据长度对应的取值范围

关 键 词	数据长度（位）	取 值 范 围	常量表示方法
二进制数			
Bool（位）	1	二进制：2#0 或 2#1；十进制：0 或 1	0，1；2#0，2#1
Byte（字节）	8	16#00~16#FF	16#56，B#16#1F
Word（字）	16	16#0000~16#FFFF	16#381A，W#16#F0F0
DWord（双字）	32	16#0000_0000~16#FFFF_FFFF	16#ABCD_1234
LWord（长字）	64	16#0~16#FFFF_FFFF_FFFF_FFFF	16#5A5A_DB8E
整数			
SInt（短整数）	8	有符号整数：−128~127	−35，16#2C，SInt#16#3
USInt	8	无符号整数：0~255	112，16#4F
Int（整数）	16	有符号整数：−32 768~32 767	123，16#0EC9，Int#16#3
UInt	16	无符号整数：0~65 535	12 345，16#FFEE
DInt（双整数）	32	有符号整数：−214 783 648~214 783 647	−12 345，16#0001_EB5E
UDInt	32	无符号整数：16#0~16#FFFF_FFFF	12345，16#E0E0_F0F0
LInt	64	有符号整数：−9 223 372 036 854 775 808~9 223 372 036 854 775 807	+154 322 222 111 555，16#2_8C8C_55F0_F0F0
ULInt	64	无符号整数：16#0~16#FFFF_FFFF_FFFF_FFFF	16#0005_1111_BBBB_FFFF
浮点数			
Real	32	$\pm 1.175\,495\mathrm{e}{-38} \sim \pm 3.402\,823\mathrm{e}{+38}$	1.52e-5，Real#1.0
LReal（长实数）	64	$\pm 2.23 \times 10^{-308} \sim \pm 1.79 \times 10^{+308}$	123.47，LReal#1.0
定时器			
S5Time	16	取值范围：S5T#0 ms~S5T#2 h_46 m_30 s_0 ms	S5T#5 m_30 s
Time（IEC 时间）	32	T#−24 d_20 h_31 m_23 s_648 ms~T# +24 d_20 h_31 m_23 s_647 ms	T#10 d_20 h_30 m_20 s_630 ms
LTime（IEC 时间）	64	LT#−106751 d_23 h_47 m_16 s _854 ms_775 μs_808 ns~LT# +106751 d_23 h_47 m_16 s_85 4 ms_775 μs_807	LT#830 ms_6 μs_3 ns
日期和时间			
Date	2 个字节	日期（年-月-日）：Date#1990-01-01~Date# 2169-06-06	Date#2022-11-30
Time_Of_Day（TOD）	4 个字节	时间（h:min:s.ms）：TOD#00:00:00.000 ~TOD#23:59:59.999	TOD#10:20:30.400

（续）

关 键 词	数据长度（位）	取 值 范 围	常量表示方法
LTOD	8个字节	时间（h:min:s.ns）： LTOD#00:00:00.000 000 000 ~ LTOD#23:59:59.999 999 999	LTOD#10:20:30.400_36 5_215
字符串			
Char	8	16#00 ~ 16#FF	'A'，Char#'A'
WChar	16	$0000 ~ $D7FF	WChar#'A'

下面简单介绍几种常用的基本数据类型的表示方法。

(1) Word

数据类型 Word（字）的操作数是位字符串，16 位；十进制表示时，有符号整数范围为 -32 768 ~ +32 767，无符号整数范围为 0 ~ 65 535；可以使用 4 个二进制位组成一组来表示一个十六进制位，使用十六进制表示数值时没有符号位。例如，十六进制数 W#16#381A 与二进制数的对应关系如图 3-12 所示。

Word 数据也可以用 BCD 码表示，其范围为 -999 ~ 999。BCD 码通常用于表示时间；与十六进制相比，BCD 码带有符号，数值中不能出现十六进制中的数字 A、B、C、D、E 及 F。例如，+345 用 BCD 码的表示方法如图 3-13 所示。

图 3-12 十六进制数 W#16#381A 与二进制数的对应关系

图 3-13 +345 用 BCD 码的表示方法

(2) Int

数据类型 Int（16 位整数）的操作数长度为 16 位，由符号和数值两部分组成。位 0 ~ 14 的信号状态表示数值，位 15 的信号状态表示符号；符号可以是 "0"（正信号状态），或 "1"（负信号状态）；Int 的操作数在存储器中占用 2 个字节。例如，+123 用 Int 的表示方法如图 3-14 所示，123 的数值 = $1 \times 2^6 + 1 \times 2^5 + 1 \times 2^4 + 1 \times 2^3 + 1 \times 2^1 + 1 \times 2^0$；-123 用 Int 的表示方法如图 3-15 所示。可见，一个负数的位表示方法是在正数的基础上将所有的位信号 "取反加 1"。

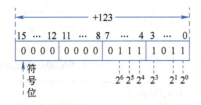
图 3-14 +123 用 Int 的表示方法

图 3-15 -123 用 Int 的表示方法

(3) Real

数据类型 Real（浮点数）的操作数长度为 32 位，用于表示浮点数（或称实数）。数据类型 Real 的结构如图 3-16 所示，其由三部分组成。

① 符号 S：由第 31 位的信号状态确定，正数为 "0"，负数为 "1"。

② 指数 e：以 2 为底的 8 位数，按常数增加（基值 +127），因此其范围为 0～255；指数 e 的位分别对应数据的第 23～第 30 位，对应的加权为 2^0～2^7。

③ 尾数 m：23 位，仅显示尾数的小数部分。尾数为标准化的浮点数，其整数部分始终为 1，且不会保存；尾数的位对应数据的第 0～第 22 位，对应的加权为 2^{-23}～2^{-1}。

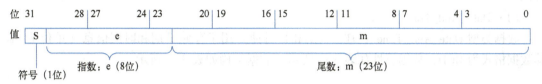

图 3-16　数据类型 Real 的结构

例如，浮点数 12.5 为正，则 S=0；因 $12.5=1.5625\times2^3$，所以指数 e=127（基数）+3（转换成二进制的指数）=130=2#1000_0010，又因为 $0.5625=0.5+0.0625=1\times2^{-1}+1\times2^{-4}$，所以尾数 m=2#1001，该 12.5 的浮点数结构为：

$$2\#0100\_0001\_0100\_1000\_0000\_0000\_0000\_0000$$

（4）S5Time

数据类型 S5Time（S5 时间）以 BCD 格式保存定时时间的当前值，持续时间由 0～999 范围内的时间值和时间基线决定；时间基线指示定时器时间值按步长 1 减少直至为"0"的时间间隔，时间基线分别为 10 ms、100 ms、1 s 及 10 s，不接受超过 2 h 46 m 30 s 的数值。

（5）Time 和 LTime（IEC 时间）

SIMATIC 定时器使用 S5 时间，该类定时器从 S5 系列 PLC 开始使用；IEC 定时器使用 IEC 时间，该类定时器从 S7-300/400 开始使用，且必须使用背景 DB。

数据类型 Time 的操作数内容以毫秒（ms）表示，表示信息包括天（d）、小时（h）、分钟（m）、秒（s）和毫秒（ms）。

数据类型 LTime 的操作数内容以纳秒（ns）表示，表示信息包括天（d）、小时（h）、分钟（m）、秒（s）、毫秒（ms）、微秒（μs）和纳秒（ns）。

使用时间数据时，不必指定所有时间单位。例如，T#5h10s 是有效时间数据。如果仅指定了一个单位，则天、小时和分钟的绝对值不能超过上限或下限。当指定了多个时间单位时，对于 Time 格式，数值不能超过 24 天 23 小时 59 分 59 秒 999 毫秒；对于 Ltime 格式，数值不能超过 106 751 天 23 小时 59 分 59 秒 999 毫秒 999 微秒 999 纳秒。

（6）Date 和 Time_Of_Day

数据类型 Date（日期）将日期作为无符号整数保存，包括年、月和日；Date 的操作数为十六进制形式，对应于自 01-01-1990 以来的日期值（16#0000）。

数据类型 Time_Of_Day（TOD，日期和时间）占用一个双字（4 个字节），存储从当天 0 时 0 分 0 秒开始的毫秒数，为无符号整数，小时、分钟、秒必须指定，毫秒可选。

（7）Char 和 WChar

数据类型 Char（Character，字符）的变量长度为 8 位，占用一个字节的内存，以 ASCII 格式存储单个字符，如字符 A 表示为：Char#'A'。

数据类型 WChar（宽字符）的变量长度为 16 位，占用两个字节的内存，以 Unicode 格式存储，可存储所有 Unicode 格式的字符，如汉字"国"以 WChar 表示为：WChar#'国'。

2. 复合数据类型

复合数据类型中的数据由基本数据类型组合而成，其长度可能超过 64 位，其类型有 Date_And_Time、LDT、DTL、String、WString、Array、Struct 等，下面简单介绍几种复合数据类型的特性。

（1）Date_And_Time

数据类型 Date_And_Time（DT，日期和日时钟）用于存储日期和时间信息（单位为 ms），其数据格式为 BCD，数据属性如表 3-2 所示，数据结构如表 3-3 所示。

表 3-2 DT 数据属性

关键词	数据长度（字节）	取值范围	格式示例
Date_And_Time(DT)	8（年-月-日-小时：分钟：秒：毫秒）	最小值：DT#1990-01-01-0：00：00.000 最大值：DT#2089-12-31-23：59：59.999	DT#2008-10-25-08：12：34.567 Date_And_Time#2008-10-25-08：12：34.567

表 3-3 DT 数据结构

字节	内容	取值范围及使用示例
0	年	0~99（1990~2089 年）BCD#90=1990…BCD#0=2000…BCD#89=2089
1	月	BCD#1~BCD#12
2	日	BCD#1~BCD#31
3	小时	BCD#0~BCD#23
4	分钟	BCD#0~BCD#59
5	秒	BCD#0~BCD#59
6	微秒（MSEC）的两个最高有效位	BCD#0~BCD#99
7（4MSB[①]）	微秒（MSEC）的最低有效位	BCD#0~BCD#9
7（4LSB[②]）	星期	BCD#1~BCD#7 BCD#1=星期日 … BCD#7=星期六

① 为最高有效位。
② 为最低有效位。

（2）String

数据类型 String（字符串）的操作数在一个字符串中存储多个字符。字符串最大长度占用 256 个字符，其中：第一个字符定义为字符串的最大长度数值，第二个字符定义为字符串的有效长度数值，从第三个字符开始为实际有效的字符；最大可设置 254 个字符长度，每个字符的数据类型为 Char，以 ASCII 的方式存储。例如，定义字符串 String[4]中只包含两个字符'AB'，但实际占用 6 个字节，字节排列如图 3-17 所示。注意：数据类型 String 的操作数在内存中占用的字节数比指定的最大长度要多 2 个字节。

（3）Array

数据类型 Array（数组）的变量是一种由数目固定且数据类型相同的元素组成的数据结构。数组元素通过下标进行寻址。在声明字段时，下标限值在关键字 Array 后的方括号内定义，下限值必须小于或等于上限值。一个数组最多可包含 6 个维度，各维度的限值使用逗号进行分隔。Array 数据属性如表 3-4 所示；数组声明方法如图 3-18 的"一维数组"和"二维数组"所示,建立方法:在项目树下,选择"程序块"→"添加新块"→"数据块"→"全局 DB",在"名称"文本框中输入 TEST,之后打开数据块 TEST,并输入 Array 变量。

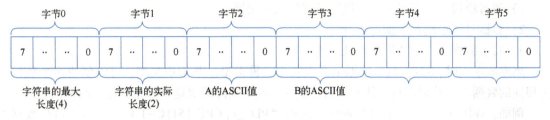

图 3-17 String 字符串数据类型字节排列

表 3-4 Array 数据属性

块属性	格 式	Array 的限值	数 据 类 型
标准块	Array [下限 ... 上限] of <数据类型>	[-32 768...32 767] of <数据类型>	二进制数、整数、浮点数、定时器、日期时间、字符串、Struct、PLC 数据类型、系统数据类型、硬件数据类型
优化块		[-2 147 483 648...2 147 483 647] of <数据类型>	

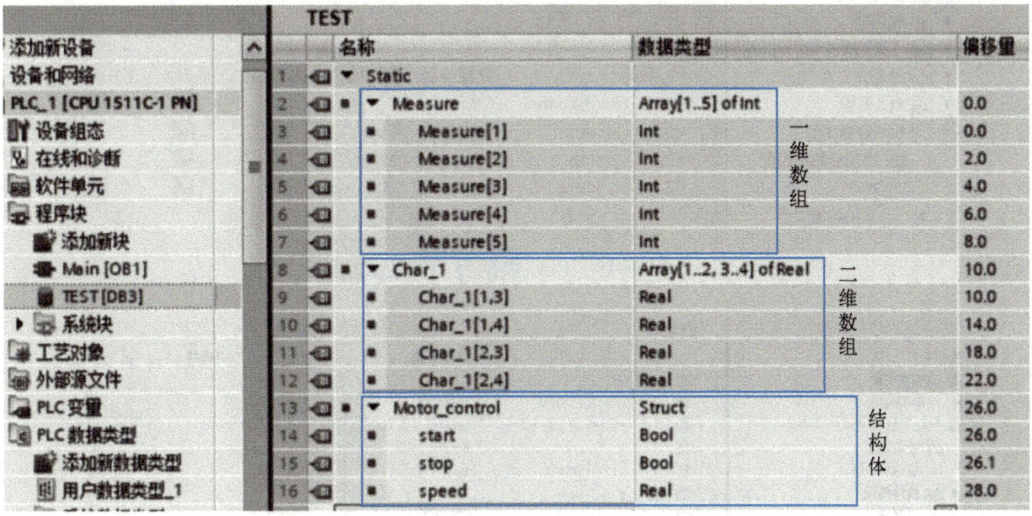

图 3-18 Array 和 Struct 数据类型的声明

(4) Struct

数据类型 Struct(结构体)是由不同数据类型组成的复合型数据,通常用来定义一组相关的数据。如图 3-18 所示,在数据块"TEST"中定义了有关 Motor_control 的一组数据,该类型数据由 3 个变量构成。如果引用整个结构体变量,可以直接填写符号地址,如"TEST. Motor_control";如果引用结构体中的某一变量,如"speed",则可以写成"TEST. Motor_control. speed";还可以采用绝对地址访问该变量,如 DB3. DBD28。

3. PLC 数据类型(UDT)

PLC 数据类型(UDT)是一种复杂的用户自定义数据类型,是一个由多个不同数据类型元素组成的数据结构。其中,各元素可源自其他 PLC 数据类型及 Array 等,也可直接使用关键字 Struct 将其声明为一个结构,嵌套深度限制为 8 级。PLC 数据类型(UDT)可在程序代码中统一更改和重复使用,系统自动更新该数据类型的所有使用位置。

PLC 数据类型的优势:

1)通过块接口,在多个块中进行数据的快速交换。

2)根据过程控制对数据进行分组。

3)将参数作为一个数据单元进行传送。

创建数据块时,可将 PLC 数据类型声明为一种类型。基于该类型,可以创建多个数据结构相同的数据块,并根据具体任务,通过输入不同的实际值对这些数据块进行调整。

例如,在图 3-19 所示的项目树中,选择"PLC_1[CPU 1511C-1 PN]"→"PLC 数据类型",双击"添加新数据类型",新建一个用户数据类型"UDT_1",在其中定义一个名为"Motor_control"的数据结构。"UDT_1"作为一种数据类型可以被其他程序块调用,如图 3-20 所示,新建"DB3"数据块,在数据块中多次调用用户定义的 PLC 数据类型变量"UDT_1",这些变量分别对应同类且不同的负载。

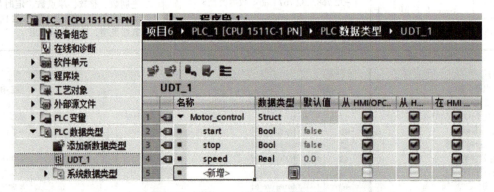

图 3-19　PLC 数据类型的定义

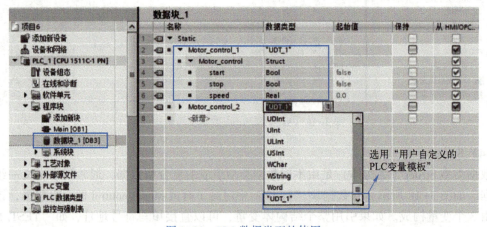

图 3-20　PLC 数据类型的使用

3.2.2　S7-1500 PLC 的地址及寻址

S7-1500 CPU 将存储器划分为不同的地址区,在程序中通过指令直接访问存储于不同地址区的数据。一般每种元件分配一个存储区域,并采用不同字母作为区域标识符,如过程映像输入区的区域标识符为 I、过程映像输出区的区域标识符为 Q、位存储器的区域标识符为 M、定时器的区域标识符为 T、计数器的区域标识符为 C 及数据块的区域标识符为 DB 等。

每个存储单元都有唯一的地址，用户程序利用这些地址访问存储单元中的信息。使用地址编写程序时区域标识符不区分大小写。

1. S7-1500 PLC 的地址区域

（1）过程映像输入区（I）

过程映像输入区位于 CPU 的系统存储区，CPU 仅在每个扫描周期的循环组织块（OB）执行之前对外围（物理）输入点进行采样，并将这些值写入过程映像输入区。使用过程映像输入区的好处是能够在一个程序的执行周期中始终保持数据的一致性。采用区域标识符"I"访问过程映像输入区，可以按位、字节、字或双字访问过程映像输入区变量；允许对过程映像输入区变量进行读写访问，但过程映像输入区变量通常为只读。如一台型号为 CPU 1511C 的 PLC，有 16 个输入点，如果首地址设为 124，则其过程映像输入区占用的地址为 IB124 和 IB125 两个字节。

（2）过程映像输出区（Q）

过程映像输出区位于 CPU 的系统存储区，在循环执行用户程序时，CPU 将程序逻辑运算后的输出值存放到过程映像输出区中，并在一个程序执行周期结束后，将存储在输出过程映像中的值复制到物理输出点。采用区域标识符"Q"访问过程映像输出区，可以按位、字节、字或双字访问输出过程映像区，允许对过程映像输出区变量进行读写访问。例如，访问数字量输出模块型号为 DQ8x24 V DC/2A HF 的输出点对应的过程映像输出区，如果设置其起始地址为 126，则其占用 QB126 一个字节的地址。

（3）直接访问 I/O 地址

完成一个控制系统的硬件组态后，其 PLC 和扩展模块等的 I/O 点的逻辑地址将对应到 SIMATIC S7-1500 CPU 的过程映像区中。在每个程序执行周期过程中，CPU 会自动处理物理地址和过程映像区之间的数据交换。

如果希望直接访问（而不是使用过程映像区）I/O 模块，可在 I/O 地址或符号名称后增加后缀":P"，这种方式称为直接访问，如%IB124:P、%QB126:P。一般 I_:P 访问为只读访问、Q_:P 访问为只写访问，访问的最小单位是［位］。

（4）位存储器（M）

位存储器位于 CPU 的系统存储区，其区域标识符为"M"。位存储器（M）用于存储操作的中间状态或其他控制信息，可以按位、字节、字或双字访问位存储区；位存储器允许读访问和写访问。对于 S7-1500 而言，所有型号的 CPU 位存储器都是 16 384 个字节，表示方法同输入/输出映像区。如图 3-21 所示，位存储器中掉电保持数据的大小可以在 PLC 变量的保持性存储器中设置。

（5）定时器（T）

定时器位于 CPU 的系统存储区，其区域标识符为"T"。在 S7-1500 PLC 中可以使用 IEC 定时器，如时间变量表示为 T#2 h_30 m_10 s；也可以使用 SIMATIC 定时器，如时间变量表示为 S5T#2 h_30 m_10 s。

SIMATIC 定时器是 CPU 的特定资源，其数量固定，如 CPU 1511C-1 PN 的 SIMATIC 定时器的数量是 2048 个，如 T0、T1、……，用户可以设置存储器中掉电保持的定时器个数，如图 3-21 所示。IEC 定时器在使用时需要采用基于系统数据类型"IEC_TIMER"的 DB 块；IEC 定时器占用 CPU 的工作存储器资源，数量与工作存储器的大小有关；IEC 定时器可设定的时间远大于 SIMATIC 定时器可设定的时间。因此，推荐使用 IEC 定时器，这样编程更加灵活。

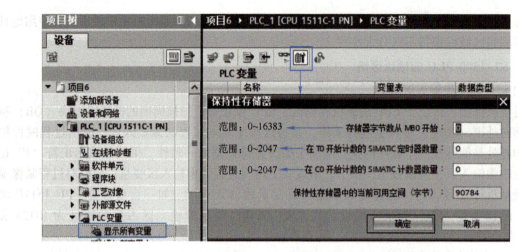

图 3-21 保持性存储器的设置方法

(6) 计数器（C）

计数器位于 CPU 的系统存储区，其地址标识符为"C"。在 S7-1500 PLC 中可以使用 IEC 计数器，如设定计数值为 5、16#5 等整数型格式；也可以使用 SIMATIC 计数器，如设定计数值格式为 C#5。

SIMATIC 计数器的数量有 2048 个，计数器地址为 C0、C1、…，用户可以设置存储器中掉电保持的计数，如图 3-21 所示。同 IEC 定时器一样，IEC 计数器的数量取决于 CPU 存储器的大小，调用 IEC 计数器指令时，会自动生成保存计数器数据的背景数据块。推荐使用 IEC 计数器，这样编程更加灵活。

(7) 数据块

数据块的区域标识符为"DB"，用于存储用户数据及程序的中间变量。当程序块执行结束或数据块关闭时，数据块中的数据保持不变；可以按位、字节、字或双字等数据类型访问数据块。

用户可在存储器中建立一个或多个数据块，每个数据块可大可小，但 CPU 对数据块数量及数据总量是有限制的。CPU 中可创建数据块的数量与 CPU 的类型有关，在 S7-1500 PLC 中，非优化的数据块的最大数据空间为 64 KB；如果是优化的数据块，则其最大数据空间同样与 CPU 的类型有关，如 CPU 1511-1 PN DB 最大可达 1 MB、CPU 1515-2 PN DB 最大为 3 MB、CPU 1516 最大可达 5 MB。

数据块的具体应用可参考本书 5.2 节。

2. S7-1500 PLC 的寻址方式

当存储器进行地址区划分后，用户即可通过特定的地址寻找对应的变量，同时在 TIA Portal 软件中要求每个变量必须定义符号名称，如用户未定义，软件也会为其自动分配名称，默认从"Tag_1"开始分配，所以用户还可以通过符号名称访问变量。

S7-1500 CPU 将程序中的各类信息和数据存储在不同的存储器单元，每个单元都确定一个唯一的地址，CPU 通过地址来访问其对应的数据，称为寻址。

(1) 位寻址格式

对于 I、Q、M 和 DB 这类存储器，按位寻址的格式为：Ax.y，如图 3-22 所示。其中，A 为存储器的区域标识符，x 为字节地址，y 为字节内的位地址，如 I1.5（第 1 个输入字节的第

5位)、Q5.0（第5个输出字节的第0位）、DB0.DBX10.0（符号X表示位，表示数据块DB0的第10个字节的第0位）；如果是直接访问I/O，则访问地址为I1.5:P，Q0.1:P等。

(2) 字节、字和双字寻址格式

对于I、Q、M和DB这类存储器，可以按字节、字或双字寻址，格式为Atx。其中，A为存储器区域标识符，t的取值可以是B（字节）、W（字）、D（双字），x为字节地址。字节组成字，字组成双字，等等，例如，DB0.DBB0（数据块DB0的第0个字节）、DB0.DBW0（数据块DB0的第0个字）、DB0.DBD0（数据块DB0的第0个双字）。

图3-23为位存储器M的寻址示例。其中，MB50表示以字节的方式存取；MW50表示存取MB50、MB51组成的字，即MW50=MB50+MB51，MB50为高8位字节，MB51为低8位字节；MD50表示存取MB50~MB53组成的双字，即MD50=MW50+MW52=MB50+MB51+MB52+MB53，MB50为最高8位字节，MB53为最低8位字节。使用字地址时，一般采用偶数地址表示，这样能够避免字地址复用，造成不必要的麻烦，如字MW0、MW2、MW4、MW6……

图3-22 位寻址的格式

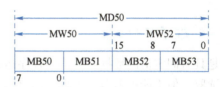

图3-23 位存储器M的寻址示例

TIA Portal 编程软件简化了地址记忆，可以采用符号编程。用户为数据地址创建符号名称或"变量"，作为与存储器地址和I/O点相关的PLC或在程序块中使用的局部变量。要在用户程序中使用这些变量，只需输入指令参数的变量名称。例如，如果变量"%I124.0"的符号名称为"Start"，则在编写程序输入指令参数时可直接输入"Start"；如果变量"DB0.DBD0"的符号名称为"Speed"，则可直接输入"Speed"；如果是I/O直接访问，则可输入"Start:P"。

3.2.3 程序中的变量

变量是可以在程序中更改数值的占位符，其数值的格式已定义。使用变量可以使程序变得更灵活，如对于每次程序块的调用，可以为在块接口中声明的变量分配不同的值，从而可以重复使用已编程的块，以实现多种用途。

变量由以下元素组成：名称、数据类型、地址和Value（可选）。

根据应用范围，变量可分为全局变量和局部变量。

(1) 全局变量

全局变量可以被CPU中的所有程序块使用。全局变量如果在某程序块中被赋值，则可以在其他的程序块中读出，且没有使用限制。全局变量包括I、Q、M、T、C和DB等数据区。

(2) 局部变量

局部变量只能在该变量所属的程序块（OB、FC和FB）范围内使用，不能被其他程序块使用。如图3-24所示的FB1程序块接口中设置的变量"result1"，用于存储程序块运行的中间结果，为临时变量（即局部变量）；当程序块运行完成后，临时变量中的数据将会丢失。

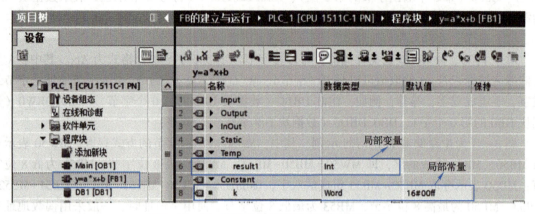

图 3-24　FB1 程序块中的局部变量和局部常量

3.2.4　程序中的常量

常量是具有固定值的数据，其值在程序运行期间不能更改。常量在程序执行期间可由各种程序元素读取，但不能被覆盖。根据应用范围，常量可分为全局常量和局部常量。

（1）全局常量

全局常量在 PLC 变量表中定义，之后就可以在整个 PLC 项目中使用。全局常量的定义步骤如图 3-25 所示，常量 Angle 可以在该 CPU 的整个程序中直接使用，其代表使用数值 360.0；如果在"用户常量"标签页下更改用户常量的数值，则程序中所有引用该常量的地方都会自动更新为新的值。

图 3-25　在"PLC 变量"中定义一个用户常量

（2）局部常量

与全局常量相比，局部常量只在其定义的块中有效。如图 3-24 所示的 FB1 程序块接口中设置的变量"k"，该变量为局部常数变量，只在 FB1 程序块中使用，是带有声明符号名的局部常量。

3.3 PLC 的编程语言及特点

3.3.1 编程语言选择操作

PLC 程序是设计人员根据控制系统的实际控制要求，通过 PLC 的编程语言进行编制的。S7-1500 PLC 支持梯形图（Ladder Logic，LAD）、语句表（Statement List，STL）、功能块图（Function Block Diagram，FBD）和结构化控制语言（Structured Control Language，SCL）等编程语言。不同的编程语言可为具有不同知识背景的编程人员提供多种选择。

TIA Portal 软件中的编程语言可以在新建程序块时选择，如图 3-26 所示，也可以在程序块的"属性"→"常规"→"语言"中选择，如图 3-27 所示。

图 3-26 在新建程序块界面中选择编程语言

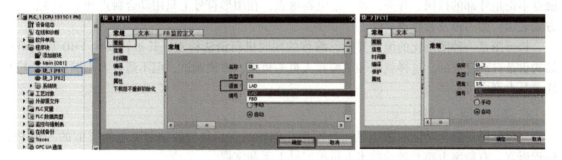

图 3-27 通过程序块"属性"改变编程语言

在 TIA Portal 编程软件中，LAD、FBD、STL 及 SCL 的编译器相互独立，4 种语言的编程效率相同；除 LAD 和 FBD，各语言编写的程序之间不能相互转化。如图 3-27 所示，在 FB1 的"常规"界面中，可以看见当前语言可以在 LAD 和 FBD 之间切换；如果建立的程序块所选择的编程语言是 STL 或 SCL，则在"语言"下拉列表中不能再切换编程语言，如图 3-27 的 FC1 程序块所示。

3.3.2 梯形图（LAD）和功能块图（FBD）

1. 梯形图（LAD）

由于 PLC 产生于替代继电器逻辑功能的需求，因此其基本的编程语言——梯形图（LAD）非常接近继电器电路，也很容易被熟悉继电器控制的电气人员所掌握，特别适合于数字量逻辑控制。

梯形图的特点是：与电气原理图相对应，具有直观性和对应性；与原有继电器控制相一致，电气设计人员易于掌握。梯形图示例如图 3-28 所示。

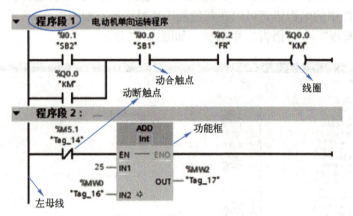

图 3-28　梯形图示例

梯形图由触点、线圈和功能框（用方框表示的指令）构成。触点代表逻辑输入条件，线圈代表逻辑运算结果、控制的指示灯和内部的标志位等，功能框用来表示定时器、计数器或数学运算等附加指令。由触点和线圈组成的电路称为程序段（Network，网络），STEP 7 编程软件自动为程序段编号，如图 3-28 中的"程序段 1""程序段 2"等。梯形图元件按照从左至右、从上至下的顺序排列，左侧总是安排输入触点，并且把并联触点多的支路靠近左侧，输入触点不论是外部的按钮、开关，还是继电器触点，在图形符号上只用动合触点和动断触点两种方式表示，而不涉及其物理属性。

梯形图是一种图形化的编程界面，编程的同时进行语法检查，其被转换为 FBD 后的语法结构也是自动完成的。这样就减轻了编程人员的负担，方便调试，但不适合人工编写复杂控制任务及大型应用程序。

2. 功能块图（FBD）

与梯形图一样，功能块图也是一种图形化编程语言，是与数字逻辑电路类似的一种 PLC 编程语言，有数字电路基础的技术人员很容易上手和掌握。

图 3-29 是功能块图编程示例。功能块图用类似于与门和或门的框图来表示逻辑运算关系，方框的左侧为逻辑运算的输入变量，右侧为输出变量，输入和输出端的小圆圈表示"非"运算，方框用"导线"连在一起，信号自左向右。采用 FBD 编程非常直观，且易于调试，但同样地，它也不适合人工编写复杂控制任务及大型应用程序。

3.3.3 语句表（STL）

语句表是一种文本编程语言，类似于微机的汇编语言，适合有一定编程基础的程序员使用。由于其最接近于机器执行代码，可以直接访问 PLC 内部的各种资源，因此功能比较强大，可以实现一些其他编程工具不能实现的功能。

图 3-30 是语句表编程示例。语句表采用汇编语言的风格，要求编程人员对 PLC 的内部体系结构、语法规则和指令规则等内容有一个非常清晰的概念，但其存在指令记忆困难及程序可读性差的缺点，不适合人工编写复杂控制任务及大型应用程序。

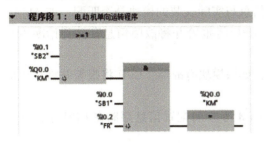

图 3-29　功能块图编程示例　　　　　图 3-30　语句表编程示例

3.3.4　结构化控制语言（SCL）

在 TIA Portal 软件中，结构化文本编程被称为结构化控制语言（Structured Control Language，SCL）。结构化控制语言是一种类似 PASCAL 的高级编程语言，不仅可以完成 PLC 典型应用（如输入/输出、定时、计数等），还具有循环、选择、数组、高级函数等高级语言的特性，非常适合复杂的运算功能、数学函数、数据处理和管理以及过程优化等，是今后主要的编程语言。

图 3-31 是结构化控制语言编程示例。在大中型 PLC 编程中，SCL 的应用越来越广泛，它可以非常方便地描述控制系统中各个变量的关系。

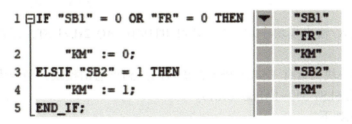

图 3-31　结构化控制语言编程示例

在 PLC 控制系统设计中，要求设计人员不但对 PLC 的硬件性能了解，还要了解 PLC 支持的编程语言的种类和用法，以便编写更加灵活和优化的自动控制程序。

3.4　S7-1500 PLC 的设备组态

3.4.1　设备组态的功能

在使用 S7-1500 PLC 之前，需要在 TIA Portal 软件中创建一个项目，然后在项目中添加与实际系统安装一致的 CPU 及其他模块，并对其中的硬件进行参数设置，以满足自动化控制任务的要求，这个过程称为设备组态，是用户编写程序的基础。

设备组态是将系统实际使用的 CPU、信号模块（SM）和通信模块（CM）等配置到对应的插槽上，并对各个硬件进行参数设置，这对于控制系统的正常运行非常重要。设备组态的主要功能如下：

1）将配置好的信息下载到 CPU 中，使 CPU 按照配置的参数执行。

2）将信号模块的物理地址进行分配，并映射为逻辑地址，可方便程序块的调用。

3）设备组态下载时，CPU 将比较模块的配置信息与实际安装的模块是否匹配，如 AI/AQ 模块的安装位置、测量类型和型号等；如不匹配，CPU 将报警并将故障信息存储到诊断缓存区，方便用户进行相应的修改。

4）CPU 将根据配置信息对模块进行实时监控，如果模块有故障，CPU 将报警并将故障信息存储到诊断缓存区。

5）一些智能模块（如通信的 CP/CM、工艺的 TM 等）的配置信息存储在 CPU 中，如出现故障可直接更换，不需要重新下载配置信息。

3.4.2 设备组态的操作

在 TIA Portal 软件的 Portal 视图和项目视图下均可以组态新项目。Portal 视图是以向导的方式来组态新项目，项目视图则是硬件组态和编程的主视窗。下面以项目视图为例，介绍如何添加和组态一个 S7-1500 PLC 的工程项目。

例如，一个工程项目选用了 CPU 1511-1 PN（订货号为 6ES7 511-1AK00-0AB0）作为主控制器，系统配置如下。

1）信号输入模块一块：数字量输入模块 DI16x 24 V DC，订货号为 6ES7 521-1BH10-0AA0。

2）信号输出模块一块：数字量输出模块 DQ16x 24 V DC/0.5A BA，订货号为 6ES7 522-1BH10-0AA0。

3）模拟量输入/输出模块一块：AI 4xU/I/RTD/TC/AQ 2xU/I ST，订货号为 6ES7 534-7QE00-0AB0。

4）通信模块一块：带有 RS422/RS485 接口的点到点通信模块，型号为 CM PtP RS422/485 BA，订货号为 6ES7 540-1AB00-0AA0。

硬件组态步骤如下。

1. 插入 CPU

打开 TIA Portal 软件，选择"项目视图"，在出现的界面中选择"项目"→"新建"，创建项目"硬件组态_1"；然后在"项目树"下，单击"添加新设备"，则会弹出"添加新设备"对话框，如图 3-32 所示。在"添加新设备"对话框中，选择"控制器"→"SIMATIC S7-1500"→"CPU"→"CPU 1511-1 PN"→"6ES7 511-1AK00-0AB0"，其版本为 V1.8。注意，CPU 的型号、订货号和固件版本要与实际硬件的版本匹配。之后，选中对话框中的"打开设备视图"，单击"确认"按钮后即可直接打开设备视图，如图 3-33 所示。

在设备视图中，看到新添加的 CPU 位于 1 号插槽，可在这个界面继续进行硬件添加；在"设备概览"中，可看到插入模块的详细信息，包括 I/O 地址、设备类型、订货号和固件版本号等；在"硬件目录"区，可以选中"过滤"，只保留与站点相关的模块，并可在"硬件目录"区选择所需的模块将其添加到 CPU 插槽中。

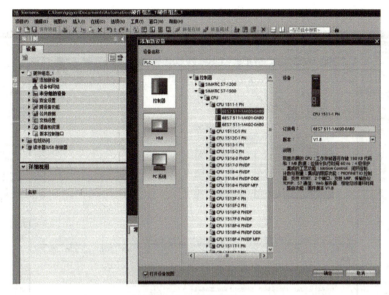

图 3-32 添加新设备

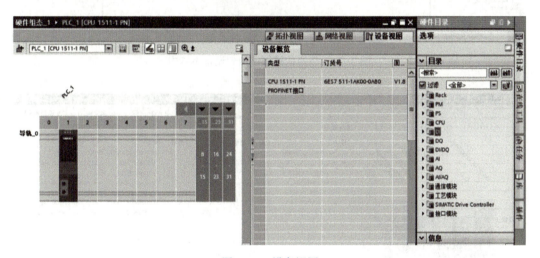

图 3-33 设备视图

2. 添加扩展模块

使用硬件目录，可将需要的模块添加到机架中。其中，DI、DQ、AI/AQ 和通信模块可分别添加到 CPU 右侧的 2~5 号插槽中，4 个模块的位置与实际硬件相一致；如果有 PM 电源模块，则可插到 CPU 模块的左侧，也可不组态该模块。

例如，在"硬件目录"中选择"通信模块"→"点到点"→"CM PtP RS422/485 BA"→"6ES7 540-1AB00-0AA0"，或单击"6ES7 540-1AB00-0AA0"模块后长按鼠标左键将其拖到"设备视图"中高亮显示的插槽 5 中，则通信模块被配置到 CPU 中，如图 3-34 所示。只有将模块添加到设备组态并将硬件配置下载到 CPU 中，模块才能正常工作。

硬件组态配置完成后，可在"设备视图"→"设备概览"中看到整个硬件组态的详细信息，如图 3-35 所示。

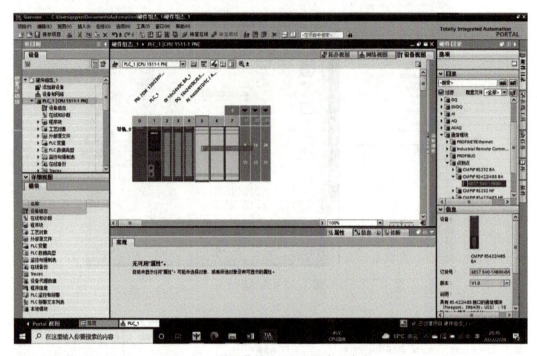

图 3-34　将通信模块添加到设备组态中

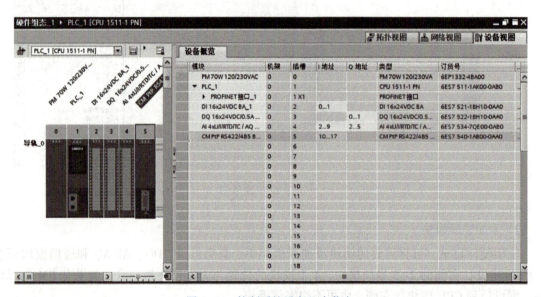

图 3-35　控制系统设备组态信息

3. 配置 CPU 参数

如图 3-36 所示，在"设备视图"中选中 CPU，可在下部巡视窗口的"属性"选项卡中配置 CPU 的各种参数，如 CPU 的启动特性、通信接口、I/O 特性、系统和时钟存储器等，详细内容如表 3-5 所示。

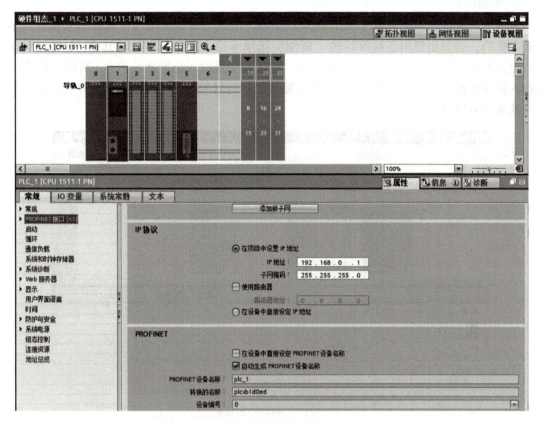

图 3-36　打开 CPU 巡视窗口

表 3-5　CPU 属性及说明

CPU 属性	说　　明
PROFINET 接口	设置系统子网、IP 地址、设备名称和时间同步等
启动	上电后启动，包括未启动（保持为 STOP 模式）、暖启动-RUN 模式、暖启动-断电前的操作模式三个选项
循环	定义最大循环时间或固定的最小循环时间
通信负载	分配专门用于通信任务的 CPU 时间百分比
系统和时钟存储器	启用一个字节用于"系统存储器"功能，并启用一个字节用于"时钟存储器"功能
Web 服务器	启用和组态 Web 服务器功能
用户界面语言	针对每种 Web 服务器用户界面显示语言，为 Web 服务器分配一种项目语言，用于显示诊断缓冲区的条目文本
时间	选择时区并组态夏令时
防护与安全	设置用于访问 CPU 的读/写保护和密码
系统电源	用于显示组态设备的功率及功耗
组态控制	允许通过用户程序重新组态设备
连接资源	提供可用于 CPU 的通信连接资源汇总以及已组态的连接资源数
地址总览	提供已为 CPU 组态的 I/O 地址的摘要

4. 组态数字量输入/输出模块的参数

本例中,要组态数字量输入/输出模块的参数,需在"设备视图"中选择信号模块(插槽2或插槽3),并分别使用巡视窗口的"属性"选项卡组态模块的参数。其中,I/O 地址用于修改模块的输入起始地址,如图 3-37 所示,默认数字量输入起始地址为 0,则输入模块的 16 路输入信号地址为 I0.0~I1.7;如将默认的输出起始地址修改为 12,则输出模块的 16 路输出信号地址为 Q12.0~Q13.7,如图 3-38 所示。

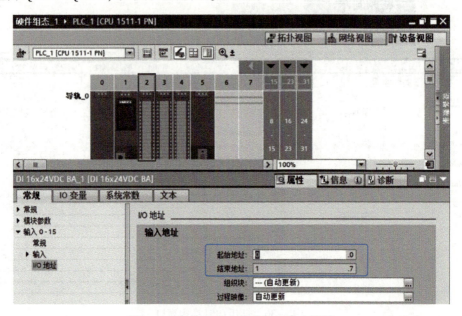

图 3-37 数字量输入模块地址修改界面

图 3-38 修改数字量输出模块地址

5. 组态模拟量输入/输出模块的参数

要组态模拟量输入/输出模块的参数，可在"设备视图"中选中模拟量模块，然后在"属性"选项卡中组态模块的参数，该模块有 4 路模拟量输入通道、2 路模拟量输出通道，输入、输出通道的信号源可以根据项目需要选择电压或电流，且提供了多种对应于电压或电流的测量范围。如图 3-39、图 3-40 所示，设置输入通道 0 的测量类型为电流、测量范围为 4~20 mA、通道地址为 IW2，设置输入通道 1 的测量类型为电压、测量范围为 -10~+10 V、通道地址为 IW4。

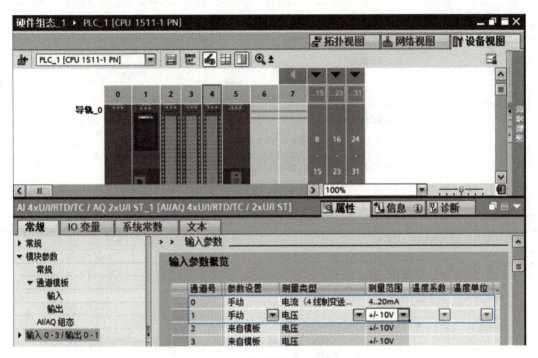

图 3-39　模拟量输入参数设置

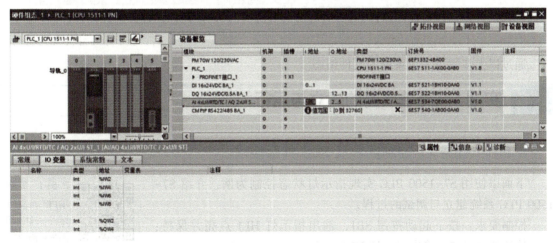

图 3-40　模拟量输入/输出通道地址设置

6. 设置通信模块参数

要设置通信模块，可在"设备视图"中选中通信模块，然后在"属性"选项卡中组态模块的参数。

对于通信模块（CM）和通信处理器（CP），可根据不同的型号及接口类型组态网络参数。本例为带有 RS422/RS485 接口的点到点的通信模块，其主要组态内容如图 3-41、图 3-42 所示。

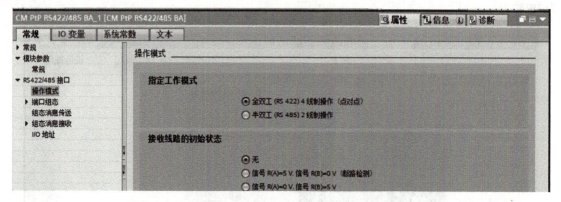

图 3-41　组态通信模块操作模式

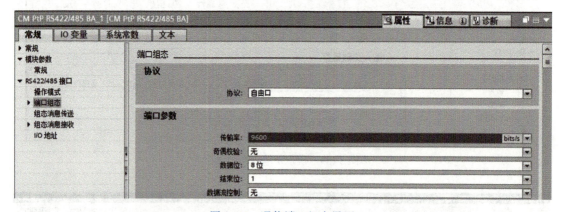

图 3-42　通信端口组态界面

通过以上步骤可完成系统的硬件组态。

3.5　实训 1：简单项目的建立与运行

3.5.1　任务 1：控制要求及 PLC 外部接线

下面以使用 S7-1500 PLC 实现指示灯状态控制为例，介绍 S7-1500 PLC 系统建立与调试的过程。

控制要求：按下起动按钮 SB1，输出指示灯 HL1 点亮并保持；按下停止按钮 SB2，输出指示灯 HL1 熄灭。

3.5-1　简单项目的建立与运行——硬件组态与程序编写

本例采用西门子公司的 S7-1500 系列 CPU 1511C-1 PN（订货号为 6ES7 511-1CK00-0AB0，固件版本为 V2.1）。该 PLC 属于紧凑型 CPU，模块电源为 DC 24 V，带 16 点数字量输入（DI 16xDC 24 V），16 点数字量输出（DQ 16xDC 24 V/0.5A）；5 路模拟量输入（AI 4xU/I、AI 1xRTD，16 位）；2 路模拟量输出（AQ 2xU/I，16 位）。

根据控制要求，PLC 外部接线图如图 3-43 所示。

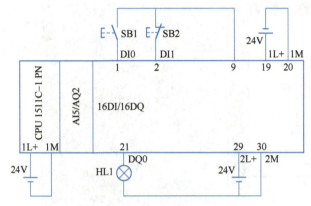

图 3-43　PLC 外部接线图

3.5.2　任务 2：简单项目的建立

（1）创建项目

打开 TIA Portal 软件，单击新建项目图标命令，在弹出的"创建新项目"对话框中填写项目名称和保存路径等信息，如图 3-44 所示；完成后单击"创建"按钮，弹出画面如图 3-45 所示。

3.5-2　简单项目的建立与运行——项目下载与调试

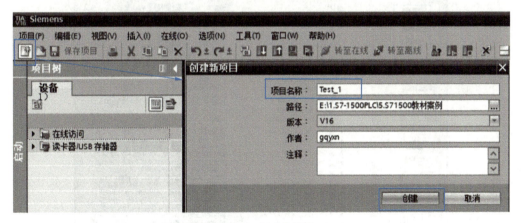

图 3-44　创建新项目

（2）配置 PLC

一个 TIA Portal 软件项目可以包含多个控制器站点、HMI 以及驱动等设备；在使用 S7-1500 CPU 之前，需要在项目中添加控制器站点，并对其进行硬件配置。

添加控制器站点和硬件配置是将真实的 CPU 及其外部设备（如 HMI、变频器等）连接以及各设备参数设置情况映射到 TIA Portal 软件平台上，这个过程也是对 PLC 硬件系统的参数化过程。只有在完成系统硬件配置后，才能进行程序的编写工作。配置 PLC 的具体步骤如下：

1）添加一个 CPU。在项目"Test_1"下，选择"添加新设备"→"控制器"→"CPU 1511C-1 PN"→"6ES7 511-1CK00-0AB0"（版本号为 V2.1），如图 3-46 所示，单击"确

定"按钮,弹出设备视图界面如图 3-47 所示。

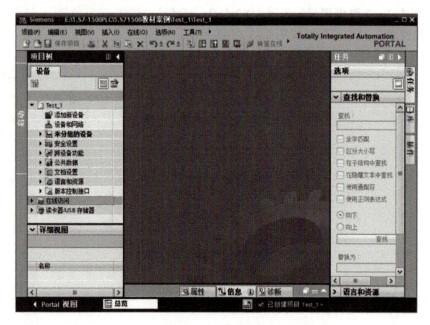

图 3-45 项目视图

图 3-46 硬件配置

从图 3-46 的"说明"区域可了解该 CPU 的集成特性,也可从图 3-47 的"设备视图"中查看 CPU 的集成特性,如该 CPU 集成了 6 个高速计数通道和 2 个以太网接口等。

图 3-47　设备视图

2）进行 CPU 参数的配置。在图 3-47 的"设备视图"中选中 CPU，然后单击"设备视图"下的"属性"，弹出 CPU 属性视图，如图 3-48 所示。在该视图中可以配置 CPU 的各种参数，如 PROFINET 接口的 IP 地址、DI/DQ 地址、高速计数器（HSC）的参数等。

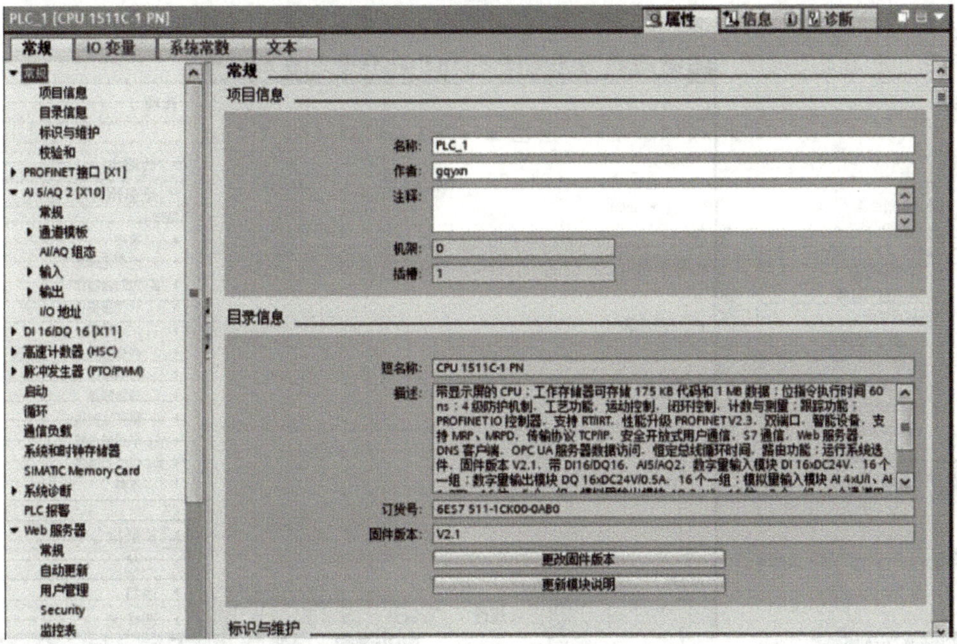

图 3-48　CPU 属性

本例为一个简单的 PLC 应用项目,只需设置 CPU 通信接口,其他参数保持默认即可。在图 3-48 中,选择"PROFINET 接口[X1]"→"以太网地址",在"以太网地址"显示界面中设置 IP 地址,如图 3-49 所示,并单击工具栏上的保存项目图标,保存项目设置参数。至此,CPU 硬件配置完成。

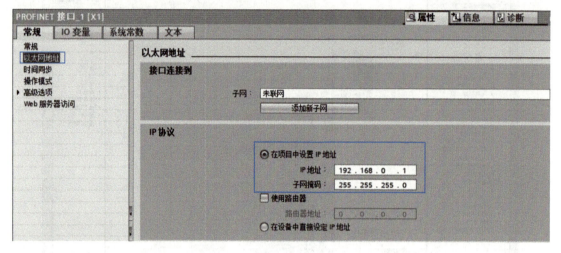

图 3-49 设置 CPU 的 IP 地址

(3) 创建程序

当 CPU 参数配置完成后,在"项目树"中会自动创建主程序组织块"Main[OB1]",图 3-50 为双击"Main[OB1]"后显示的界面。同其他程序块不同,OB1 组织块是一定存在的。

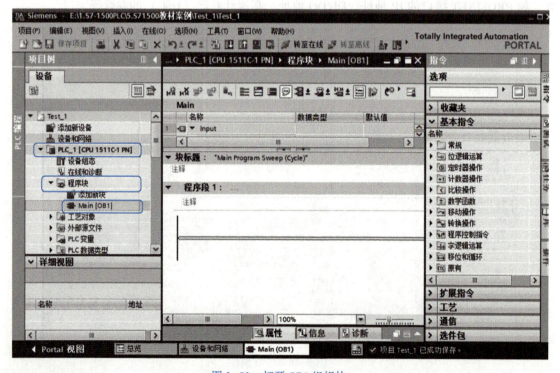

图 3-50 打开 OB1 组织块

(4) 对 PLC 编程

前面已经介绍了 S7-1500 PLC 几种编程语言的特点，本例选择图形化编程语言梯形图来编写程序。从前面的设备视图中可见，16DI/16DQ 通道默认分配的地址分别是 IB10~IB11、QB4~QB5，用户可以根据需求修改地址，本次编程采用默认地址。

PLC 输入/输出地址分配为：I10.0 为起动按钮（SB1）；I10.1 为停止按钮（SB2）；Q4.0 为指示灯（HL1）。PLC 程序编写如图 3-51 所示。

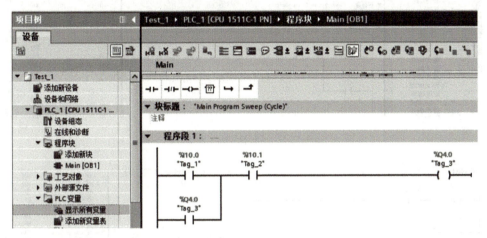

图 3-51　PLC 程序编写

使用变量编程时，变量名称可以由系统自动生成，也可以由用户自定义。图 3-51 中的变量符号由系统自动生成，如变量 I10.0 的符号名称为 Tag_1、变量 I10.1 的符号名称为 Tag_2 等；用户也可以在 PLC 变量中自定义变量名称，如图 3-52 所示，将变量 I10.0 的符号名称自定义为 START，将变量 I10.1 的符号名称自定义为 STOP 等。编写的 PLC 程序可直接在主程序 Main [OB1] 中录入，梯形图程序的编写如图 3-53 所示。

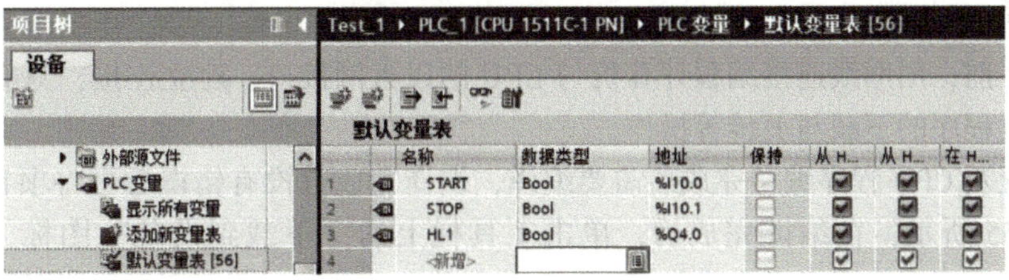

图 3-52　变量名称的定义

图 3-53 中，标注①是程序编辑器的工作区。编写梯形图时，可以拖拽图 3-53 中②或③标注的区域指令图标到工作区指定位置，组成工作区中的逻辑关系；②是右边"指令"任务卡中"收藏夹"的内容，通过"收藏夹"可以快速访问常用指令；③是右边"指令"任务卡中的"位逻辑运算"指令。

OB1 块程序可分为程序段 1、程序段 2 等若干段程序，程序段用来构建程序，每个程序段至少包含一个梯级。插入程序段只需右击（单击鼠标右键）"程序段"字样或右击工作区空白处，在弹出的菜单中选择"插入程序段"，如图 3-54 所示。

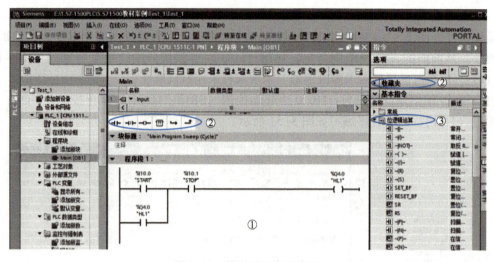

图 3-53 梯形图程序的编写

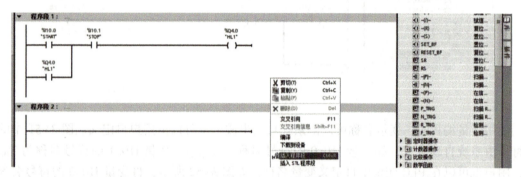

图 3-54 插入程序段的操作

程序编写结束后可单击工具栏上的保存项目图标，则程序编写完成。

（5）将项目下载到 PLC 中

下载程序前，用网线连接编程计算机与 CPU 的以太网接口；建立连接，只有给 PLC 上电后，方可执行程序的下载与上传等操作。

硬件配置及 CPU 程序编写完成后需要编译，编译完成且没有错误后可将项目下载至 CPU 中。如图 3-55 所示，在编译完成后，单击工具栏上的"下载到设备"图标，弹出界面如图 3-56 所示。

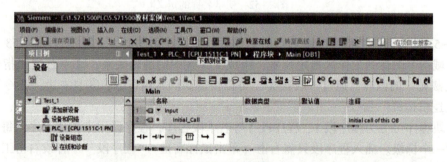

图 3-55 下载操作

在图 3-56 中,"PG/PC 接口的类型"选择"PN/IE","PG/PC 接口"选择编程计算机使用的网卡型号。选择完毕后单击"开始搜索"按钮,搜索网络上所有的站点,弹出界面如图 3-57 所示。

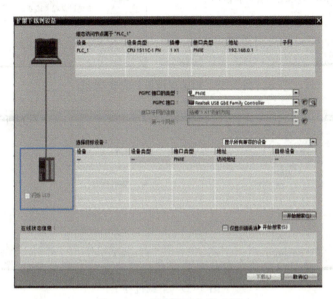

图 3-56　下载界面参数选择

从图 3-57 可知,搜索到当前可用 PLC 一台,IP 地址为 192.168.0.1。单击"下载"按钮,弹出界面如图 3-58 所示。当网络中有多台 PLC 时,可选中"闪烁 LED",即可使所选的 CPU 上的 LED 灯闪烁,从而查找出需要下载程序的站点。

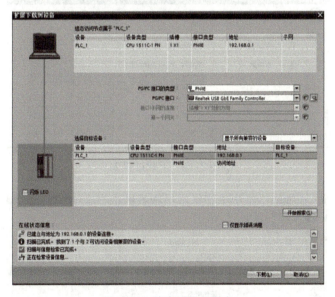

图 3-57　搜索到目标设备

从图 3-58 可知,程序下载中可能出现的问题是未给编程计算机(PC)分配一个与 PLC 位于同一网段的 IP 地址(要求 PC 的 IP 地址与连接的 CPU 的 IP 地址在同一网段),按照提示操作,使系统给编程设备分配 IP 地址。单击"确定"按钮,弹出下载界面如图 3-59 所示。

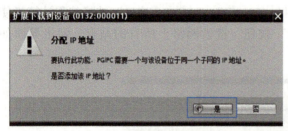 

图 3-58　给编程设备分配 IP 地址

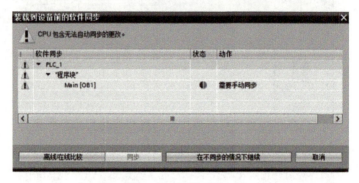

图 3-59　下载过程 1

在图 3-59 中，根据需求可以单击不同的按钮。如单击"在不同的情况下继续"按钮，弹出界面如图 3-60 所示；单击"装载"按钮，项目下载中，并弹出界面如图 3-61 所示；下载完成弹出界面如图 3-62 所示，单击"完成"按钮，完成 PLC 项目的下载。

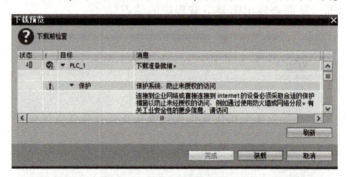

图 3-60　下载过程 2

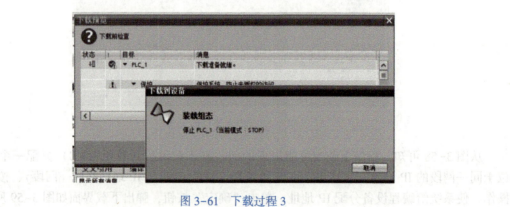

图 3-61　下载过程 3

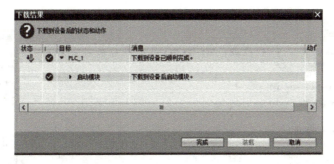

图 3-62　下载完成

3.5.3　任务 3：项目调试

项目下载完成后，操作如图 3-63 所示。选择图中标注①"转至在线"，如果 PLC 当前是停止状态，则需要单击起动 CPU 图标（图中标注②），激活项目测试系统功能，再单击 OB1 界面的启用/禁用监视图标（图中标注③），进入程序监视界面。

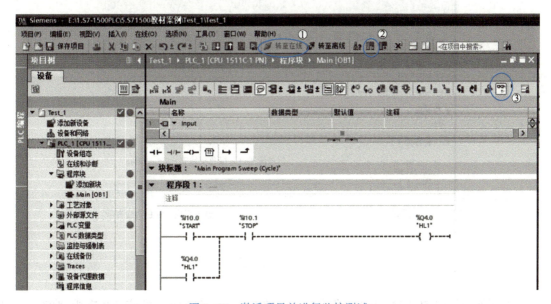

图 3-63　激活项目并进行监控测试

可通过操作"CPU 操作面板"改变 CPU 的运行状态，如图 3-64 所示。当起动按钮 SB1（I10.0）未按下时，变量 I10.0 的信号状态为"0"，指示灯的状态（Q4.0）为"0"，信号流断开，用蓝色虚线表示。

如图 3-65 所示，当按下起动按钮 SB1（I10.0）时，I10.0 所在输入回路接通，变量 I10.0 的信号状态为"1"，动合触点闭合，信号流开始传递；停止按钮 SB2 的动合触点接入 PLC I10.1 输入回路，当变量 I10.1 的状态为"1"时，动合触点闭合，信号流通过 I10.1 触点，流到程序段末尾的线圈（Q4.0），并且输出线圈指令将变量 HL1（Q4.0）设置为信号状态"1"，指示灯点亮且通过动合触点（Q4.0）实现自保持，信号流通过的路径用绿色实线表示。

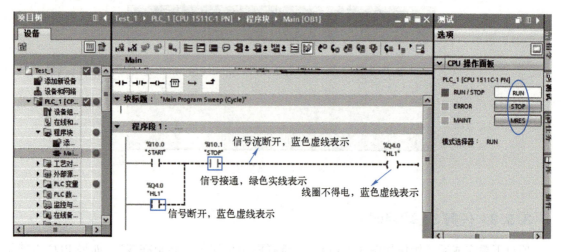

图 3-64　程序监控界面

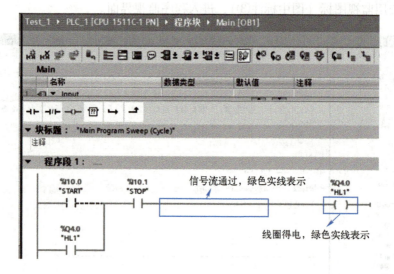

图 3-65　指示灯点亮

当按下停止按钮 SB2 时，I10.1 所在输入回路断开，变量 I10.1 的信号状态为"0"，信号流断开，线圈 Q4.0 解锁失电，输出 Q4.0 失电（蓝色虚线表示），指示灯熄灭。

通过系统联调可检查硬件外部线路连接和程序逻辑是否正确，以及系统功能是否可以实现等。

3.6　实训2：PLC 变量表及监控表功能

3.6.1　任务1：PLC 变量表及变量寻址

对于 PLC 程序中用到的所有变量，TIA Portal 软件都会集中管理。变量可以在程序编写过程中直接在程序编辑器中创建，也可以在编写程序前在 PLC 变量表中或全局数据块中创建。在 S7-1500 PLC 编程过程中，为便于记忆和识别，可采用符号寻址的方式，这样可以增强程序的可读性、简化程序的调试过程，以便提高后续编程和维护的效率。

1. PLC 变量表

PLC 变量表包含了在整个 CPU 范围内都有效的变量和符号常量；系统会为项目中使用的每个 CPU 自动创建一个 PLC 变量表；用户也可以创建其他的变量表，用于对变量和常量进行归类与分组。

在 TIA Portal 软件中添加了 CPU 设备后，会在"项目树"的该设备下出现一个"PLC 变量"文件夹，该文件夹包含的 Sheet 表格为：显示所有变量、添加新变量表和默认变量表。

打开"显示所有变量"，如图 3-66 所示，有三个选项卡，分别为：变量、用户常量和系统常量。"默认变量表"是系统自动创建的，用户可以直接在该表中定义需要的 PLC 变量和用户常量，也可以通过"添加新变量表"对变量进行更加细致的分类整理。

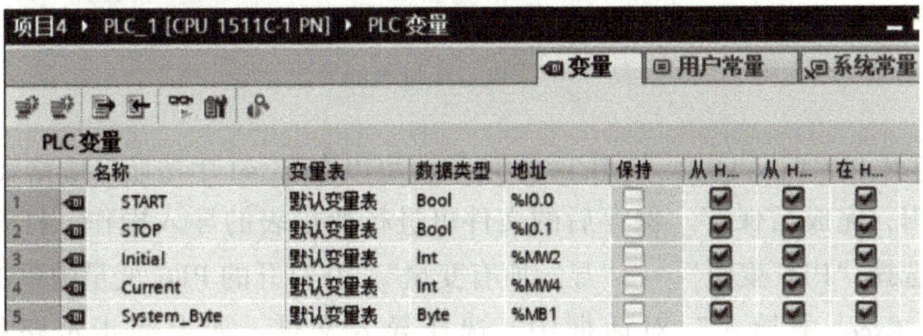

图 3-66 PLC 变量表

在项目下打开"PLC 变量"，双击"添加新变量表"，添加一个新的变量表。在新建变量表的条目上右击，在弹出的菜单中选择"重命名"，重命名为"Motor_1"，完成后界面如图 3-67 所示，这样就可以在新建的变量表中定义程序编写中需要的变量。用户自定义的变量表可以自行命名、整理合并或复制删除等。

图 3-67 自定义变量表

在 TIA Portal 软件中，PLC 变量的操作非常灵活；可以直接在 PLC 变量表中进行编辑或以 Excel 表格的形式导出，也可以在 Excel 表格中定义、编辑，然后导入软件。同时，符号编辑器也具有 Office 的编辑风格，可以通过复制、粘贴或下拉拖拽的方式修改变量。

例如，要导出 PLC 变量表，可以选择项目下的"PLC 变量"→"显示所有变量"，在打开的 PLC 变量中单击导出图标，在弹出的"导出"对话框中，选择导出的路径，如图 3-68 所示，并将文件名命名为 PLCTags.xlsx；导出元素可选择"变量""常量"等，完成后单击"确定"按钮，变量表就可以导出到指定路径（文件名为 PLCTags.xlsx 的 Excel 表格）。

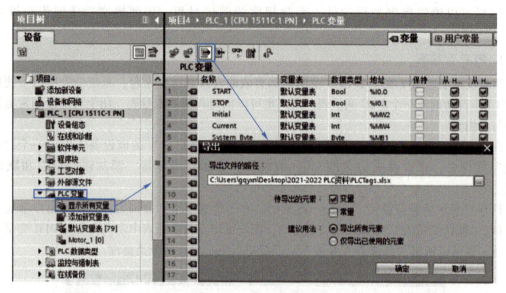

图 3-68　PLC 变量表的导出

用 Excel 打开 PLCTags.xlsx，如图 3-69 所示，可以在 Excel 中按照对应格式进行变量的检查、修改和编辑，完成后保存。保存后的文件可进行变量表的导入操作。打开 TIA Portal 软件，在项目下选择"PLC 变量"→"显示所有变量"，在打开的 PLC 变量中单击导入图标，在弹出的"从 Excel 中导入"对话框中，选择导入文件，如上面指定路径下文件名为 PLCTags.xlsx 的 Excel 文件；导入元素后可选择"变量""常量"，完成后单击"确定"按钮，则修改的变量表被导入 PLC 中。

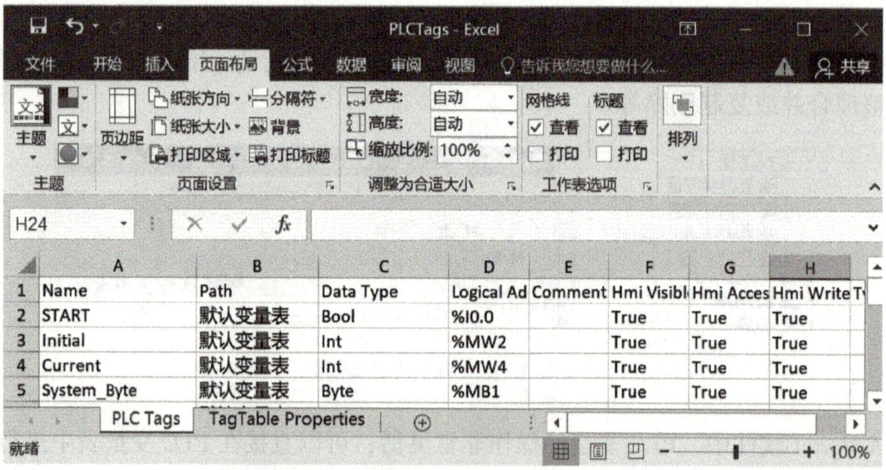

图 3-69　PLC 变量表的 Excel 格式

2. 符号寻址

在 S7-1500 CPU 的编程理念中，特别强调符号寻址的使用。STEP7 中可以定义两类符号：全局变量符号和局部变量符号。全局变量符号利用变量表来定义，可以在项目的所有程序块中使用；局部变量符号在相应程序块的变量声明表中定义，只能在该程序块中使用。

用户在编程时，应为变量定义在程序中使用的标签名称（Tag）及数据类型。标签名称以便于记忆、不易混淆为原则；定义的标签名称允许使用汉字、字母、数字和特殊字符，但不能使用引号。编程时通过使用符号进行寻址，可以提高编程效率和程序的可读性。

由于 TIA Portal 软件不允许无符号名称的变量出现，所以程序编写过程中新增加的变量，即使用户没有命名，软件也会自动为其分配一个默认标签，以"Tag+数字"的形式出现，如图 3-51 所示的默认变量 Tag_1、Tag_2 等，但这种名称不便于记忆和识别。

3.6.2 任务2：使用监控表和强制表调试程序

监控表和强制表是 S7-1500 PLC 重要的调试工具，合理使用监控表和强制表的功能，可以有效地进行程序的测试和监控。

1. 监控表的功能和建立

使用监控表，可以保存各种测试环境，也可以验证程序的运行效果。监控表具有以下功能：

（1）监视变量

通过该功能，可以在 PG/PC 上显示用户程序或 CPU 中各变量的当前值。

（2）修改变量

通过该功能，可以将给定值分配给用户程序或 CPU 中的各个变量；在调试程序时，使用该功能对变量进行修改和赋值，可以测试程序运行的逻辑和有效性，使程序测试更为方便。

（3）启动外设输出和立即修改

通过这两个功能，可以将给定值分配给处于 STOP 模式的 CPU 的各个外设输出，还可以检查接线情况。

在监控表中，可以监视和修改输入/输出/位存储器、数据块和用户自定义变量的内容等。

要建立一个监控表，可以在程序编写完成并下载到 PLC 后，在"项目树"中选择"监控与强制表"→"添加新监控表"，则"项目树"下会自动生成一张新的监控表"监控表_1"（系统默认名称，可重命名），如图 3-70 所示。

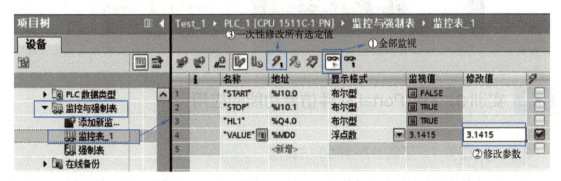

图 3-70　添加监控表

打开新建的"监控表_1",可以在"地址"栏中添加需要监控的变量地址,如 I、Q、M、DB 等地址,也可以在"名称"栏中输入需要监控的变量名称;完成后,可根据监控需要修改各变量的显示格式。

程序下载到 PLC 并启动运行后,打开"监控表_1",单击在线监控 图标,就可观察到各变量的变化情况。同时,还可根据需要对变量进行在线修改,操作步骤如图 3-70 所示。

2. 强制表的功能和建立

在程序调试过程中,硬件输入信号不能在线修改,因此无法对程序进行模拟调试,这时可通过强制功能让某些 I/O 保持为用户指定的值。与修改变量不同,一旦 I/O 被强制,则其始终保持为强制值,不受程序运行的影响,直到用户取消强制功能。

每个 CPU 对应一张强制表,选择"监控与强制表"→"强制表",可以在其中输入需要强制的变量,变量输入方式与监控表的一致;然后在"强制值"栏中输入需要强制的数值,使用强制命令 F. F. 可对变量进行强制,如图 3-71 所示。

图 3-71 使用强制表

在强制表中,只能强制外设输入和外设输出。强制功能由 PLC 提供,不具备强制功能的 PLC 无法使用该功能;使用强制功能后,PLC 面板上的维护指示灯(MAINT)变为黄色,提示强制功能已使用,需要注意可能导致的危险。使用强制功能的 CPU 模块状态如图 3-72 所示。

图 3-72 使用强制功能的 CPU 模块状态

3.7 实训 3:TIA Portal 软件仿真功能的应用

3.7.1 任务 1:了解 S7-1500 仿真器

TIA Portal 软件中有不同类型的仿真器,如 SIMATIC S7-1500/1200、HMI 仿真器、SIMATIC S7-300/400,这些仿真器基于不同的对象。使用 S7-1500/S7-1200 PLC 仿真器需要单独安装,

安装后就可以在编程器上仿真运行和测试程序。PLC 仿真器完全由软件实现，不需要任何硬件，因此，由硬件产生的故障报警和故障诊断不能仿真。

3.7.2 任务 2：启动和应用仿真功能

为方便操作，TIA Portal 软件中只有一个仿真按钮，所以应先选择仿真对象，然后启动仿真器，自动与仿真对象相匹配。下面以 3.5 节案例为例，说明仿真功能的具体应用。

3.7.2 TIA Portal 仿真功能的应用

1）选中仿真对象，单击启动仿真图标，如图 3-73 所示，弹出 CPU 操作面板和"扩展下载到设备"界面，如图 3-74 所示。

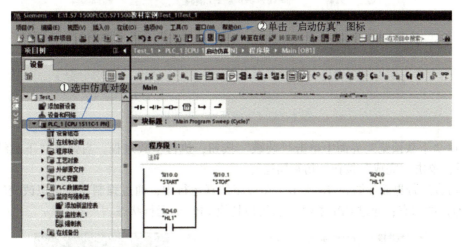

图 3-73　启动仿真

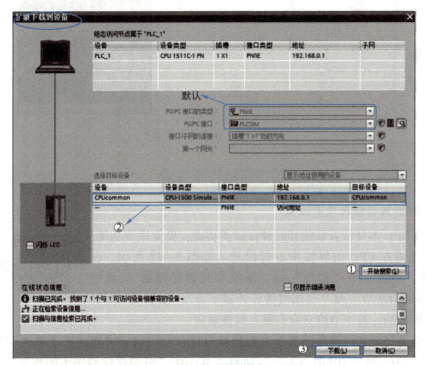

图 3-74　"扩展下载到设备"界面

2)在"扩展下载到设备"界面中,选择"PG/PC 接口"为"PLCSIM"(一般默认为此接口),单击"开始搜索"按钮,搜索到要仿真的设备,单击"下载"按钮,弹出界面如图 3-75 所示。

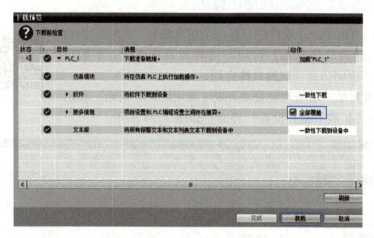

图 3-75 "下载预览"界面操作

3)在"下载预览"界面中单击"装载"按钮,执行下载过程。当弹出"下载结果"完成界面后,单击"完成"按钮,仿真器运行。

4)仿真运行界面如图 3-76 所示。在程序仿真运行中,通过强制功能可以改变输入、输出(I、Q)的状态;通过 CPU 操作面板可以切换 CPU 的运行状态。

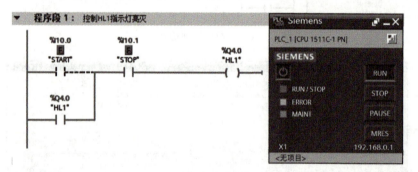

图 3-76 仿真运行界面

3.7.3 任务 3:系统和时钟存储器功能应用

1. 系统和时钟存储器功能设置

S7-1500 CPU 本身带有系统和时钟存储器功能;要使用该功能,在硬件组态时需在 CPU 的属性中进行设置。如图 3-77 所示,在 CPU 中选择"属性"→"常规"→"系统和时钟存储器",选中"启用系统存储器字节"及"启用时钟存储器字节",则系统和时钟存储器功能被激活,且字节位对应的触点属性确定。

3.7.3 系统和时钟存储器功能应用

系统存储器字节和时钟存储器字节的地址可以自行更改。例如,在"系统存储器字节的地址"中输入 10,则 MB10 即为系统存储器字节;在"时钟存储器字节的地址"中输入 11,

则 MB11 即为时钟存储器字节。

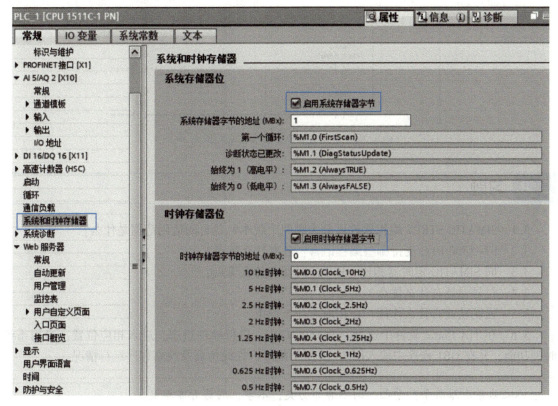

图 3-77 系统和时钟存储器功能设置

2. 系统和时钟存储器的应用

系统和时钟存储器字节中对应的位含义如图 3-77 所示。

系统存储器字节提供了 4 个位，用户可通过变量或变量名称引用这 4 个位，各个位会在发生特定事件时启用。第 0 位为"第一个循环"，变量名称为"FirstScan"，在启动 OB 完成后的第一个扫描期间内，该位为 1；第 1 位为"诊断状态已更改"，变量名称为"DiagStatusUpdate"，该位在 CPU 记录了诊断事件后的一个扫描周期内设置为 1；第 2 位为"始终为 1"位，变量名称为"AlwaysTRUE"，该位始终设置为 1；第 3 位为"始终为 0"位，变量名称"AlwaysFALSE"，该位始终设置为 0。

时钟存储器字节中的每一位都可生成方波脉冲。时钟存储器字节提供了 8 种不同的频率，其范围为 0.5（慢）~10 Hz（快）；这些位可作为控制位（尤其是在与沿指令结合使用时），用于在用户程序中周期性触发动作。

示例：PLC 运行后，指示灯 HL2（Q4.1）常亮、HL3（Q4.2）以 0.5 Hz 频率闪烁、HL4（Q4.3）以 2 Hz 频率闪烁。

系统和时钟存储器示例梯形图设计如图 3-78 所示。程序段 2 采用"始终为 1"位（AlwaysTRUE）驱动 Q4.1，使得指示灯 HL2 一直点亮，并通过串联时钟位（Clock_0.5 Hz 或 Clock_2 Hz）驱动指示灯 HL3 或 HL4 按照不同的频率闪烁。

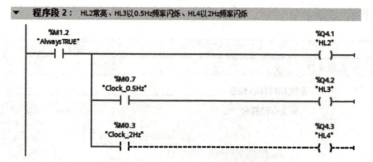

图 3-78　系统和时钟存储器示例梯形图设计

3.8　习题

3.1　SIMATIC STEP7 编程软件可分为哪两个版本？各自的适用范围是什么？

3.2　S7-1500 PLC 支持哪些编程语言？各有什么特点？

3.3　同 SIMATIC 定时器相比，IEC 定时器有什么优点？

3.4　符号寻址有什么优点？

3.5　强制功能有什么作用？使用时有什么约束？

3.6　在 TIA Portal 软件中选择一款 1500 CPU，进行硬件组态，进入相应位置，启用系统时钟功能，并在 OB1 程序中输入图 3-78 所示程序，在线仿真及观察程序运行情况。

> 人之为学有难易乎？学之，则难者亦易矣；不学，则易者亦难矣。
>
> ——彭端淑

第4章　S7-1500 PLC 的常用指令

　　STEP7 为 S7-1500 PLC 提供了 LAD、FBD、STL 及 SCL 编程语言，选择不同的编程语言，在编程界面的右侧会出现对应的指令供用户选择和使用。每种编程语言都有相应的指令集，指令集包含最基本的编程元素，用户可以通过指令集使用这种编程语言对应的基本指令、扩展指令和工艺通信指令等，进行程序的编写工作。例如，采用 LAD 语言编程和采用 SCL 语言编程，出现的指令目录分别如图 4-1 所示。

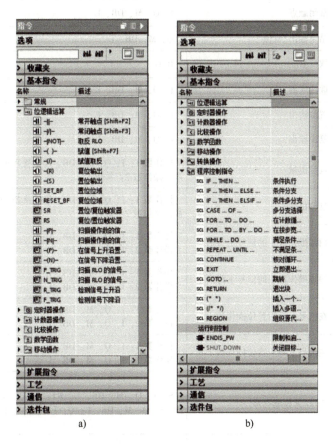

图 4-1　LAD 和 SCL 两种编程语言指令集对比
a) LAD 语言　b) SCL 语言

　　考虑 LAD 语言对初学者而言容易上手，因此本章主要以 LAD 语言指令集的介绍为主。

4.1 位逻辑运算指令

4.1.1 基本指令及属性

位逻辑指令处理的对象为二进制信号,包括标准触点指令、取反指令、沿检测指令和线圈指令等。位逻辑指令的类型及属性如表4-1所示。对于触点和线圈而言,"0"表示未激活或未励磁,"1"表示已激活或已励磁;触点用于读取位的状态,而线圈则将逻辑运算的结果写入位中。

表 4-1 位逻辑指令的类型及属性

基本指令	功能描述	操作对象
─┤ ├─	常开触点	I、Q、M、DB、L
─┤/├─	常闭触点	I、Q、M、DB、L
─( )─	结果输出/赋值	Q、M、DB、L
─┤NOT├─	取反 RLO	RLO
─(/)─	取反线圈	I、Q、M、DB、L
─(S)─	置位输出	I、Q、M、DB、L
─(R)─	复位输出	I、Q、M、DB、L
─(SET_BF)─	置位位域	操作数1:I、Q、M、DB、IDB 及 BOOL 类型的 ARRAY 中的元素;操作数2:常数
─(RESET_BF)─	复位位域	操作数1:I、Q、M、DB、IDB 及 BOOL 类型的 ARRAY 中的元素;操作数2:常数
─┤P├─	扫描操作数1的信号上升沿	操作数1:I、Q、M、DB、L;操作数2:I、Q、M、DB、L
─┤N├─	扫描操作数1的信号下降沿	操作数1:I、Q、M、DB、L;操作数2:I、Q、M、DB、L
─(P)─	在信号上升沿置位操作数1	操作数1:I、Q、M、DB、L;操作数2:I、Q、M、DB、L
─(N)─	在信号下降沿置位操作数1	操作数1:I、Q、M、DB、L;操作数2:I、Q、M、DB、L
SR S Q R1	置位/复位触发器	S:I、Q、M、DB、L;R1:I、Q、M、DB、L、T、C;操作数:I、Q、M、DB、L;Q:I、Q、M、DB、L
RS R Q S1	复位/置位触发器	R:I、Q、M、DB、L;S1:I、Q、M、DB、L、T、C;操作数:I、Q、M、DB、L;Q:I、Q、M、DB、L
P_TRIG CLK Q	扫描 RLO 的信号上升沿	CLK:I、Q、M、DB、L;操作数:M、DB;Q:I、Q、M、DB、L

基本指令	功能描述	操作对象
N_TRIG CLK Q	扫描 RLO 的信号下降沿	CLK：I、Q、M、DB、L；操作数：M、DB；Q：I、Q、M、DB、L
R_TRIG EN ENO CLK Q	在 CLK 上升沿时置位输出 Q，并带有背景数据块	EN：I、Q、M、DB、L；CLK：I、Q、M、DB、L、常数；ENO：I、Q、M、DB、L；Q：I、Q、M、DB、L
F_TRIG EN ENO CLK Q	在 CLK 下降沿时置位输出 Q，并带有背景数据块	EN：I、Q、M、DB、L；CLK：I、Q、M、DB、L、常数；ENO：I、Q、M、DB、L；Q：I、Q、M、DB、L

几种基础指令的性能说明如下，其他指令的属性可通过本节示例来理解。

1. 标准触点

触点表示位信号的状态，可以是输入信号或程序处理的中间点，如 I10.0、M0.0 等。在梯形图中，常开触点指令为"┤├"，常闭触点为"┤/├"，当常开触点闭合时值为 1，当常闭触点动作时值为 0。在编写程序时，标准触点间的"与""或"等关系需要通过图形搭建。

2. 取反指令

取反指令"┤NOT├"可对逻辑运算结果（RLO）的信号状态进行取反；可以在任何地方使用取反指令，甚至是在逻辑运算中；使用取反指令可实现将 RLO 的当前值由"0"变"1"，或由"1"变"0"。

3. 沿检测指令

沿信号在程序中比较常见，如电动机的起动、停止和故障等信号的捕捉都是通过沿信号实现的。上升沿"┤P├"检测指令检测每次 0 到 1 的正跳变，让能流接通一个扫描周期；下降沿"┤N├"检测指令检测每次 1 到 0 的负跳变，让能流接通一个扫描周期。沿信号示例如图 4-2 波形图所示。

4. 线圈指令

线圈指令包括线圈输出指令（┤ ├）和置位输出/复位输出指令（┤S├/┤R├）等。

线圈指令对一个信号进行赋值，地址可选 Q、M 和 DB 等数据区。当触发条件满足（RLO=1）时，线圈被赋值 1；当触发条件不满足（RLO=0）时，线圈被赋值 0；线圈通常放在编程网络的最右边，如图 4-3 所示。每个线圈都带有若干个常开触点和常闭触点，在程序处理中可以使用这些触点，并且线圈的值决定这些触点的状态。例如，如果线圈 Q4.0 得电，则 Q4.0 的常开触点闭合、常闭触点断开。

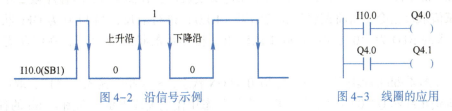

图 4-2 沿信号示例　　图 4-3 线圈的应用

置位指令用于当触发条件满足（RLO=1）时，将指定线圈置1；当触发条件不再满足（RLO=0）时，线圈值仍然保持不变，只有触发复位指令才能将线圈值复位为0。

4.1.2 触点/线圈指令

下面介绍触点/线圈指令的3个示例，并通过分频控制程序设计案例来讲解其具体应用。

1) 如图4-4a所示，在第一个扫描周期，由于Q0.0的初始状态为OFF，Q0.0的常闭触点接通，因此线圈Q0.0得电，输出状态为"1"；在第二个扫描周期，由于Q0.0的状态为ON，Q0.0的常闭触点断开，因此线圈Q0.0失电，输出状态为"0"；以后将重复上述转换过程，其动作时序图如图4-4b所示。

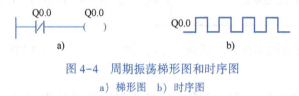

图4-4 周期振荡梯形图和时序图
a) 梯形图 b) 时序图

2) 图4-5a为一常用的起保停电路梯形图，一般起动信号I10.0和停止信号I10.1均与外部按钮连接（接线见3.5节）；按压按钮操作的时间较短，通常将这种信号称为短信号。那么，如何使线圈Q4.0保持持续接通状态呢？可以利用线圈自身的常开触点使线圈保持通电，即"ON"的状态，这种功能称为自锁或自保持功能（同继电器系统自保持）。

当起动信号I10.0变为ON时，I10.0的常开触点接通，如果这时I10.1为ON状态，I10.1的常开触点接通，Q4.0的线圈通电，其常开触点接通；松开起动按钮，I10.0变为OFF，其常开触点断开，能流从左母线经Q4.0的常开触点和I10.1的常开触点流过Q4.0的线圈，Q4.0仍为ON。当Q4.0为ON时，按下停止按钮，I10.1常开触点断开，停止条件满足，Q4.0的线圈失电，其常开触点断开；松开停止按钮使I10.1的常开触点恢复接通状态，Q4.0的线圈仍然断电。对应的时序图如图4-5b所示。

图4-5 自保持梯形图
a) 梯形图 b) 时序图

3) 取反指令的应用如图4-6所示。在图4-6a的程序段1中，取反指令（ ⊣NOT⊢ ）对I0.0的信号状态取反。当I0.0为OFF状态，取反指令输入为"0"，取反后输出为"1"，则输出线圈Q0.0状态为"1"，在线状态用绿色实线表示；在图4-6a的程序段2中，线圈（ ⊣/⊢ ）为赋值取反指令，可将逻辑运算的结果（RLO）进行取反，当I0.0为OFF状态，线圈Q0.1输入的RLO为"0"，线圈Q0.1的输出即操作数的状态为"1"，在线状态用绿色实线表示。

同理，在图4-6b的程序段1中，当I0.0为ON状态，取反指令输入为"1"，取反后输出为"0"，则输出线圈Q0.0的状态为"0"，在线状态用蓝色虚线表示；在图4-6b的程序段2

中,当 I0.0 为 ON 状态,线圈 Q0.1 输入的 RLO 为"1",则取反线圈指令的操作数 Q0.1 的状态为"0",在线状态用蓝色虚线表示。

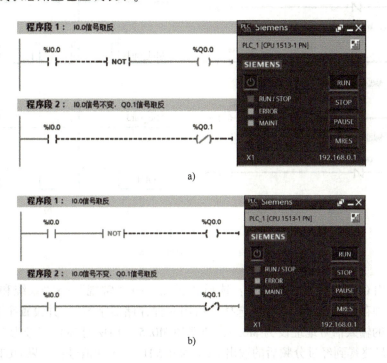

图 4-6 取反指令的应用
a) 取反指令的应用 I b) 取反指令的应用 II

案例:分频控制程序设计。

在许多控制场合,需要对控制信号进行分频。所谓分频,是指用同一个时钟信号通过一定的电路结构转变成不同频率的时钟信号。

下面以二分频为例,说明程序是如何实现分频功能的。二分频是输入时钟每触发 2 个周期时,电路输出 1 个周期信号,即输出信号频率是输入信号频率的一半。二分频电路的梯形图如图 4-7a 所示,程序说明如下:

当输入变量 IN 由 OFF 变为 ON 时,程序段 1 中的变量 Mid_var1 线圈得电,其常开触点闭合;程序执行至程序段 2 时,变量 Mid_var2 线圈得电,其常闭触点断开;当程序执行至程序段 3 时,由于输出变量 OUT 状态为 0,因此变量 Mid_var3 线圈不得电,其常开触点保持闭合,因此程序执行至程序段 4 时,OUT 接通并自保持;在第 2 个扫描周期,由于变量 Mid_var2 的常闭触点断开,程序段 1 中的变量 Mid_var1 失电;此后的多个扫描周期中,由于 Mid_var1 只导通一个扫描周期,因此,Mid_var3 不会得电,其常闭触点仍然保持闭合,OUT 状态保持为 1。当 IN 再次由 OFF 变为 ON 时,程序段 1 中的 Mid_var1 再次产生一个脉冲,此时,因为之前 OUT 状态保持为 1,所以程序段 3 中的 Mid_var3 线圈状态变为 1,其常闭触点断开,使得程序段 4 中的 OUT 状态变为 0;此后的多个扫描周期中,由于 Mid_var1 只导通一个扫描周期,OUT 一直保持为 0。当下一次 IN 由 0 变为 1 时,OUT 线圈再为状态 1,如此循环,得到的输出 OUT 是输入 IN 的二分频脉冲信号,如图 4-7b 的时序图所示。

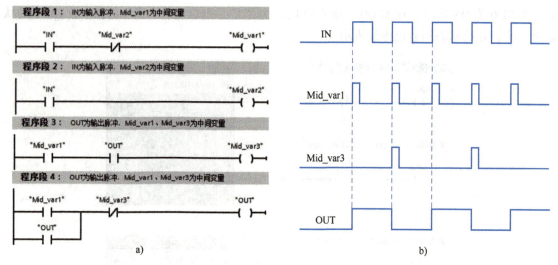

图 4-7 二分频电路
a) 梯形图 b) 时序图

例如，启用 CPU 时钟存储器性能：选择"属性"→"常规"→"系统和时钟存储器"，在"系统和时钟存储器"选项卡中，选择"启用时钟存储器字节"，并设置字节地址为 MB0。可将图 4-7 中的输入信号地址设为 M0.5，即选择 M0.5（1 Hz 时钟）信号为二分频电路的输入脉冲信号，最终得到经过分频后的输出 OUT 为 0.5 Hz 的脉冲信号；如果 OUT 的绝对地址为 Q4.0 且所接负载为指示灯，则指示灯按照点亮 1 s、熄灭 1 s 的时钟周期运行。

4.1.3 置位/复位指令

1. 置位/复位指令

起保停电路（见图 4-5）实现的功能也可以利用置位/复位指令实现，其梯形图及时序图如图 4-8 所示。当 I10.0 为 ON 时，将 Q4.0 置 1；置位后即使 I10.0 变为 OFF，Q4.0 仍然保持为 1 状态；当 I10.1 为 OFF 时，将 Q4.0 复位为 0，复位后即使 I10.1 变为 ON，Q4.0 仍保持为 0 状态。

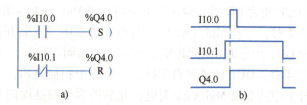

图 4-8 置位/复位指令的梯形图及时序图
a) 梯形图 b) 时序图

2. 置位位域指令/复位位域指令

置位位域指令（SET_BF）用于对某个特定地址开始的多个连续位进行置位。置位位域指令有两个操作数，一个指定需要置位的位域首地址，另一个用于指定要置位的个数，如果指定值大于所选字节的个数，则将对下一字节的位进行置位；当置位导通条件消失，置位线圈自保持。复位位域指令（RESET_BF）用于对某个特定地址开始的多个连续位进行复位，其指令格式及要求同 SET_BF 指令。

在图 4-9a 中，当 I0.4 为 ON 时，置位位域指令将指定的 6 个输出线圈 Q0.4~Q1.1 置 "1"，即使 I0.4 变为 OFF，Q0.4~Q1.1 仍保持为 "1" 状态，线圈输出值如图 4-9a 右边变量表"监视值"一栏。

在图 4-9b 中，当 I0.5 为 ON 时，复位位域指令将指定的 6 个输出线圈 Q0.4~Q1.1 复位为 "0"，即使 I0.5 变为 OFF，Q0.4~Q1.1 仍保持为 "0" 状态，线圈输出状态如图 4-9b 右边变量表"监视值"一栏。

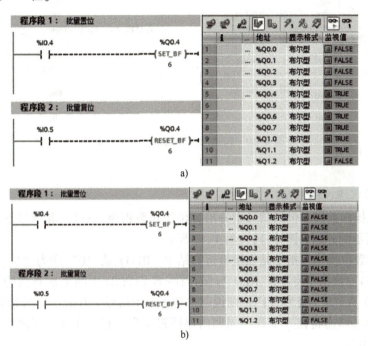

图 4-9 置位位域指令/复位位域指令
a）置位位域指令/复位位域指令Ⅰ b）置位位域指令/复位位域指令Ⅱ

4.1.4 沿检测指令

1. 扫描操作数的信号沿指令

扫描操作数的信号沿指令包括上升沿检测指令（⎯|P|⎯）和下降沿检测指令（⎯|N|⎯），写在指令上方的操作数为<操作数 1>，写在指令下方的操作数为<操作数 2>，其示例如图 4-10a 所示。

上升沿检测指令用以检测所指定<操作数 1>的信号状态是否从 "0" 跳变为 "1"；<操作数 1>的上一次扫描的信号状态保存在<操作数 2>中。该指令将比较 <操作数 1> 的当前信号状态与上一次扫描的信号状态<操作数 2>；如果该指令检测到逻辑运算结果（RLO）从 "0" 变为 "1"，说明出现了一个上升沿，则该指令输出的信号状态为 "1"。在其他任何情况下，该指令输出的信号状态均为 "0"。

如在图 4-10a 中，上升沿检测指令的第一个操作数是 M20.0，第二个操作数是 M20.1；当 M20.0 的状态由 "0" 跳变为 "1" 时，该指令接通一个扫描周期，由于 Q0.6 采用置位指令，因此 Q0.6 状态保持为"1"。

下降沿检测指令的使用方法同上升沿检测指令，但其检测所指定<操作数1>的信号状态是否从"1"跳变为"0"。如在图 4-10b 中，下降沿检测指令的第一个操作数是 M20.2，第二个操作数是 M20.3；M20.2 的状态由"1"跳变为"0"时，该指令接通一个扫描周期，由于 Q0.6 采用复位指令，因此 Q0.6 状态保持为"0"。

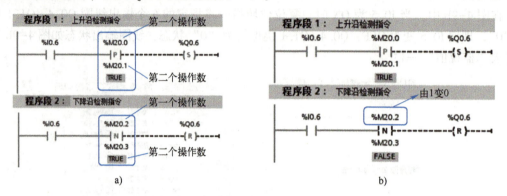

图 4-10　扫描操作数的信号沿指令示例
a）示例 I　b）示例 II

2. 信号沿置位操作数指令

信号沿置位操作数指令包括信号上升沿置位操作数指令（-|P|-）和信号下降沿置位操作数指令（-|N|-），其示例分别如图 4-11、图 4-12 所示。

信号上升沿置位操作数指令是在逻辑运算结果（RLO）从"0"变为"1"时置位指定操作数（<操作数1>）。该指令将当前 RLO 与保存在<操作数2>中的上次查询的 RLO 进行比较，如果检测到 RLO 从"0"变为"1"，则说明出现了一个信号上升沿；检测到信号有上升沿时，<操作数1> 的信号状态将在一个程序周期内保持置位为"1"，在其他任何情况下，操作数的信号状态均为"0"。

在图 4-11 中，信号上升沿置位操作数指令的第一个操作数是 M2.0，第二个操作数是 M2.1。在图 4-11a 中，I0.7 的状态为"0"，M2.0 的状态也为"0"，因此 M2.0 存储在 M2.1 中的状态也为"0"，Q0.7=0（线圈为蓝色虚线）；在图 4-11b 中，当 I0.7 的状态为"1"时，M2.0 上次查询的状态为"0"，本次周期查询的状态为"1"，则出现上升沿，M2.0 导通一个扫描周期，其常开触点也导通一个扫描周期，驱动置位线圈，所以 Q0.7 的状态为"1"（线圈为绿色实线），并保持。

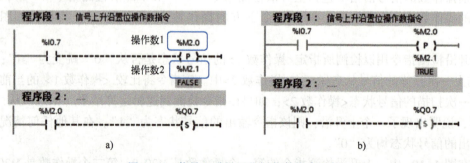

图 4-11　信号上升沿置位操作数指令示例
a）示例 I　b）示例 II

信号下降沿置位操作数指令的使用方法同信号上升沿置位操作数指令，但其检测 RLO 从"1"到"0"的状态变化。图 4-12 中，M2.2 为操作数 1，M2.3 为操作数 2。在图 4-12a 中，I1.0 的状态为"1"，M2.2 的状态也为"1"，因此 M2.2 存储在 M2.3 中的状态也为"1"，Q1.0=0（线圈为蓝色虚线）；在图 4-12b 中，当 I1.0 的状态变为"0"时，M2.2 上次查询的状态为"1"，本次周期查询的状态为"0"，则出现下降沿，M2.2 导通一个扫描周期，其常开触点也导通一个扫描周期，驱动置位线圈，所以 Q1.0 的状态为"1"（线圈为绿色实线），并保持。

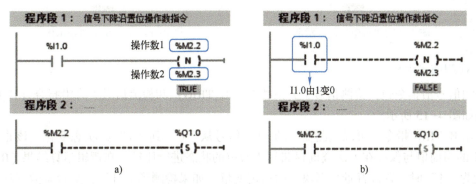

图 4-12　信号下降沿置位操作数指令示例
a）示例 I　b）示例 II

3. 扫描 RLO 的信号沿指令

扫描 RLO 的信号沿指令包括扫描 RLO 的信号上升沿指令（P_TRIG）和扫描 RLO 的信号下降沿指令（N_TRIG）。

使用 P_TRIG 指令，可查询逻辑运算结果（RLO）的信号状态从"0"到"1"的更改，其示例如图 4-13 所示。在图 4-13 中，P_TRIG 指令将比较 RLO 的当前信号状态与保存在边沿存储位<操作数>中上一次查询的信号状态，如果检测到 RLO 从"0"变为"1"，则说明出现了一个信号上升沿；如果检测到上升沿出现，则该指令输出的信号状态 Q 为"1"，且保持一个扫描周期。在其他任何情况下，该指令输出的信号状态 Q 均为"0"。

在图 4-13 的程序段 1 中，RLO 的当前信号状态为"0"（I0.0 AND M2.0），保存在边沿存储位 M3.0 中上一次查询的信号状态也为"0"，故 P_TRIG 指令 Q 输出端信号为"0"，Q0.0 置位指令不执行，Q0.0 的状态为"0"；在程序段 2 中，I0.1 的初始状态为 0，当操作 I0.1 开关时，I0.1 的状态为 1，则 RLO 的当前信号状态为"1"（I0.1 AND M2.0），保存在边沿存储位 M3.1 中上一次查询的信号状态为"0"，故检测到有上升沿出现，则 P_TRIG 指令 Q 输出端信号为"1"，能流通过，执行置位指令，Q0.1 的状态为"1"，当 I0.1=0 时，Q0.1 的状态保持。

N_TRIG 指令的使用方法同 P_TRIG 指令，但其检测 RLO 从"1"到"0"的状态变化。在图 4-14 的程序段 1 中，RLO 的当前信号状态为"1"（I0.2 AND M2.0），保存在边沿存储位 M3.2 中上一次查询的信号状态也为"1"，故 N_TRIG 指令 Q 输出端信号为"0"，Q0.2 置位指令不执行，Q0.2 的状态为"0"；在程序段 2 中，I0.3 的初始状态为 1，当断开 I0.3 开关时，RLO 的当前信号状态为"0"（I0.3 AND M2.0），保存在边沿存储位 M3.3 中上一次查询的信号状态为"1"，故检测到有下降沿出现，则 N_TRIG 指令 Q 输出端信号为"1"，能流通过，执行置位指令，Q0.3 的状态为"1"。

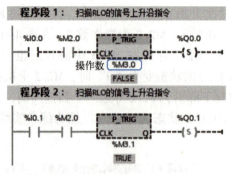

图 4-13 P_TRIG 指令示例

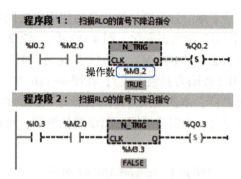

图 4-14 N_TRIG 指令示例

4. 检测信号沿指令

检测信号沿指令包括检测信号上升沿指令（R_TRIG）和检测信号下降沿指令（F_TRIG），其示例如图 4-15 所示。

使用 R_TRIG 指令，可以检测输入的 CLK 信号从"0"到"1"的状态变化。该指令将输入 CLK 的当前值与保存在上次查询存储到边沿位的状态进行比较，在逻辑运算结果（RLO）从"0"变为"1"时，置位背景数据块中的指定变量。如果检测到上升沿，则背景数据块中输出变量 Q 的信号状态将置位为"1"，并保持一个扫描周期。在其他所有情况下，该指令的输出变量 Q 的信号状态都为"0"。

将 R_TRIG 指令插入程序中时，将自动打开"调用选项"对话框；在该对话框中，可以指定将边沿存储位存储在自身数据块中（单背景）或者作为局部变量存储在块接口中（多重背景）。如果创建了一个单独的数据块，则该数据块将会保存到"项目树"下的"已建文件夹"→"程序块"→"系统块"→"程序资源"目录内。

在图 4-15a 的程序段 1 中，DB1 为 R_TRIG 指令的背景数据块。当 CLK 输入信号 M3.4 由低电平跳变为高电平时产生上升沿，则输出 M3.5 接通一个扫描周期，M3.5 常开触点闭合，Q0.4 被置位（线圈为绿色实线）。

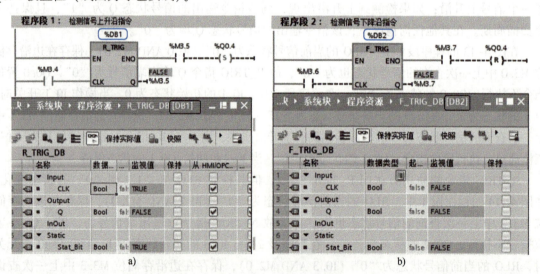

图 4-15 检测信号沿指令示例
a）R_TRIG 指令示例 b）F_TRIG 指令示例

F_TRIG 指令的使用方法同 R_TRIG 指令，但其检测输入 CLK 信号从"1"到"0"的状态变化。在图 4-15b 的程序段 2 中，DB2 为 F_TRIG 指令的背景数据块，当 CLK 输入信号 M3.6 由高电平跳变为低电平时产生下降沿，则输出 M3.7 接通一个扫描周期，M3.7 常开触点闭合，Q0.4 被复位（线圈为蓝色虚线）。

4.1.5 SR/RS 触发器

SR/RS 触发器指令使用示例如图 4-16 所示。

SR 为复位优先触发器指令，根据输入 S 和 R1 的信号状态，置位或复位指定操作数的位。在图 4-16a 的程序段 1 中，如果 S 端的输入 M2.0 的信号状态为"1"且 R1 端的输入 M2.1 的信号状态为"0"，则将指定的操作数 M3.0 置位为"1"，并将状态值传送到输出端 Q（Q2.0 为绿色实线）；如果输入 S 和 R1 的信号状态都为"1"，循环周期扫描时先扫描 S 再扫描 R1，即输入 R1 的优先级高于输入 S，故指定操作数的信号状态将复位为"0"，因此 Q2.0 状态也被复位（蓝色虚线），如图 4-16b 所示。

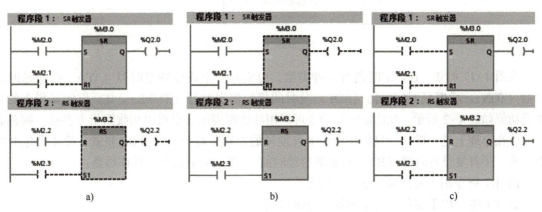

图 4-16 SR/RS 触发器指令使用示例
a）示例Ⅰ b）示例Ⅱ c）示例Ⅲ

RS 为置位优先触发器指令，其运行状态如图 4-16a 的程序段 2 所示，可参考 SR 触发器进行分析。由图 4-16b 可知，当 RS 触发器输入端 R 和 S1 的信号都为 1 时，指定操作数 M3.2 的信号状态被置位为 1，并将状态值传送到输出端 Q（Q2.2 为绿色实线），即输入 S1 的优先级高于输入 R。

对于 SR/RS 触发器，如果两个输入 S 和 R1 的信号状态都为"0"，则不会执行该指令，操作数的信号状态保持不变，如图 4-16c 所示。

4.2 定时器指令

4.2.1 定时器指令概述

定时器（T）是 PLC 中的重要编程元件，是累计时间增量的内部器件。使用定时器指令可在编程时实现定时和延时控制，在编写梯形图程序时，S7-1500 PLC 定时器分为 IEC 定时器和 SIMATIC 定时器两类，如图 4-17 所示。考虑 IEC 定时器的优越性，本节主要介绍 IEC 定时器指令的属性及其应用。

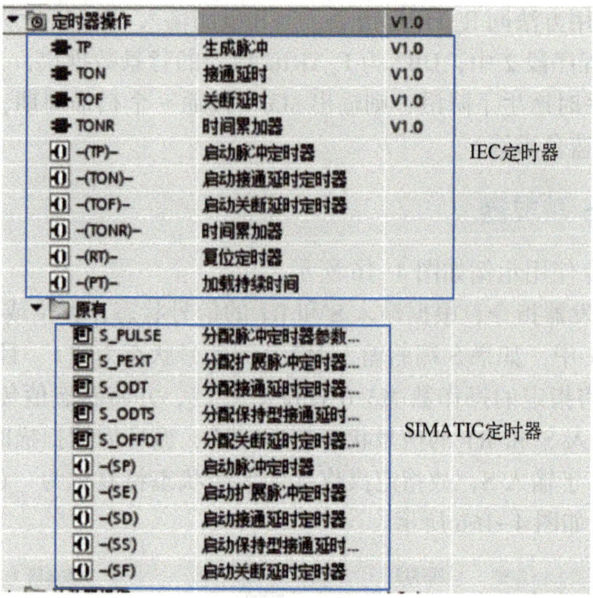

图 4-17 S7-1500 PLC 定时器指令集

由图 4-17 可知，IEC 定时器有 4 种类型，分别是：生成脉冲定时器（TP）、接通延时定时器（TON）、关断延时定时器（TOF）及时间累加器定时器（TONR）。IEC 定时器指令的名称及功能如表 4-2 所示。IEC 定时器指令可以用功能框表示，也可以用线圈指令表示，两种表示方法在原理上是一样的，只是在用法上有细微的差别。对于 LAD/FBD 格式，除 4 种定时器指令外，还有复位定时器（RT）和加载持续时间（PT）两条指令，其作用是：

1）RT 指令用于复位指定定时器的数据。
2）PT 指令用于加载指定定时器的持续时间。

表 4-2　IEC 定时器指令的名称及功能

定时器符号	定时器名称	功　　能
TP	生成脉冲定时器	输出 Q 生成具有预设脉宽时间的脉冲
TON	接通延时定时器	输出 Q 在预设的延时过后设置为 ON
TOF	关断延时定时器	输出 Q 在预设的延时过后设置为 OFF
TONR	时间累加器定时器	输出 Q 在累积时间达到预设的时间后设置为 ON。该定时器使用 R 复位

IEC 定时器属于功能块，调用时需要指定相应的背景数据块，指令的数据保存在背景数据块中；每个定时器均使用 16 个字节的 IEC_Timer 数据类型的 DB 结构来存储定时器数据。

下面以生成脉冲定时器（TP）应用为例，讲解定时器指令的调用方法。如图 4-18 所示，在梯形图中输入定时器指令时，可双击或拖拽右边指令窗口"定时器操作"文件夹中的定时器指令并将其放到梯形图中适当的位置，在弹出的"调用选项"对话框中可修改将要生成的背景数据块的名称和编号，或采用默认的数据块名称（可选择单背景或多重背景）。修改完成后，单击"确定"按钮，生成定时器的背景数据块，如图 4-19 所示。

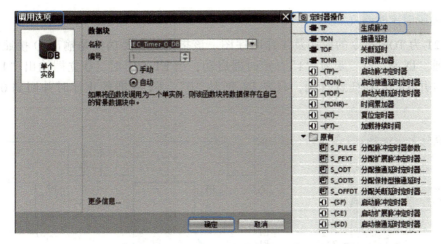

图 4-18 定时器背景数据块的建立

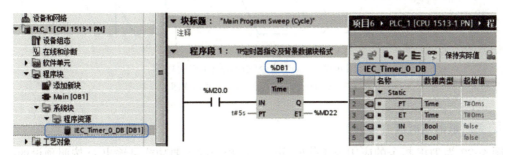

图 4-19 生成定时器背景数据块

4.2.2 定时器指令功能

1. 生成脉冲定时器（TP）

图 4-20 为 TP 指令的应用及工作时序图。使用该指令，可将输出位 Q 置位为预设的一段时间。输入 IN 从"0"变为"1"，定时器启动，Q 立即输出"1"；当 ET<PT 时，IN 的改变不影响 Q 的输出和 ET 的计时；当 ET=PT 时，ET 立即停止计时，Q 输出变为"0"，这期间如果 IN 保持为"1"，则 ET 值保持，如果 IN 从"1"变为 0，则 ET 回到 0。

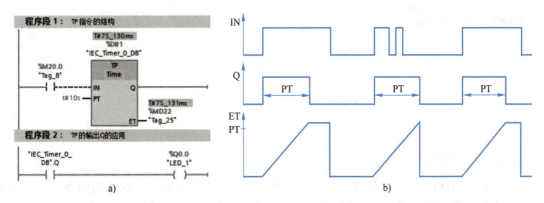

图 4-20 TP 指令的应用及工作时序图
a）TP 指令的应用　b）工作时序图

2. 接通延时定时器（TON）

图4-21为TON指令的应用及工作时序图。该指令的主要功能是输出Q按照预设的时间延时导通。IN从"0"变为"1"，定时器启动；当ET=PT时，Q立即输出"1"，ET立即停止计时并保持；在任意时刻，只要IN变为"0"，ET立即停止计时并回到0，Q输出"0"。

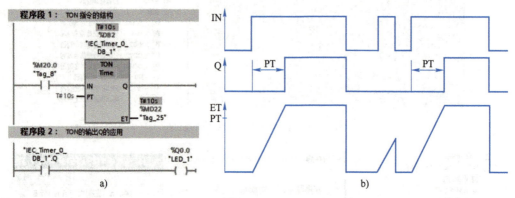

图4-21　TON指令的应用及工作时序图
a）TON指令的应用　b）工作时序图

3. 关断延时定时器（TOF）

图4-22为TOF指令的应用及工作时序图。该指令的主要功能是输出Q按照预设的时间延时关断。只要输入IN为"1"时，Q输出为"1"；IN从"1"变为"0"，定时器启动；当ET=PT时，Q立即输出"0"，ET立即停止计时并保持；在任意时刻，只要IN变为"1"，ET立即停止计时并回到0。

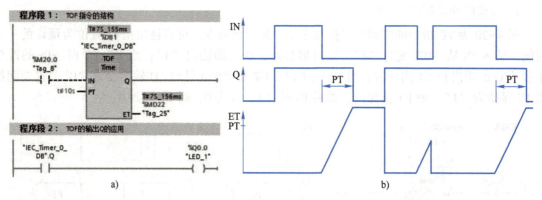

图4-22　TOF指令的应用及工作时序图
a）TOF指令的应用　b）工作时序图

4. 时间累加器定时器（TONR）

图4-23为TONR指令的应用及工作时序图。该指令除了具有失电保持功能外，其余功能和TON完全一样；累加器ET清零是通过给复位输入R施加一正向脉冲实现的。

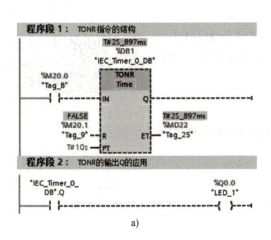 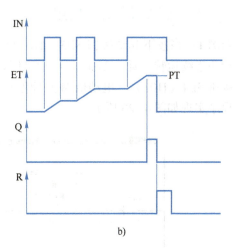

图 4-23 TONR 指令的应用及工作时序图
a) TONR 指令的应用 b) 工作时序图

5. 复位定时器（RT）和加载持续时间（PT）

如图 4-24 所示，使用 RT 指令，可将 IEC 定时器立即复位为 "0"。仅当 RT 线圈输入的逻辑运算结果为 "1" 时，才执行该指令，即将指定数据块中的定时器数据复位为 "0"；如果该指令输入的 RLO 为 "0"，则 IEC 定时器保持不变。

如图 4-25 所示，可以使用 PT 指令为 IEC 定时器设置时间。如果该指令输入逻辑运算结果（RLO）的信号状态为 "1"，则每个周期都执行该指令。该指令将指定时间写入指定 IEC 定时器的结构中。如果在指令执行时指定的 IEC 定时器正在计时，则指令将覆盖该指定 IEC 定时器的当前值，这将更改 IEC 定时器的定时器状态。

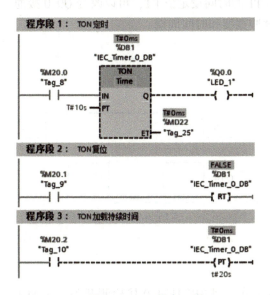 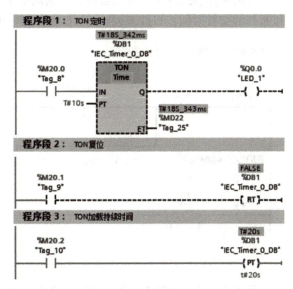

图 4-24 RT 指令工作　　　　　　　　图 4-25 PT 指令工作

4.2.3 定时器指令的应用

示例1：当按下起动按钮 SB3（I10.2），电动机 M（Q4.4）立即起动并连续运转，延时 2min 后电动机停止；电动机在运行中按下停止按钮 SB4（I10.3），电动机 M 立即停止。

4.2.3-1 定时器指令应用示例1

程序实现如图 4-26 所示。

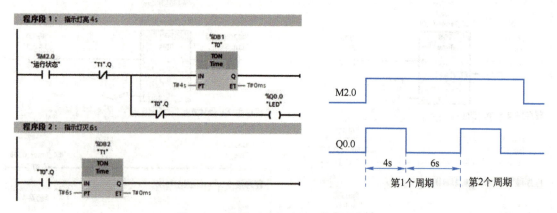

图 4-26 生成脉冲定时器指令使用示例

示例2：设计一个周期可调、脉冲宽度可调的振荡电路。

4.2.3-2 定时器指令应用示例2

程序实现如图 4-27 所示，当 M2.0 的状态为 1 时，定时器 T0 开始定时，同时输出 Q0.0 的状态为 1。定时 4s 时间到，T0 动作，其常闭触点"T0".Q 断开，使得 Q0.0 变为 0；同时其常开触点"T0".Q 闭合，使得定时器 T1 开始定时。6s 后定时器 T1 动作，其常闭触点"T1".Q 断开，定时器 T0 复位，定时器 T1 也被复位；定时器 T0 重新开始定时且 Q0.0 状态为 1，如此循环，使得 Q0.0 按照得电 4s、失电 6s 的周期运行。分别调整 T0 和 T1 的时间设定值 PT，可以改变 Q0.0 接通和断开的交替时间，以此来调整 Q0.0 获得的输出脉冲宽度和时间周期。

图 4-27 接通延时定时器指令使用示例

示例3：卫生间冲水控制系统时序图如图 4-28 所示。其中，I124.0 接检测开关，Q124.0 接冲水起动系统，试根据控制要求采用三种定时器配合完成冲水功能程序的编写。

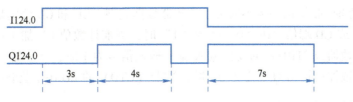

图 4-28 卫生间冲水控制系统时序图

根据控制要求和 I/O 分配地址,编写冲水控制系统梯形图如图 4-29 所示。

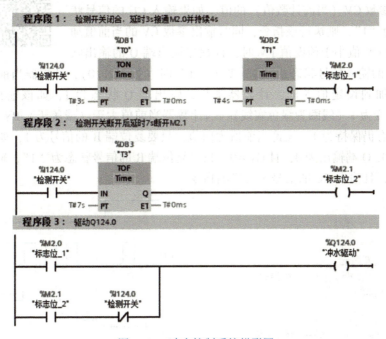

图 4-29 冲水控制系统梯形图

4.3 计数器指令

计数器指令用于对内部程序事件和外部过程事件进行计数。S7-1500 PLC 计数器指令可分为 IEC 计数器指令和 SIMATIC 计数器指令两类。其中,IEC 计数器指令有三种,分别是:加计数器(CTU)、减计数器(CTD)和加减计数器(CTUD)。IEC 计数器指令菜单及格式如图 4-30 所示。

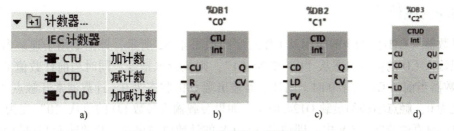

图 4-30 IEC 计数器指令菜单及格式
a) IEC 计数器指令菜单 b) CTU 指令 c) CTD 指令 d) CTUD 指令

每个计数器背景 DB 结构的大小取决于计数器数据类型。CU 和 CD 分别是加计数和减计数的输入端，在 CU 或 CD 端信号由"0"变为"1"时，当前计数值 CV 加 1 或减 1；加计数器（CTU）和加减计数器（CTUD）的复位输入端 R 输入信号为 1 时，计数器被复位，当前计数值 CV 被清 0，计数器的输出 Q 状态为 0；减计数器（CTD）的 LD 用于装载减计数器的初值。

4.3.1 加计数器

加计数器（CTU）指令的应用及工作时序图如图 4-31 所示，该指令用于递增参数 CV（当前计数值）的值，如果输入 CU 的信号状态从"0"变为"1"，则执行该指令，同时输出参数 CV 的当前值加 1。当计数器的 CV 值小于预设值 PV 时，计数器输出端 Q 的输出状态为 0；当 CU 的输入信号状态由"0"变为"1"时（如 M20.0），计数器当前值加 1；当计数器当前值累加到设定值 5 时，计数器动作，输出端 Q 状态为 1，如该输出端所驱动的 Q124.0 的状态变为 1（线圈为绿色实线）；当计数器当前值大于（或等于）PV 值时，计数器输出端 Q 的状态仍保持为 1。无论当前值为何值，只要复位端 R 的信号为 1，如令 M20.1=1，则计数器被清 0，Q 端输出为 0，且 CV=0；只要复位端 R 的信号状态为"1"，输出 CV 的值就被复位为"0"，且输入 CU 的信号不会影响指令。

4.3.1 加计数器的应用

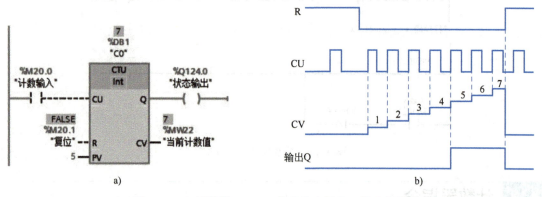

图 4-31 加计数器（CTU）指令的应用及工作时序图
a) CTU 指令的应用　b) 工作时序图

计数器输入端 CU 每检测到一个信号上升沿，参数 CV 就会递增加 1，可以一直递增，直到达到参数 CV 指定数据类型的上限；达到上限时，即使出现输入信号上升沿，计数器值也不会再递增。

4.3.2 减计数器

减计数器（CTD）指令的应用及工作时序图如图 4-32 所示，该指令用于递减参数 CV 的值，如果输入 CD 的信号状态从"0"变为"1"，则执行该指令，同时当前计数值 CV 的值减 1。当计数器当前值 CV 大于 0 时，则计数器输出端 Q 的状态为 0，计数器常开触点"C1.QD"的状态也为 0，触点驱动的负载 Q124.0=0；如果装载输入参数 LD 的值从"0"变为"1"，则预设值 PV 的值被装载至 CV 中，即输出参数 CV 的计数值被更新，只要输入 LD 的信号状态仍为"1"，输入 CD 的信号状态就不会影响计数器指令的输出；当计数器当前值 CV 递减到 0 时，计数器动作，输出端 Q 的信号状态为 1，其常开触点"C1.QD"的状态也为 1，触点驱动的负载 Q124.0=1（绿色实线）；当计数器当前值 CV 继续递减到小于 0 时，输出端 Q 的信号状态继续保持为 1，其常开触点"C1.QD"的状态也继续保持接通状态。

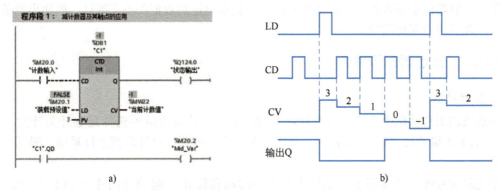

图 4-32　减计数器（CTD）指令的应用及工作时序图
a) CTD 指令的应用　b) 工作时序图

计数器输入端 CD 每检测到一个信号上升沿，参数 CV 就会递减 1，可以一直递减，直到达到参数 CV 指定数据类型的下限为止；达到下限时，即使出现输入信号上升沿，计数器值也不再递减。

4.3.3　加减计数器

加减计数器（CTUD）的应用及工作时序图如图 4-33 所示，该指令用于递增和递减计数器当前值 CV，输入信号上升沿有效。如果当前计数值 CV 大于或等于预设参数 PV 的值，则计数器输出参数 QU=1，其他任何情况下，输出 QU 的信号状态均为 0；如果参数 CV 小于或等于 0，则计数器输出参数 QD=1，其他任何情况下，输出 QD 的信号状态均为 0；如果参数 LD 的值从 0 变为 1，则将输出 CV 的计数值置位为 PV 的值；只要输入 LD 的信号状态仍为 1，输入 CU 和 CD 的信号状态就不会影响指令输出；如果复位参数 R 的值从 0 变为 1，则 CV 值复位为 0；只要输入 R 的信号状态保持为 1，输入 CU、CD 和 LD 信号状态的改变都不会影响指令输出。

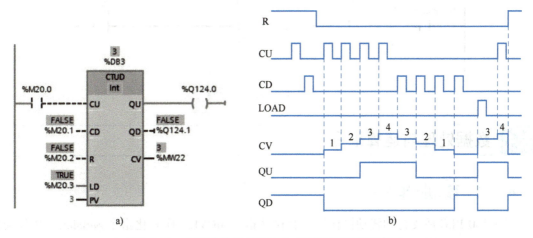

图 4-33　加减计数器（CTUD）的应用及工作时序图
a) CTUD 的应用　b) 工作时序图

在一个程序周期内,如果输入 CU 和 CD 都出现上升沿,则输出 CV 的当前值保持不变。计数器值可以一直递增,直到达到参数 CV 指定数据类型的上限,达到上限后,即使出现信号上升沿,计数器值也不再递增;同理递减时,计数器值达到数据类型下限后,即使出现信号上升沿,计数器值也不再递减。

4.3.4 计数器指令的应用

1. 控制要求

一条机加工自动化生产线,订单数量为 500 个,产品的数量可选择光电开关计数(接至 PLC 的 I124.2 端子),当产品通过时,光电开关动作,PLC 通过计数器进行累加,得到实际生产数量。

系统起动和停止开关用于自动化生产线的起动和停止(起动按钮接至 PLC 的 I124.0 端子,停止按钮接至 I124.1 端子且使用的是停止按钮的常闭触点)。

操作时,按下起动按钮,系统开始加工过程,完成的产品通过生产线输送,经过光电开关时,PLC 进行计数,当达到设定的订单数量 500 时,系统停止,指示灯 HL1(Q124.0)点亮。

2. 程序编写

根据控制要求及生产线的操作步骤,计数程序如图 4-34 所示。为了保证生产线每一次订单数量完成后可以再次生产,起动时需要复位计数器 C0。

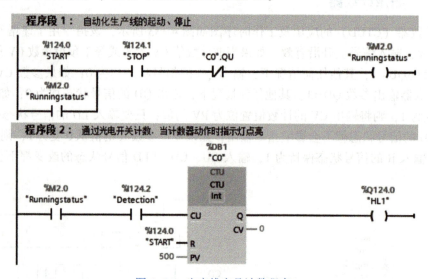

图 4-34 生产线产品计数程序

4.4 数据处理与运算指令

4.4.1 移动操作指令

S7-1500 PLC 所支持的移动操作指令有移动指令 MOVE、序列化指令 Serialize、块移动指令 MOVE_BLK 和交换字节指令 SWAP 等,还有专门针对数组 DB、变量和 ARRAY 的移动操作指令。移动操作指令如图 4-35 所示,下面主要介绍几种常用的移动操作指令。

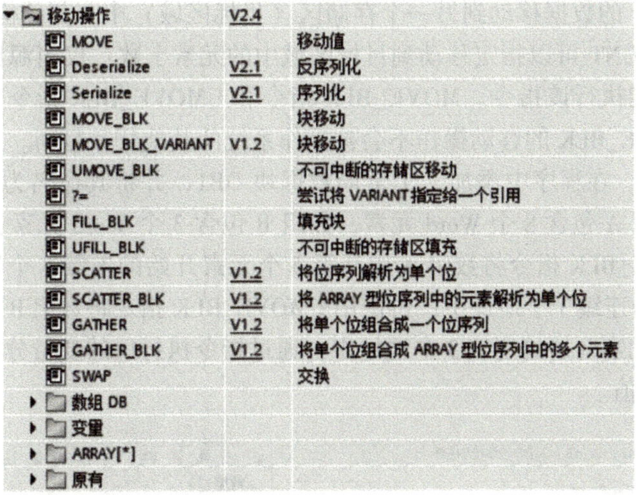

第 4 章 S7-1500 PLC 的常用指令

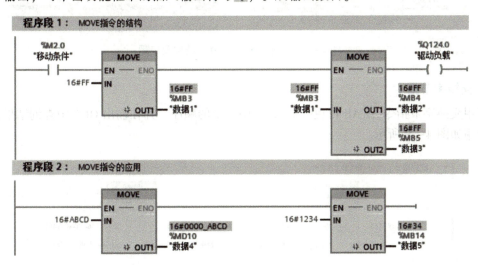

图 4-35 移动操作指令

1. 移动指令

移动指令 MOVE 是最常用的传送指令,其结构及应用如图 4-36 的程序段 1 所示,它将输入 IN 的操作数传送给输出 OUT1;初始状态时,功能框中只包含 1 个输出 (OUT1),如要传送给多个输出,可单击功能框中的插入输出符号 ❖,扩展输出数目。

图 4-36 MOVE 指令的结构及应用

使用 MOVE 指令可将数据元素复制到新的存储器地址,并从一种数据类型转换为另一种数据类型;移动过程不会更改源数据(IN 值);输入 IN 和输出 OUT 可以是 8 位、16 位或 32 位的基本数据类型,也可以是字符、数组、结构和时间等数据类型;输入 IN 与输出 OUT 的数据类型可以相同也可以不同,如果输入 IN 数据类型的位长度低于输出 OUT1 数据类型的位长度,则传送后高位会自动填充 0;如果输入 IN 数据类型的位长度超出输出 OUT1 数据类型的位长度,则高位会丢失,数据移位运行结果如图 4-36 的程序段 2 所示。

2. 存储区移动指令

可以使用块移动指令 MOVE_BLK 或 "不可中断的存储区移动" 指令 UMOVE_BLK,将一个存储区（源区域）的数据移动到另一个存储区（目标区域）中，其结构及应用如图 4-37 所示。其中，输入 COUNT 可以指定移动到目标区域中的元素个数；仅当源区域和目标区域的数据类型相同时，才能执行该指令。MOVE_BLK 指令和 UMOVE_BLK 指令的主要不同在于处理中断事件时，UMOVE_BLK 的移动操作不会被操作系统的其他任务打断。

如图 4-37 所示，在程序中添加一个全局数据块 DB1，并将其命名为"数组_1"，在其内添加两个数组，数组 A 包含 8 个 Word 元素，数组 B 包含 3 个 Word 元素，两个数组的数据类型相同。使用 MOVE_BLK 指令将数组 A 中从第 5 个元素开始的连续 3 个数据，移动到数组 B 从第 1 个元素开始的连续 3 个地址中；再使用 UMOVE_BLK 指令将数组 B 中的 3 个数据，移动到数组 A 从第 1 个元素开始的连续 3 个地址中，通过指令执行后的变量分布情况可观察数据块"数组_1"中的监视值。

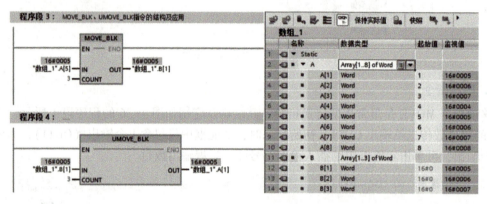

图 4-37　存储区移动指令的结构及应用

3. 交换字节指令

采用交换字节指令 SWAP 可更改输入 IN 中字节的顺序，并在输出 OUT 中查询结果，其格式及应用如图 4-38 所示。

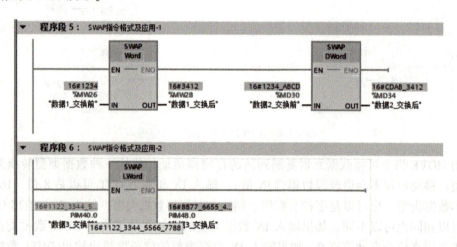

图 4-38　交换字节指令的格式及应用

SWAP 指令可用于对 2 个字节（如 Word）、4 个字节（如 DWord）或 8 个字节（如 LWord）的数据按照字节顺序进行交换。在图 4-38 中，当 SWAP 指令运行时，Word 型"数据 1" 16#

1234 经交换字节指令处理后，高低字节交换，输出为 16#3412；DWord 型"数据 2" 16#1234_ABCD 经交换字节指令处理后，高低字节交换，输出为 16#CDAB_3412；LWord 型"数据 3" 16#1122_3344_5566_7788 经交换字节指令处理后，高低字节交换，输出为 16#8877_6655_4433_2211（由于数据太长，在软件中无法完整展示出来，可通过变量表观察）。

4.4.2 比较操作指令

1. 比较运算指令

4.4.2 比较指令应用（配合触摸屏软件实现联合仿真运行）

比较运算指令 CMP 用于比较两个数据的大小，如果比较结果为"真"，则指令的 RLO 为"1"，否则为"0"。CMP 指令的性质如表 4-3 所示，其格式示例如图 4-39 所示。比较运算指令以触点形式出现，可放置于任何标准触点所在的位置，并可根据需要选择比较的数据类型及比较的关系类型。

表 4-3 CMP 指令的性质

关系类型	若满足以下条件，则比较结果为真	参　　数	参数类型	说　　明
CMP ==	操作数 1 等于操作数 2	操作数 1	SInt, Int, DInt USInt, UInt, UDInt Real, LReal, String, Char Time, DTL, Constant	要比较的操作数
CMP <>	操作数 1 不等于操作数 2			
CMP >=	操作数 1 大于或等于操作数 2			
CMP <=	操作数 1 小于或等于操作数 2	操作数 2		
CMP >	操作数 1 大于操作数 2			
CMP <	操作数 1 小于操作数 2			

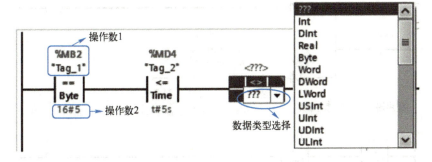

图 4-39 CMP 指令格式示例

如图 4-40 所示，程序段 1 和程序段 2 执行触点比较运算指令，当比较结果为真时，能流通过；否则，能流不能通过。在程序段 1 中，(MB2)= 0、(MW4)= 0≤100、(MD6)= 0.0≠20.5，三个串联触点比较条件都满足，则能流通过，输出 Q124.0 的状态为 1（线圈为绿色实线）；同理，在程序段 2 中，三个串联触点比较条件中，由于第 2 个条件 (MW14)= 32>60 不满足，所以能流不通过此触点，则输出 Q124.1 的状态为 0（线圈为蓝色虚线）。

示例：以 10 s 为一个周期，依次循环点亮三盏信号灯（PLC 的输出地址为 Q124.2/Q124.3/Q124.4）。按下起动按钮（PLC 输入地址为 I124.0），信号灯点亮情况为：Q124.2 点亮 3 s→Q124.3 点亮 4 s→Q124.4 点亮 3 s→Q124.2 再次点亮，依次不断循环；按下停止按钮（PLC 的输入地址为 I124.1），信号灯熄灭。

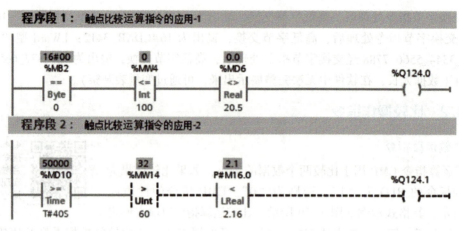

图 4-40 CMP 指令的应用

(1) 要点解析
1) 考虑采用比较指令进行三段输出的切换。
2) 由于每 10 s 循环一次，因此考虑每 10 s 定时器复位并重新计时。
3) 考虑初始化问题，以便每次重新起动时，程序都能按照预定的顺序执行。

(2) 程序设计
根据控制要求及设计要点，设计梯形图程序如图 4-41 所示。其中，T0 为定时器背景数据块 DB2 的自定义名称，MD34 为定时器计时的当前值（即 T0.ET）。

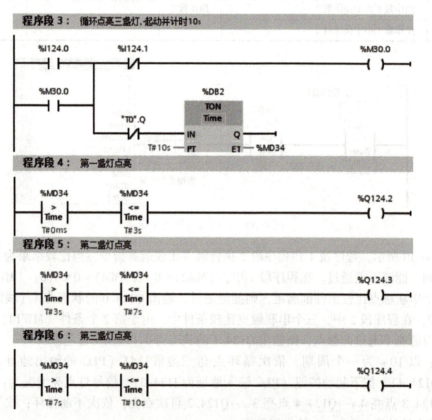

图 4-41 循环点亮三盏信号灯梯形图程序

2. 范围内外值指令

范围内值指令 IN_RANGE 用于判断输入值 VAL 是否在特定的取值范围内，使用输入 MIN 和 MAX 可以指定取值范围；如果 VAL 的值落在 [MIN, MAX] 范围内，则功能框输出信号为 "1"，否则为 "0"。IN_RANGE 指令的格式及应用如图 4-42 的程序段 8 所示。

范围外值指令 OUT_RANGE 用于判断输入值 VAL 是否超出特定的取值范围，使用输入 MIN 和 MAX 可以指定取值范围的限值，如果输入值 VAL<MIN 或 VAL>MAX，则功能框输出的信号状态为 "1"，否则为 "0"，其格式、用法如图 4-42 程序段 9 所示。

在图 4-42 程序段 8 中，(MW40)= 50 不在 [60,70] 范围内，不满足功能框 IN_RANGE 导通条件（功能框蓝色虚线）；(MD42)= 120.6 在 [120.56,121.0] 范围内，满足功能框 IN_RANGE 导通条件（功能框绿色实线）。

在图 4-42 程序段 9 中，(MW50)= 100>MAX=40，满足功能框 OUT_RANGE 导通条件（功能框绿色实线）；(MD52)= 4.12<MIN = 5.6，满足功能框 OUT_RANGE 导通条件（功能框绿色实线）；由于两个功能框都导通，因此 M56.0=1（绿色实线）。

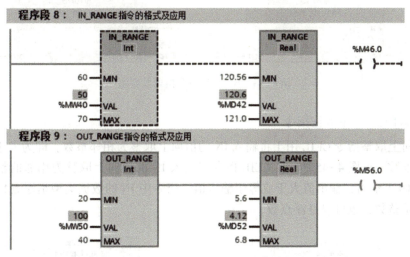

图 4-42 IN_RANGE/OUT_RANGE 指令的格式及应用

4.4.3 数据转换指令

1. 转换指令

转换指令 CONV 用于将数据元素从一种数据类型转换为另一种数据类型。CONV 指令格式及应用如图 4-43 所示，其读取输入端 IN 的内容并根据功能框中选择的数据类型对其进行转换，转换后的值通过输出端 OUT 输出，数据类型的选择可通过单击功能框上的 "???" 并从下拉菜单中选择 IN 或 OUT 的数据类型。CONV 指令可选数据类型如表 4-4 所示。

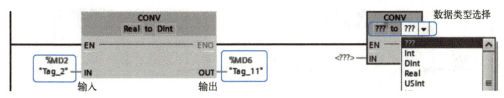

图 4-43 CONV 指令格式及应用

表 4-4　CONV 指令可选数据类型

参　数	数据类型	说　明
IN	SInt, Int, Dint, USInt, UInt, UDInt, Byte, Word, DWordReal, LReal, Bcd16, Bcd32	IN 值
OUT	SInt, Int, Dint, USInt, UInt, UDInt, Byte, Word, DWordReal, LReal, Bcd16, Bcd32	转换为新数据类型的 IN 值

2. 取整指令

取整指令 ROUND 用于将实数转换为整数，实数的小数舍入为最接近的整数值，如 ROUND(2.7)＝3，ROUND(-2.7)＝-3。ROUND 指令格式及应用如图 4-44 所示，输入 IN 的数据类型是浮点数，输出 OUT 的数据类型可以是整数，也可以是浮点数；如果待取整的实数（Real 或 LReal）恰好是两个连续整数的和的一半（如 2.5、3.5），则将其取整为偶数，即 ROUND(2.5)＝2 或 ROUND(3.5)＝4。

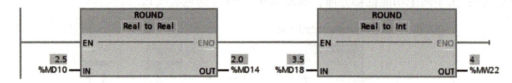

图 4-44　ROUND 指令格式及应用

3. 浮点数向上/向下取整指令

浮点数向上取整指令 CEIL 用于将输入 IN 的值向上取整为相邻整数，即为大于或等于所选实数的最小整数。如图 4-45 所示，CEIL 指令将输入 IN 的值向上取整为相邻的整数，指令结果从输出端 OUT 输出，输出值大于或等于输入值。指令中 IN 的数据类型是浮点数，OUT 的数据类型可以是整数，也可以是浮点数。

图 4-45　CEIL 指令格式及应用

浮点数向下取整指令 FLOOR 用于将输入 IN 的值向下取整为相邻整数，即取整为小于或等于所选实数的最大整数。如图 4-46 所示，FLOOR 指令将输入 IN 的值向下转换为相邻的较小整数，指令结果从输出端 OUT 输出，输出值小于或等于输入值。指令中 IN 的数据类型是浮点数，OUT 的数据类型可以是整数，也可以是浮点数。

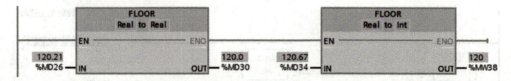

图 4-46　FLOOR 指令格式及应用

4. 截尾取整指令

截尾取整指令 TRUNC 将浮点数的小数部分舍去，只保留整数部分以实现取整。如图 4-47 所示，TRUNC 指令认为输入 IN 的值都是浮点数，且只保留浮点数的整数部分，并将其发送到输出 OUT 中，即输出 OUT 的值不带小数位；OUT 的数据类型可以是整数，也可以是浮点数。

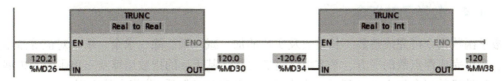

图 4-47　TRUNC 指令格式及应用

5. 标定指令

标定指令 SCALE_X 也称为缩放指令，通过将输入 VALUE 的值映射到指定的取值范围来对其进行缩放。其格式及应用如图 4-48 所示，VALUE 的数据类型是浮点数，OUT 的数据类型可以是整数，也可以是浮点数。当执行 SCALE_X 指令时，输入值 VALUE 的浮点值会缩放到由参数 MIN 和 MAX 定义的取值范围，缩放结果由 OUT 输出，OUT = [VALUE * (MAX - MIN)] + MIN。

根据 OUT 的输出公式，在图 4-48 中，第一个功能框的输出值 OUT = [0.5 * (100-20)] + 20 = 60.0，其将一个实数型输入值（0.0≤VALUE≤1.0），按比例映射到指定的取值范围（20≤OUT≤100）之间；同理，第二个功能框的输出值 OUT = [6.2 * (10-0)] + 0 = 62，相当于将输入值放大 10 倍后输出。

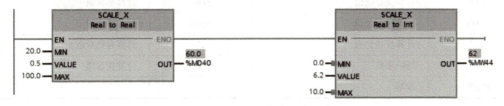

图 4-48　SCALE_X 指令格式及应用

6. 标准化指令

标准化指令 NORM_X 是将输入变量的值映射到线性标尺，并对其进行标准化，其格式及应用如图 4-49 所示。图中，VALUE 是要标准化的值，其数据类型可以是整数，也可以是浮点数；OUT 是 VALUE 被标准化的结果，其数据类型只能是浮点数；其计算公式为 OUT = (VALUE-MIN)/(MAX-MIN)，输出范围为 [0,1]。根据 OUT 的计算公式，如果要标准化的值等于输入 MIN，则输出 OUT 将返回 "0.0"；如果标准化的值等于输入 MAX，则输出 OUT 将返回 "1.0"。

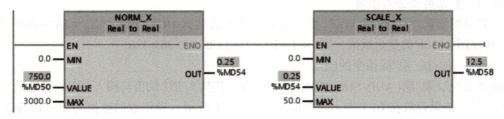

图 4-49　NORM_X 指令格式及应用

NORM_X 指令常用于模拟量输入数值的处理。在图 4-49 中，假定电动机转速（单位：r/min）范围为 [0,3000]，对应变频器频率（单位：Hz）是 [0,50]；MD50 中的值是电动机当前转速值，若将其设为 750，则转化后的标准化值 OUT=(750-0)/(3000-0)=0.25，对应的电动机频率 MD58=0.25×(50-0)=0.25×50=12.5。

4.4.4 数学函数指令

数学函数指令可完成整数、长整数及实数的加、减、乘、除、求余、求绝对值等基本算术运算，还可完成浮点数的平方、平方根、自然对数、基于 e 的指数运算及三角函数等扩展算术运算。数学函数指令如表 4-5 所示，本小节介绍几种加/减/乘/除指令的应用。

表 4-5 数学函数指令

指　令	功　能	指　令	功　能
CALCULATE	计算	MOD	返回长整型数除法的余数
ADD	加法	NEG	求二进制补码
SUB	减法	INC	加 1 指令
MUL	乘法	DEC	减 1 指令
DIV	除法	ABS	计算绝对值
SIN	计算正弦值	MIN	获取最小值
COS	计算余弦值	MAX	获取最大值
TAN	计算正切值	LIMIT	设置限值
ASIN	计算反正弦值	SQR	计算平方值
ACOS	计算反余弦值	SQRT	计算平方根
ATAN	计算反正切值	LN	计算自然对数
FRAC	返回小数	EXP	计算指数值
EXPT	取幂		

示例 1：采用计算指令 CALCULATE，编写函数 $Y=AX^2+BX+C$ 的程序。

计算指令 CALCULATE 可用于自行定义计算式并执行表达式，可根据所选数据类型进行数学运算或复杂逻辑运算，其格式如图 4-50 所示。图 4-50a 中，可在功能框的 "???" 下拉列表中选择该指令的数据类型，根据所选数据类型，可以组合某些指令的函数以执行复杂计算。如图 4-50b 所示，单击功能框上的计算器图标，可打开对话框对计算表达式进行编辑，并通过 OUT 输出；表达式可以包含输入参数的名称和指令的语法；在初始状态下，功能框至少包括两个输入，如图 4-50a 中的 IN1 和 IN2；通过单击 图标可扩展输入数目；可在功能框中按升序对插入的输入值进行自动编号，如图 4-50b 中的输入 IN1~IN4。使用时应注意：所有输入和输出的数据类型必须相同。

在弹出的编辑 "CALCULATE" 指令页面，编辑表达式 OUT=IN1 * IN2 * IN2+IN3 * IN2+IN4，按照图 4-50b 的变量赋值，则 OUT=10 * 2 * 2+25 * 2+36=126。

示例 2：加/减/乘/除指令的应用。

使用加/减/乘/除（ADD/SUB/MUL/DIV）指令，将输入 IN1 的值与输入 IN2 的值进行加/减/乘/除运算，结果存放在 OUT 中，指令格式如图 4-51 所示。操作数的数据类型可以选择，如图中的乘法（MUL）指令功能框；在初始状态下，功能框中至少包含两个输入数（IN1 和

IN2)；对于 ADD 指令和 MUL 指令，还可以通过单击图标扩展输入数目，如图中的 ADD 功能框输入由默认的 2 个输入端子 IN1、IN2 扩展为 3 个输入端子 IN1、IN2、IN3。

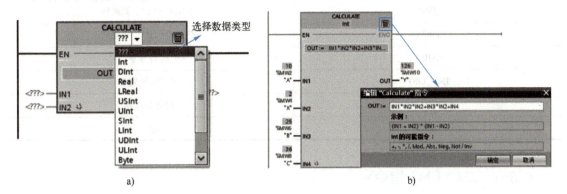

图 4-50　计算指令 CALCULATE 格式
a) 数据类型选择　b) 编辑表达式

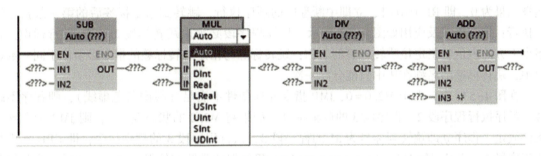

图 4-51　加/减/乘/除指令格式

图 4-52 为加/减/乘/除指令示例。其中，加法指令 ADD 有两个整数相加（256+789），结果 1045 存放在 MW24 中；乘法指令 MUL 有三个实数相乘（3.14 * 100.0 * 25.89），结果 8129.46 存放在 MD42 中。

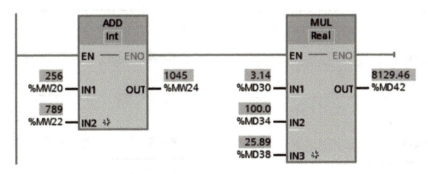

图 4-52　加/减/乘/除指令示例

4.5　程序控制操作指令

程序控制操作指令用于编写结构化程序、优化控制程序结构，以便减少程序执行时间。程序控制指令类型及功能如表 4-6 所示。

表 4-6 程序控制指令类型及功能

类型	功能
JMP	若 RLO = "1"，则跳转
JMPN	若 RLO = "0"，则跳转
LABEL	跳转标签
JMP_LIST	定义跳转列表
SWITCH	跳转分配器
RET	返回

4.5.1 JMP（N）指令

跳转指令 JMP 是当该指令输入的逻辑运算结果为 1，即 RLO = 1 时，立即中断程序的顺序执行，程序跳转到指定标签后的第一条指令继续执行；跳转指令 JMPN 是当该指令输入的逻辑运算结果为 0，即 RLO = 0 时，立即中断程序的顺序执行，跳转到指定标签后的第一条指令继续执行；指令格式及应用如图 4-53 所示。目标程序段必须由跳转标签 LABEL 进行标识，在指令上方的占位符指定该跳转标签的名称；跳转标签与指定跳转标签的指令必须位于同一数据块中，跳转标签的名称在块中只能分配一次。

在图 4-53a 中，由于 M2.0 = 0，JMP 指令导通条件不满足（线圈蓝色虚线），则程序不跳转，顺序执行程序段 2、程序段 3 的逻辑指令。如果将 M2.0 的状态变为 1，则 JMP 指令导通条件满足，程序立即跳转到标号为 a1 的程序段 3，执行程序段 3 的逻辑指令，即 CPU 不再扫描程序段 2，这时即使 I124.0 = 0，输出 Q124.0 仍然保持跳转前的得电状态；如果在线监控程序，可观察到程序段 2 不再呈现高亮绿色状态。

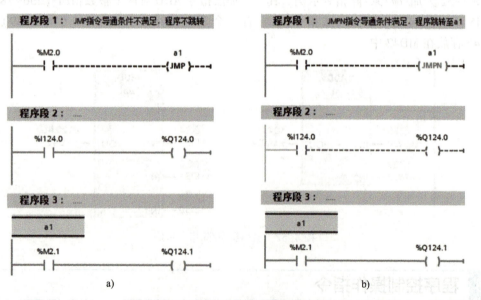

图 4-53 JMP/JMPN 指令格式及应用
a）JMP 指令 b）JMPN 指令

在图 4-53b 中，由于 M2.0=0，JMPN 指令导通条件满足（线圈绿色实线），则程序跳转至标号为 a1 的程序段 3，执行程序段 3 的逻辑指令，即不再扫描程序段 2，程序段 2 保持跳转前的状态；如果在线监控程序，可观察到程序段 2 不再呈现高亮状态。

4.5.2 JMP_LIST 指令

JMP_LIST 为定义跳转列表指令，其格式及应用如图 4-54 所示。该指令可定义多个条件跳转；当指令导通后，程序跳转到由参数 K 指定的值对应的跳转标签 LABEL 所指向的程序段；可在功能框中增加输出的数量，S7-1500 中最多可以声明 256 个输出。

在图 4-54 中，JMP_LIST 指令的输入参数 K 为指定输出的编号以及要执行的跳转，输出编号从 0 开始，每增加一个输出，编号会按升序连续递增，即 K=0 时，程序跳转到由跳转标签"label_0"标识的程序段；K=1 时，程序跳转到由跳转标签"label_1"标识的程序段，依次类推。在图 4-54 中，K=(MW4)=2，所以程序跳转至"label_2"标识的程序段 8 继续往下执行；由在线监控可看出，由于程序跳转至程序段 8，则程序段 5、6、7 不再高亮显示，且保持跳转前的状态，如程序段 7 的定时器停止计时并保持被扫描的最后状态值。如果 JMP_LIST 指令的导通条件 M2.6=0，则不发生跳转，顺序执行程序段 5~8。

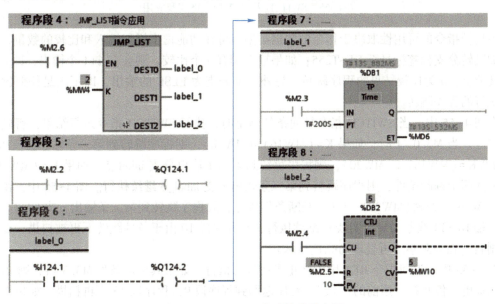

图 4-54 JMP_LIST 指令格式及应用

4.5.3 SWITCH 及 RET 指令

跳转分支指令 SWITCH 根据一个或多个比较指令的结果，定义要执行的多个程序跳转，其格式及应用如图 4-55 所示。该指令实质为一个程序跳转分配器，用于控制程序段的执行；其对参数 K 输入的值与分配给各指定输入的值进行对应比较，然后跳转到第一个结果为"真"的输出分支标签；如果比较结果都不为 TRUE，则跳转到 ELSE 所在的标签。

SWITCH 指令的输入参数 K 指定要比较的值，将该值与各个输入提供的值进行比较。可以选择比较参数的数据类型，如图 4-55 中选择 Int 类型，单击 Int，可在弹出的下拉列表框中更换数据类型；可以为每个输入选择比较方法，如图中选择>、≤，单击该比较符号，在弹出的下拉列表框中可更换比较符号。

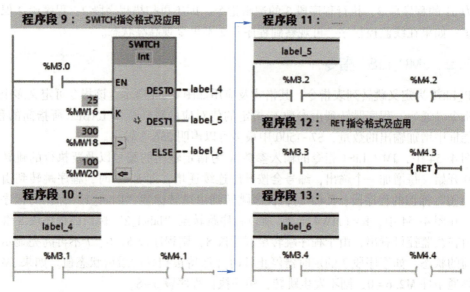

图 4-55 SWITCH 及 RET 指令格式及应用

各比较指令的可用性取决于指令的数据类型。可在功能框中增加输入和比较的数量，最多可增加跳转分支标签标号至 DEST255；如果输入端有 n 个比较，则会有 $n+1$ 个输出，即有 $n+1$ 个跳转分支，n 为比较结果的程序跳转，另外一个分支为 ELSE 的输出，即不满足任何比较条件时执行的程序跳转。

在图 4-55 中，当 SWITCH 指令导通条件满足时，执行 SWITCH 指令运行结果，否则顺序执行程序。当 M3.0=1 时，如果 K=(MW16)>(MW18)，则程序跳转到第一条输出分支 label_4；如果 K=(MW16)≤(MW20)，则程序跳转到第二条输出分支 label_5；如果 K=(MW16) 不满足上述两个判断条件，则程序跳转到第三条输出分支 label_6 继续执行。图 4-55 中，由于当前值(MW16)=25≤(MW20)=100，判断条件成立，故程序跳转到第二条输出分支 label_5（指令输出端 DEST1 线条为绿色实线）继续执行，且程序段 10 由于条件跳转不再被扫描，变量不再被刷新（在线观察不再呈现高亮色显示）。

图 4-55 中的返回指令 RET 用于终止当前块的执行。如果其导通条件 M3.3=1，则 RET 指令线圈通电，停止执行当前的"块"，程序返回到程序段 9，程序段 13 不再扫描，如果在线观察，程序段 13 不再呈高亮色显示；如果 RET 指令线圈导通条件 M3.3=0，则继续执行程序段 13。

一般地，"块"指令结束时可以不用 RET 指令，RET 指令用来有条件地结束"块"，一个"块"可以多次使用 RET 指令。另外，RET 线圈上面的参数（如图 4-55 中的变量 M4.3）是块的返回值，数据类型为 Bool。如果当前的块是 OB（如本例），则返回值被忽略。

4.6 移位和循环移位指令

4.6.1 移位指令

移位指令包括右移指令 SHR 和左移指令 SHL，其格式如图 4-56 所示。

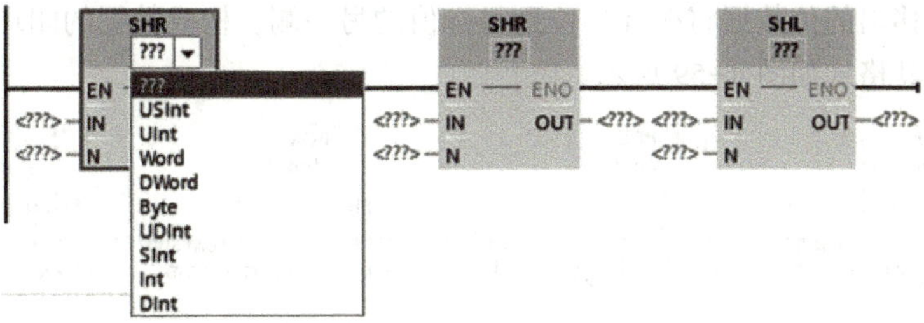

图 4-56 移位指令格式

右移指令 SHR 用于将输入 IN 中操作数的内容按位向右移位，并在输出 OUT 中查询移位结果；参数 N 用于指定 IN 操作数向右移位的位数。

使用 SHR 指令需要遵循以下原则：

1) 如果参数 N 的值等于 0，则输入 IN 的值将复制到输出 OUT 中；如果参数 N 的值大于可用位数，则输入 IN 中的操作数将向右移动可用位数的个数。

2) 如果输入 IN 为无符号数，则移位操作时操作数左边区域中空出的位将用"0"填充；如果输入 IN 为有符号数，则用符号位的信号状态（即正数为 0，负数为 1）填充空出的位。SHR 指令移位过程如图 4-57 所示。

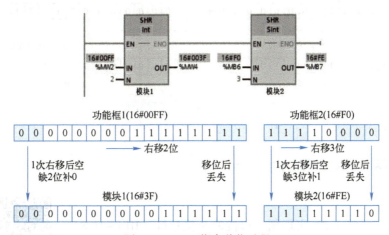

图 4-57 SHR 指令移位过程

左移指令 SHL 的用法同 SHR 指令，但左移后，用"0"填充操作数移动后右侧空出的位，其示例如图 4-58 所示。

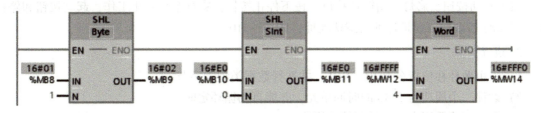

图 4-58 SHL 指令示例

4.6.2 循环移位指令

循环移位指令包括循环右移指令 ROR 和循环左移指令 ROL。循环移位指令的特点在于从目标值一侧循环移出的位数据将循环移位到目标值的另一侧，构成数据的闭环移动，因此原始位值不会丢失，其格式如图4-59所示。

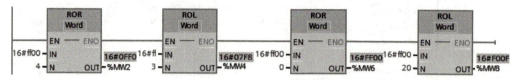

图4-59 循环移位指令格式

循环右移指令ROR将输入IN中操作数的内容按位向右循环移位，并在输出OUT中查询结果；参数N用于指定循环移位中待移动的位数；当参数N的值为"0"时，输入IN的值将复制到输出OUT的操作数中。

循环左移指令ROL将输入IN中操作数的内容按位向左循环移位，并在输出OUT中查询结果；参数N用于指定循环移位中待移动的位数；用移出的位填充因循环移位而空出的位。

循环移位过程示例如图4-60所示，可根据在线显示数据自行分析和进一步熟悉循环指令的应用属性。

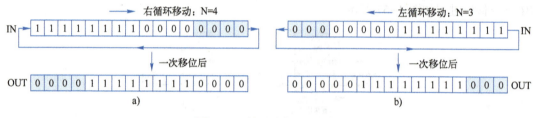

图4-60 循环移位过程示例
a) 循环右移指令 b) 循环左移指令

4.6.3 移位彩灯控制功能设计

1. 控制要求

采用CPU 1511C-1 PN实现循环移位的8位彩灯（HL1~HL8）控制。HL1~HL8连接的PLC输出通道地址为默认地址（QB4）：Q4.0~Q4.7，每次移位1位，移位的时间间隔为1.8s，彩灯初值和移位方向可通过变量修改。

4.6.3 移位彩灯控制系统（配合触摸屏软件实现联合仿真运行）

按下起动按钮，彩灯开始循环移位；按下停止按钮，彩灯系统停止工作，起动按钮和停止按钮连接的PLC输入通道地址为默认地址：I10.0~I10.1。

2. 设计要点

1）采用循环移位指令ROR、ROL，并选择数据类型为字节。
2）设计一个周期为1.8s的时间单元，并能自动循环定时。
3）彩灯初值采用字节变量存储和修改。
4）移位方向采用位元件的0、1状态表示。

3. 功能实现

根据控制要求，实现移位彩灯控制功能的参考程序如图4-61所示。

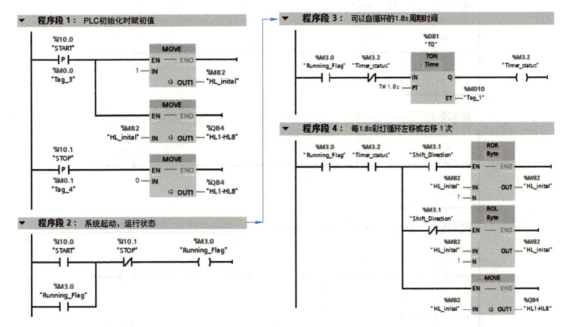

图 4-61 移位彩灯控制功能的参考程序

4.7 基本指令应用

4.7.1 实训1：三台电动机顺序起动功能实现

1. 任务描述

采用 CPU 1511C-1 PN 实现三台电动机顺序起动控制。具体要求如下：

用两只按钮控制三台电动机的起停。为了避免三台电动机同时起动，造成起动电流过大及电网电压降低对周边负载的影响，要求按下起动按钮后，第一台电动机先起动，然后每隔 5 s 起动一台电动机；停止按钮可以停止系统起动后的任何状态。试用一个定时器元件完成控制要求。

起动按钮和停止按钮连接的 PLC 输入通道地址为硬件组态的默认地址：I10.0、I10.1，控制三台电动机运行的中间继电器线圈接入的 PLC 输出通道地址为硬件组态的默认地址：Q4.0、Q4.1、Q4.2。

2. 要点分析

用一个定时器来重复计时，可以考虑采用定时器的常闭触点来复位定时器电路，以便重新计时。三台电动机要顺序起动，可以考虑用第一台电动机的运行信号接通第二台电动机，用第二台电动机的运行信号接通第三台电动机，并考虑 CPU 周期扫描梯形图的顺序。

3. 任务实施

根据控制要求及 PLC I/O 地址分配，实现三台电动机顺序起动的参考程序如图 4-62 所示。

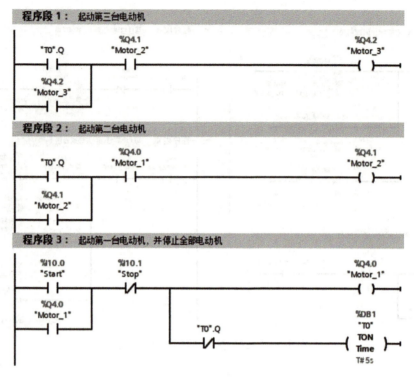

图 4-62 三台电动机顺序起动参考程序

4.7.2 实训 2：交通灯控制系统设计

1. 任务描述

有一交通灯控制系统，采用 CPU 1511C-1 PN PLC 控制，具体控制要求如下：

1）假设东西方向交通流量比南北方向繁忙一倍，因此东西方向绿灯的点亮时间要比南北方向多一倍。

2）控制时序要求如图 4-63 所示。

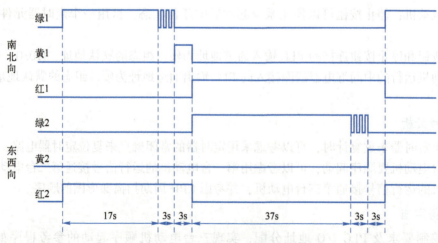

图 4-63 交通灯控制系统控制时序要求

3) 按下起动按钮开始工作,按下停止按钮停止工作;"白天/黑夜"开关闭合时为黑夜工作状态,这时只有黄灯闪烁,断开时按白天的时序控制图工作。

2. 任务解析

从时序图可知,该交通灯控制系统一个点亮周期为 66 s。其中,南北方向点亮时间为:绿灯常亮 17 s 后,闪烁 3 s(闪烁周期为 1 s);转为黄灯点亮 3 s;转为红灯点亮 43 s。东西方向点亮时间为:红灯点亮 23 s;转为绿灯常亮 37 s 后,闪烁 3 s(闪烁周期为 1 s);转为黄灯点亮 3 s。可采用一个定时器,按照交通灯循环周期进行定时;通过比较指令,比较定时器当前值与设定值,再根据比较结果驱动对应的指示灯点亮。

3. 分配 PLC I/O 地址

交通灯输入/输出地址按照 CPU 1511C-1 PN PLC 硬件组态时的默认地址进行分配,如表 4-7 所示。

表 4-7　I/O 地址分配

连接的外部设备	PLC 输入地址（I）	连接的外部设备		PLC 输出地址（Q）
起动按钮	I10.0	南北向	绿色指示灯	Q4.0
停止按钮	I10.1		黄色指示灯	Q4.1
（白天/黑夜）切换开关	I10.2		红色指示灯	Q4.2
		东西向	绿色指示灯	Q4.4
			黄色指示灯	Q4.5
			红色指示灯	Q4.6

4. 程序设计

交通灯控制系统参考程序如图 4-64 所示。程序中,I10.0 接外部起动按钮(连接常开触点),I10.1 接外部停止按钮(连接常闭触点);辅助继电器 M2.0 为系统运行标志位;延时定时器 T0 通过自关断程序产生一个周期为 66 s 的计时信号。

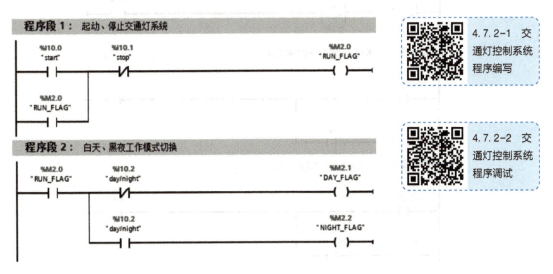

图 4-64　交通灯控制系统参考程序

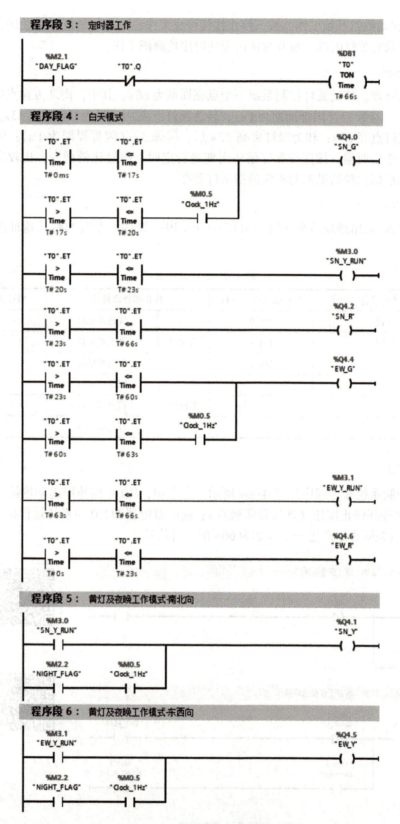

图 4-64 交通灯控制系统参考程序（续）

当交通灯控制系统白天运行时，切换开关 I10.2 常闭触点闭合，标志位 M2.1 线圈得电（程序段 2），运行程序段 3。以南北向三个信号灯为例，当定时器计时当前值在 0~17 s 之间时，绿灯常亮；当定时器计时当前值在 17~20 s 之间时，绿灯闪烁（通过串联 1 s 时钟继电器 M0.5 实现）；当定时器计时当前值在 20~23 s 之间时，黄灯点亮。

当交通灯控制系统夜晚运行时，切换开关 I10.2 常开触点闭合，标志位 M2.2 线圈得电，运行程序段 4、5，分别驱动南北、东西方向黄灯闪烁。

4.7.3　实训 3：多台设备运行状态监控系统设计

1. 系统控制要求

某车间排风系统，由三台风机组成，采用 S7-1500 PLC 控制。现要求根据风机的工作状态进行监控，并通过指示灯信号进行显示，具体控制要求如下：

1) 当系统中没有风机工作时，指示灯以 2 Hz 频率闪烁。
2) 当系统中只有一台风机工作时，指示灯以 0.5 Hz 频率闪烁。
3) 当系统中有两台以上风机工作时，指示灯常亮。

试根据以上控制要求，编写风机状态监控程序。

2. 闪烁电路设计方法

实现闪烁功能的编程方法有很多，下面简单介绍两种实现方法。

（1）使用时钟存储器字节

前已述及，S7-1500 PLC 可通过启用硬件属性中的"启用时钟存储器字节"，设置 8 个位的不同频率的时钟脉冲，利用不同频率的位触点可以实现闪烁电路。如图 4-65 所示，当 Run_1 为 ON 时，Led_1 输出周期为 1 s 的脉冲，Led_2 输出周期为 2 s 的脉冲。

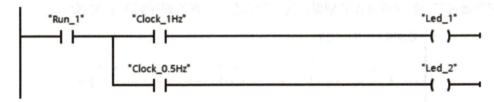

图 4-65　使用时钟存储器字节实现闪烁电路

（2）使用定时器

使用时钟存储器字节实现闪烁电路比较方便，但其缺点是无法输出可调整的脉冲的周期和宽度，而利用定时器编程可以弥补这一缺点。如图 4-66 所示，当 Run_2 为 ON 时，定时器 T1 开始定时，2 s 后 Led_3 变为 ON，同时定时器 T2 开始定时，3 s 后 T2 的常闭触点 T2.Q 断开，T1 被复位，T2 也被复位，Led_3 变为 OFF；下一扫描周期 T2 的常闭触点 T2.Q 复位，T1 又开始定时，如此重复。通过调整 T1 和 T2 的定时时间，可以改变 Led_3 输出 ON 和 OFF 的时间，以此来调整脉冲输出的宽度和周期。

本系统采用定时器实现指示灯显示的闪烁功能。

3. PLC I/O 分配

通过对控制要求的分析，指示灯监控系统的输入有第一台风机运行信号、第二台风机运行信号、第三台风机运行信号共三个输入点；输出有指示灯一个负载，占一个输出点。

打开 TIA Portal V16 软件，新建项目，项目名称自定（如设备运行状态监控）；在"项目树"下选择"添加新设备",在弹出的对话框中选择控制器为 CPU 1511C-1 PN（订货号为 6ES7 511-1CK01-0AB0,固件版本为 V2.1）。

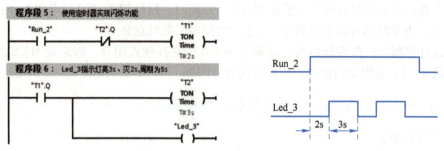

图 4-66 使用定时器实现闪烁电路

根据添加 PLC 的默认数字量输入/输出地址,PLC 的 I/O 地址分配如表 4-8 所示。

表 4-8 PLC 的 I/O 地址分配

PLC 的 I/O 地址	连接的外部设备
I10.0	1 号风机运行信号
I10.1	2 号风机运行信号
I10.2	3 号风机运行信号
Q4.0	指示灯显示

4. 程序设计

(1) 风机工作状态检测程序的实现

风机工作的监视状态分为没有风机运行、只有一台风机运行和两台以上风机运行三种情况,可以通过三个辅助继电器分别保存这三种状态,实现的程序如图 4-67 所示。

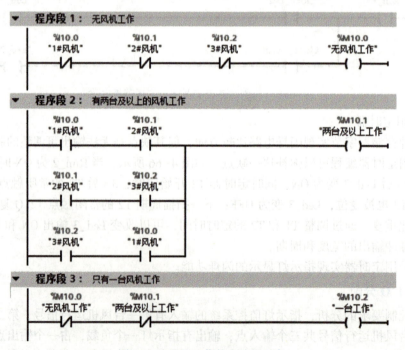

图 4-67 风机工作状态检测程序

(2) 监控功能的实现

根据控制要求，需要产生 2 Hz 和 0.5 Hz 两种频率的闪烁信号，本例采用了两组定时器，分别提供 2 Hz 和 0.5 Hz 的时钟信号，并新建 4 个 IEC_TIMER 数据类型的数据块（DB1～DB4），分别作为定时器 T0（250 ms）、T1（250 ms）、T2（1 s）、T3（1 s）的背景数据块。实现的程序如图 4-68 所示。实际应用时，也可直接采用系统时钟存储器对应位来实现此功能。

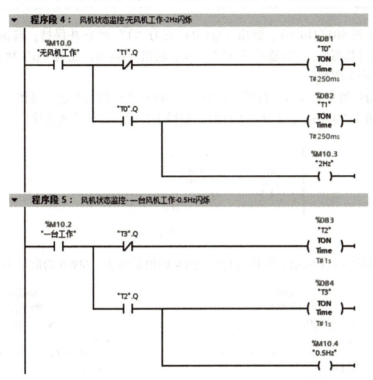

图 4-68　闪烁功能的实现

(3) 指示灯输出程序的实现

指示灯输出程序需要考虑风机运行状态与对应的指示灯状态要求。当没有风机运行时（M10.0 得电），指示灯按照 2 Hz 的频率闪烁（M10.3 的状态）；同理，当只有一台风机运行时，指示灯按照 0.5 Hz 的频率闪烁（M10.4 的状态）。由于两台以上风机运行时指示灯常亮，所以只需要用 M10.1 的常开触点驱动输出 Q4.0 即可，实现的程序如图 4-69 所示。

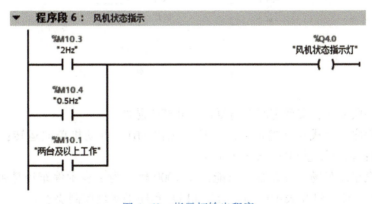

图 4-69　指示灯输出程序

5. 系统联调

程序编写完成后，将程序下载到 PLC 中进行调试；也可通过 PLCSim 软件进行仿真调试。调试时，将以上三部分程序合并即可，即将程序段 1~程序段 6 合并，以构成完整程序。

4.8 习题

4.1 按下按钮 SB1(I10.0)，输出（Q4.0）变为"1"状态并保持；按钮 SB2(I10.1)被按下 3 次后（用计数器），定时器开始计时，5 s 后输出（Q4.0）变为"0"状态，同时计数器被复位。试编写梯形图程序。

4.2 采用沿检测指令编写一段程序，完成对 MW0 进行初始化清 0 操作。

4.3 分析图 4-70 中的定时器是否计时，如果不计时，如何修改程序？

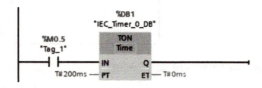

图 4-70 习题 4.3 图

4.4 程序如图 4-71 所示，程序运行后 MW4 的值是多少？MW6 的值是多少？

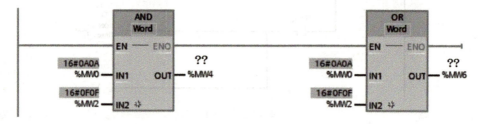

图 4-71 习题 4.4 图

4.5 根据图 4-72 所示信号灯控制系统的时序图，设计出梯形图。

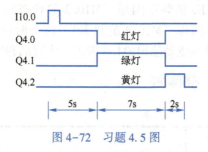

图 4-72 习题 4.5 图

4.6 编写一段程序，实现定时器自复位，并产生脉冲。

4.7 编写程序，完成如下控制要求：按下按钮 SB1，电动机单向运转；按下按钮 SB2，电动机点动运转；按下按钮 SB3，电动机停止。

4.8 有一汽车停车场，最大容量只能停车 1000 辆。为了表示停车场是否有空位（Q4.0 灯亮表示有空位，Q4.1 灯亮表示已满），试用 PLC 程序来实现控制要求。

4.9 用PLC的输入地址I10.0、I10.1的状态控制输出通道Q4.0的状态，当I10.0=1、I10.1=0时，输出Q4.0以1.2s周期闪烁；当I10.0=0、I10.1=1时，Q4.0以3s的周期闪烁；当I10.0=1、I10.1=1时，Q4.0为ON。试采用程序控制指令编写程序。

> 死记硬背可以学到科学，但学不到智慧。
>
> ——劳伦斯·斯特恩

第 5 章 程序块及其应用

5.1 用户程序

5.1.1 用户程序的任务

PLC 的程序有两类：操作系统和用户程序。操作系统包含在每个 CPU 中，交付时已经安装，用于处理底层系统级任务，并提供用户程序的调用机制，主要任务是负责管理存储区、更新输入和输出过程映像分区、处理各类中断、检测和处理错误、调用并执行用户程序等；用户程序是由用户工程师编写的、为完成特定控制任务的程序。用户程序只有被操作系统调用后才会执行。

用户程序包含处理特定自动化任务所需的全部功能，由用户编写并下载到 CPU 的数据和代码构成。为了使编写的程序条理清晰、更便于阅读和维护，TIA Portal 软件提供了块编程理念；可以在编写程序时，将不同的功能编写在不同的程序块中；当程序运行时，CPU 按照不同的运行条件去调取相应的程序块来完成特定的控制任务。

5.1.2 用户程序中的块

CPU 的主要任务是执行操作系统和运行用户程序。用户程序由用户根据项目内容编写，工作在操作系统这个平台上，完成用户特定的自动化任务；用户程序中包含不同的程序块，各程序块实现的功能不同。S7-1500 PLC 的程序块包括组织块（OB）、功能（FC）、功能块（FB）和数据块（DB），各种程序块的类型及功能描述如表 5-1 所示。

表 5-1 各种程序块的类型及功能描述

程 序 块	功能简要描述
组织块（OB）	OB 定义用户程序的结构，是操作系统和用户程序之间的接口
功能（FC）	FC 包含用于处理重复任务的程序例程。FC 没有存储区
功能块（FB）	FB 是一种代码块，它将值永久地存储在存储区（背景数据块）中，使得即使块任务执行完成后，这些值仍然可用
数据块（DB）	分为背景数据块和全局数据块。背景数据块与 FB 调用相关，在调用时自动生成，用于存储特定 FB 的数据；全局数据块用于存储程序数据，任何 OB、FB 或 FC 都可访问全局数据块中的数据

注：FC、FB 在 TIA Portal 软件中分别被译成"函数""函数块"。

5.1.3 线性化编程与结构化编程

用户在编写程序时，可根据实际应用要求，采用合适的编程方法创建用户程序，通常有线性化编程和结构化编程两种方法。

1. 线性化编程

线性化编程是按顺序逐条执行用于自动化任务的所有指令。通常，线性化编程将所有程序指令都放入主程序组织块 Main[OB1]中，如图 5-1 所示。所有的程序都可以用线性结构来实现，不过，线性结构一般用于编写相对简单的程序。对于一些控制规模较大、运行过程比较复杂的控制程序，特别是分支较多的控制程序不宜选择这种结构。对于复杂任务，这种编程方式的程序结构不清晰、可读性不强，管理和调试有一定的难度。

2. 结构化编程

结构化编程是将复杂的自动化任务划分为与工艺功能相对应的更小的子任务，子任务在程序中以程序块表示，通过对不同任务程序块的调用来构建程序。如图 5-2 所示，OB1 通过调用这些程序块来完成整个自动化控制任务。

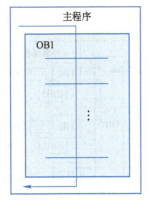

图 5-1 线性化编程结构

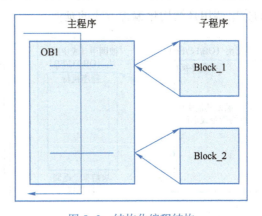

图 5-2 结构化编程结构

相比于线性化编程，结构化编程更容易对复杂任务进行处理和管理；更容易使各程序块实现标准化，实现了程序块在不同项目间的反复使用，也简化了用户程序的设计和实现；也使程序的测试和调试更为简化。

结构化编程的特点是每个块（FC 或 FB）在 OB1 中可能会被多次调用，以满足具有相同过程工艺要求的不同控制对象，如图 5-3 所示，FB1 模块可被多次调用，每一次调用都使用不同的数据块。这种结构可简化程序设计过程、缩短代码长度、提高编程效率，适合较复杂的自动化控制任务设计。

用户编写的程序块必须在组织块 OB 中调用后才能执行。在一个程序块中又可以使用指令调用其他的程序块，被调用的程序块执行完成后返回调用程序中断处继续运行。如图 5-4 所示，结构化编程是通过设计执行任务的 FB 和 FC 来构建模块化代码块，然后通过其他代码块调用这些可重复使用的模块来构建用户程序，由调用块将设备特定的参数传递给被调用块。当一个代码块调用另一个代码块时，CPU 会转去执行被调用块，完成后返回断点处继续

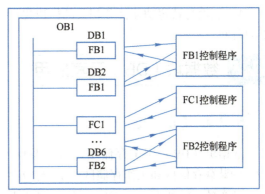

图 5-3 结构化编程示例

执行调用块其后的指令。

当控制程序的层级更为复杂时，如一个自动化控制任务，包括工厂级、车间级、生产线和电动机等多个层级的控制任务，这时可将任务分层划分；每一层控制程序作为上一层控制程序的子程序，形成用户程序块的嵌套调用；块的允许嵌套深度取决于所用的CPU类型，如对于S7-1500 PLC，块的嵌套深度为24层；进一步结构化的程序是通过嵌套块调用来实现的。

在如图5-5所示的程序结构中，控制任务可划分为三个子任务，每个子任务下又可以划分更小的控制任务，形成嵌套；嵌套深度为2，即程序循环OB1加2层对代码块的调用。图5-5中，三个子程序分别为FB1、FB2、FC2，在FB1中又有子任务FC1，FB2中又有FB1的调用，这样通过程序块间的嵌套调用实现了对控制任务的分层管理。图5-5中，用户程序的执行次序为：OB1→FB1+IDB1→FC1→FB1→OB1→FB2+IDB2→FB1+IDB3→FB2→OB1→FC2→OB1。用户程序的分层调用是结构化编程方式的延伸。

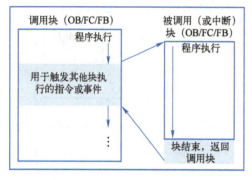

图5-4 结构化编程的执行

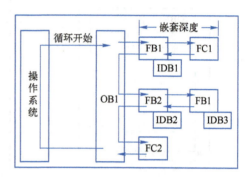

图5-5 块调用的分层结构

通过创建可重复使用的通用代码块，可以简化用户程序的设计和实现。

1）可为标准任务创建能够重复的代码块，如用于控制泵或电动机；还可将这些通用代码块存储在库中。

2）将用户程序构建到与功能任务相关的模块化组件中，可使程序的设计更易于理解和管理。模块化组件不仅有助于标准化程序设计，也使更新或修改程序代码更加快速和容易。

3）创建模块化组件可简化程序的调试，通过将整个程序构建为一组模块化程序段，可在开发每个代码块时更方便地测试其功能。

4）利用与特定功能任务相关的模块化设计，可以减少对已完成的应用程序进行调试所需要的时间。

5.2 数据块（DB）及其应用

5.2.1 DB介绍

5.2 数据块（DB）的应用

数据块（DB）用于存储用户数据及程序的中间变量，其占用CPU的装载存储区和工作存储区。DB与位存储器（M）所存储的都是全局变量；M的大小在CPU的技术规范中已经定义，且不可扩展，而DB由用户定义，最大不超过CPU的装载存储区（如果只存储装载存储区）或工作存储区。

DB 可分为两种，一种为优化访问的 DB，另一种为标准访问的 DB；每次添加一个新的全局 DB 时，默认类型为优化的 DB，但可通过在其"属性"选项中是否选中"优化的块访问"来调整块属性。优化 DB 中的每个变量对应的存储地址，由系统优化后自动进行分配，具有更快的访问速度，但只能使用符号寻址，不支持指针寻址。而标准 DB（非优化 DB）具有固定的结构，按照变量的建立顺序分配存储地址，故每个变量具有偏移地址，可以符号寻址，也支持指针寻址；但访问速度较慢。

DB 分为全局数据块和背景数据块。全局数据块支持所有的程序块（FB、FC 和 OB）读写其中的数据；而背景数据块被分配给指定的功能块（FB），只包含 FB 的本地数据。

5.2.2 全局数据块

可以从任何程序块访问全局数据块中的数据；一个程序中可以自由创建多个数据块，全局数据块需要先定义后，才可以在程序中使用。

如图 5-6 所示，在 TIA Portal 的"项目树"下选择"程序块"→"添加新块"，在弹出的"添加新块"对话框中，选择"数据块"，"类型"选择为"全局 DB"，然后单击"确定"按钮，即可创建一个全局数据块。

图 5-6　全局数据块的建立

如图 5-7 所示，鼠标双击新创建的数据块（图中"数据块_1［DB1］"），在弹出的数据块界面中，可根据程序编写的要求添加变量及其数据类型，并设置相关属性。

新建的数据块为优化的 DB，只支持符号寻址；若要修改为标准数据块，可将鼠标放置到左侧"项目树"下的"数据块_1"上，右击后，选择"属性"，弹出属性界面如图 5-8 所示；将默认选中的"优化的块访问"取消，即可将数据块 DB1 切换为非优化（标准）属性，从而改变数据块变量的存储方式，如图 5-9 所示。

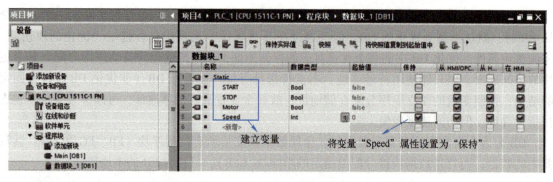

图 5-7　全局数据块编辑界面

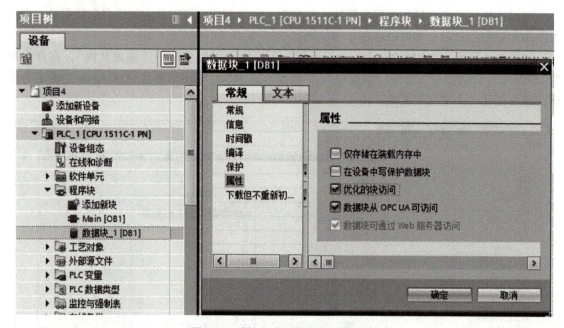

图 5-8　默认的全局数据块属性界面

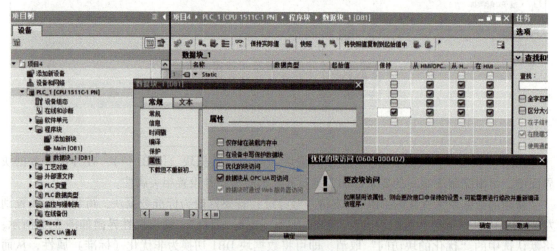

图 5-9　改变全局数据块属性

将全局数据块修改为标准数据块后，其编辑界面会增加"偏移量"显示，在编译后由系统自动编址，作为数据块变量在程序中使用时的绝对地址，如图 5-10 所示。对于优化数据块，可以单独设置每个变量的保持性属性（对于数组、结构等数据类型而言，不能单独设置其中某个元素的保持性属性）；但对于非优化的数据块，只能统一设置其保持性属性。

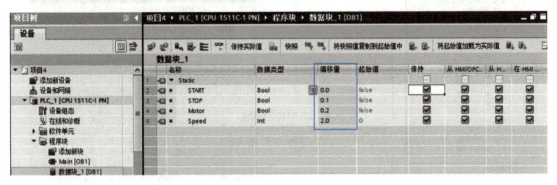

图 5-10 非优化数据块编辑界面

5.2.3 背景数据块

背景数据块（DB）直接与功能块（FB）关联，其结构不能任意定义，取决于 FB 的接口声明。创建背景数据块的步骤如图 5-11 所示。在建立好 FB 后，选择"程序块"→"添加新块"，在弹出的"添加新块"对话框中，选择类型为已存在的 FB 即可。

图 5-11 创建背景数据块的步骤

也可在程序调用 FB 时，通过自动生成的方式创建背景数据块。如图 5-12 所示，在主程序中调用 FB1，系统会自动弹出"调用选项"界面，选择 FB1 实例对应的背景数据块即可。

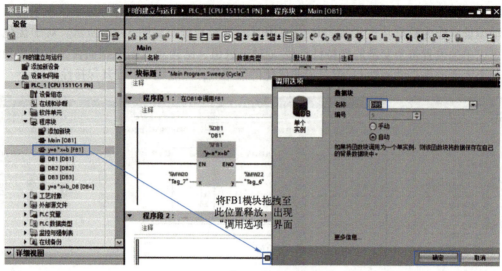

图 5-12　调用 FB 并生成数据块

5.3　组织块（OB）及其应用

5.3.1　OB 的功能及类型

如图 5-13 所示，组织块（OB）构成了 CPU 的操作系统与用户程序之间的接口，由操作系统直接调用。组织块之间不能互相调用，其基本功能就是调用用户程序，也可在组织块中直接进行编程；不同类型的组织块可以实现不同的系统功能。

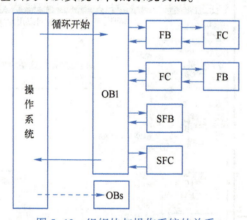

图 5-13　组织块与操作系统的关系

OB 在以下情况执行具体程序，且根据其优先级执行；OB 可确定用户程序的执行顺序。

1）在 CPU 启动时。
2）在一个循环或延时时间到达时。
3）当发生硬件中断时。
4）当发生故障时。

S7-1500 PLC 支持的 OB 类型如表 5-2 所示，组织块的优先级从 1~26，每个 OB 都有其对应的优先级；通常情况下，组织块号码越大，优先级越高；高优先级的组织块可中断低优先级的组织块；同一个优先级的组织块同时触发时，将按块的编号由小到大依次执行。表 5-2 中，括号内是默认优先级，除启动、循环程序和时间错误 OB，其他 OB 的优先级在块属性中是可以修改的。

表 5-2　S7-1500 PLC 支持的 OB 类型

事件源的类型	优先级（默认优先级）	OB 编号	OB 数目
启动	1	100，≥123	0~100
循环程序	1	1，≥123	0~100
时间中断	2~24(2)	10~17，≥123	0~20
延时中断	2~24(3)	20~23，≥123	0~20
循环中断	2~24（8~17，与频率有关）	30~38，≥123	0~20
硬件中断	2~26(18)	40~47，≥123	0~50
状态中断	2~24(4)	55	0 或 1
更新中断	2~24(4)	56	0 或 1
制造商或配置文件特定的中断	2~24(4)	57	0 或 1
等时同步模式中断	16~26(21)	61~64，≥123	0~2
时间错误	22	80	0 或 1
一旦超出最大循环时间			
诊断错误中断	2~26(5)	82	0 或 1
卸下/插入模块	2~26(6)	83	0 或 1
机架错误	2~26(6)	86	0 或 1
MC 伺服中断	17~26(25)	91	0 或 1
MC 插补中断	16~26(24)	92	0 或 1
编程错误 （仅限全局错误处理）	2~26(7)	121	0 或 1
I/O 访问错误 （仅限全局错误处理）	2~26(7)	122	0 或 1

5.3.2　循环执行组织块

要启动用户程序，项目中至少要有一个循环执行组织块，如主程序 Main[OB1]；也可以使用多个循环执行组织块，如在图 5-14 中，通过"添加新块"继续添加循环组织块 OB123、OB124 等，添加数量不超过 100 个；操作系统在每个扫描周期，会按照序号由小到大的次序依次调用循环执行组织块。

OB1 中的用户程序是循环执行的主程序。例如，我们前面一直使用的主程序即循环执行组织块 OB1，其优先等级为 1，是所有组织块中优先级最低的，任何其他类别的组织块都可以中断主程序 Main[OB1]的执行。也就是说，CPU 在 RUN 模式运行期间，循环执行组织块以最低优先级执行，可被其他事件类型中断。

以下两个事件可导致操作系统调用 OB1。

1）CPU 启动完毕。

2）OB1 执行到上一个循环周期结束。

除了自动生成的 OB1，其他组织块需要用户生成，组织块中的程序由用户编写。

图 5-14　循环执行组织块的添加

5.3.3　启动组织块

启动组织块 Startup 在 CPU 从 STOP 模式切换到 RUN 模式时执行一次，执行完后，开始执行 OB1；启动组织块一般用于初始化程序，如给变量赋初值；允许生成多个启动组织块，按照编号顺序由小到大依次执行。例如，OB100 是默认设置，也可以手动设置组织块地址（编号应大于等于 123），如图 5-15 所示，最多可使用 100 个启动组织块。

示例：开机后系统自动检测接入的传感器 Sensor_1 和 Sensor_2 回路是否完好。如果完好，则相应指示灯点亮，同时蜂鸣器发出响声持续 1 s 后检测灯熄灭；否则，蜂鸣器不响，即系统自检测不通过。

1）新建启动组织块 OB125，如图 5-15 所示。

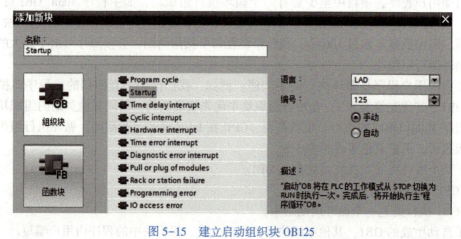

图 5-15　建立启动组织块 OB125

2) 编写程序。在 OB125 中编写启动程序如图 5-16a 所示，OB1 程序编写如图 5-16b 所示。

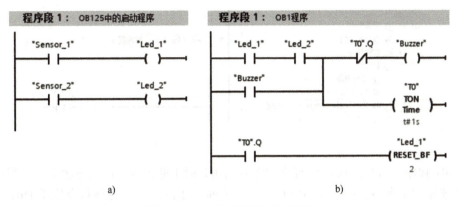

图 5-16　OB125 程序和 OB1 程序
a) OB125 程序　b) OB1 程序

系统启动运行时，CPU 先执行 OB125，再进入 OB1 执行循环程序。当传感器回路检测完毕后，指示灯复位。只有当 CPU 再次执行热启动后，才会再次执行 OB125 检测传感器回路。

5.3.4　中断组织块的建立

中断组织块包括延时中断组织块、循环中断组织块和硬件中断组织块。

5.3.4-1 延时中断组织块的应用

1. 延时中断组织块

延时中断组织块在经过一段指定时间的延时后，才执行相应的 OB 中的程序。S7-1500 PLC 最多支持 20 个延时中断组织块。延时中断组织块的编号必须为 20~23 或大于等于 123。

示例：使用延时中断完成如下任务，当输入按钮 SB1 的信号由 ON 变为 OFF 时，延时 10 s 后启动延时中断 OB20，驱动输出指示灯点亮。

1) 项目中添加延时中断组织块，如图 5-17 所示，组织块默认编号（选择"自动"）是 20。如果需要改变组织块编号，可选择"手动"，并在"编号"一栏输入自定义的编号；如果输入错误，则会提示编号范围：20~23；123~32 767。

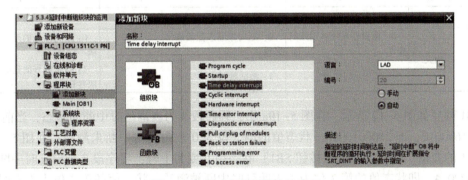

图 5-17　延时中断组织块的建立

2) 延时中断组织块程序的编写。延时中断组织块程序如图 5-18 所示。在组织块中将变量 Led_1 置位，系统延时 10 s 后自动访问组织块 OB20 并执行程序。

图 5-18　延时中断组织块程序

3) OB1 程序的编写。在 OB1 程序中需要调用延时中断指令，调用方法为：在当前编程界面的右侧选择"指令→扩展指令→中断→延时中断"下的指令，将该指令拖至 OB1 中，并填写引脚参数。延时中断指令属性如表 5-3 所示。

表 5-3　延时中断指令属性

指令名称	指令格式	功能说明
SRT_DINT	SRT_DINT EN　ENO OB_NR　RET_VAL DTIME SIGN	启动延时中断。当指令的使能输入（EN）产生下降沿时，开始延时时间；当延时时间超出参数 DTIME 中指定的延时时间后，执行相应的延时中断组织块，编号由 OB_NR 指定；SIGN 用于指定调用延时中断时 OB 的启动事件信息中出现的标识符（调用时必须为此参数赋值，但该值没有任何意义）
CAN_DINT	CAN_DINT EN　ENO OB_NR　RET_VAL	取消延时中断。使用该指令可取消已启动的延时中断，取消的中断编号由参数 OB_NR 指定
QRY_DINT	QRY_DINT EN　ENO OB_NR　RET_VAL STATUS	查询延时中断的状态。使用该指令可查询延时中断的状态，查询的中断编号由参数 OB_NR 指定

在指令 QRY_DINT 中，参数 STATUS 为延时中断的状态，其含义如表 5-4 所示。

表 5-4　参数 STATUS 的含义

位	第 0 位	第 1 位	第 2 位	第 3 位	第 4 位
值	0	0 或 1	0 或 1	—	0 或 1
含义	不相关	0：由操作系统启用延时中断 1：禁用延时中断	0：延时中断未激活或已完成 1：激活延时中断	—	0：指定编号的延时中断组织块不存在 1：指定编号的延时中断组织块存在

OB1 程序如图 5-19 所示。在图 5-19a 中，程序段 3 为查询延时中断的状态，当前值 STATUS 为 16#0010，即 2#00010000，状态值的第 2 位为 0 表明延时中断未激活；在图 5-19b 中，程序段 1 的变量"Start"（接输入按钮 SB1）状态由 0 变为 1 时，程序段 3 当前延时中断状态值变为 16#0014，即状态值的第 2 位为 1 表明延时中断被激活，状态值的第 4 位为 1 表明指定编号的延时中断 OB20 存在；在图 5-19c 中，当启动信号"Start"的状态由 1 变为 0 时，开始计

时，10s 后系统运行 OB20 程序，输出"Led_1"值为 1，同时 OB1 程序段 3 的延时中断状态值为 16#0010，表明延时中断已完成。

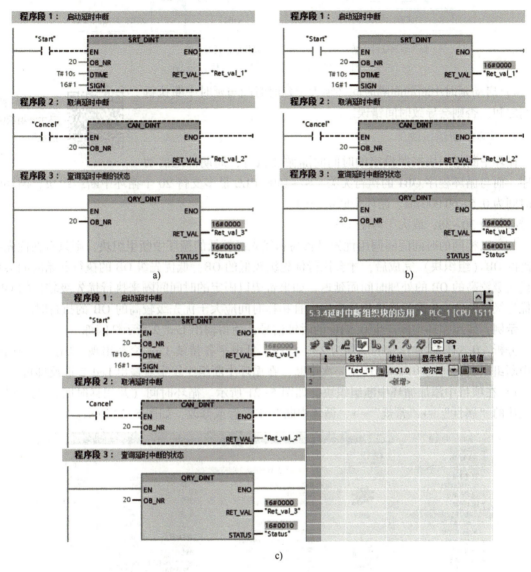

图 5-19 OB1 程序
a) 延时中断未激活 b) 延时中断被激活 c) 延时中断完成

4) 运行总结。当动合触点"Start"(SB1) 由 1 变 0，延时 10s 后执行延时中断程序，驱动 PLC 输出通道"Led_1"所接指示灯回路接通，指示灯点亮；当动合触点"Start"的状态由 1 变 0，延时不到 10s 时，如果动合触点"Cancel"的状态由 0 变 1，则取消已启动的延时中断，OB20 将不会被执行。

延时中断 OB20 的执行过程如图 5-20 所示，其性能总结如下：
1) 调用 SRT_DINT 指令，启动延时中断。
2) 当到达设定的延时时间后，操作系统将启用相应的延时中断 OB20。
3) 启动延时中断后，在延时到达之前，调用 CAN_DINT 指令可取消已启动的延时中断。

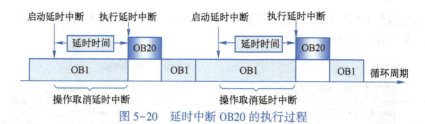

图 5-20　延时中断 OB20 的执行过程

4）启动延时中断的间隔时间必须大于延时时间与延时中断执行时间之和，否则会导致时间错误。

2. 循环中断组织块

循环中断组织块按照设定的时间间隔循环执行，周期性地启动程序，而与循环程序 OB1 的执行无关。S7-1500 PLC 最多支持 20 个循环中断组织块，循环间隔时间为 0.5~60 000 ms。循环中断组织的编号必须为 30~38，或大于等于 123。

5.3.4-2 循环中断组织块的应用

如果以相同的时间间隔调用优先级较高和优先级较低的循环中断组织块，则只有在优先级较高的 OB（组织块）完成后，才会执行优先级较低的 OB。低优先级 OB 的执行起始时间会根据优先级较高的 OB 的处理时间而延迟，如果希望以固定的时间间隔来执行优先级较低的 OB，则优先级较低的 OB 需要设置相移时间，且相移时间应大于优先级较高的 OB 的执行时间。

示例：使用循环中断产生 0.5 Hz 的时钟信号，使得输出 Led_2 指示灯闪烁。

分析：0.5 Hz 时钟信号的周期为 2 s，即高、低电平各持续 1 s，交替出现。因此可采用循环中断组织块，每隔 1000 ms 产生一次中断，在循环中断组织块中对输出 Led_2 取反即可。

1）在项目中添加循环中断组织块，如图 5-21 所示。循环时间（及相移时间）也可以在组织块的"属性"→"常规"→"循环中断"中设置或修改，如图 5-22 所示。

图 5-21　循环中断组织块的建立

2）编写循环中断组织块，程序如图 5-23 程序段 1 所示，系统每隔 1 s 访问一次 OB30，每访问一次，Led_2 输出状态改变一次。将项目下载至 PLC 中，观察指示灯的闪烁情况。

图 5-22 循环中断运行参数的修改

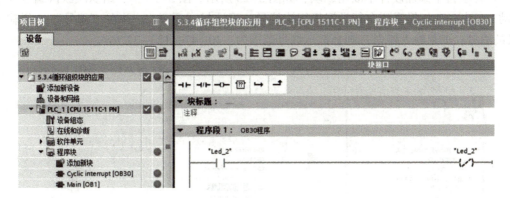

图 5-23 OB30 程序

3)总结。在用户程序中,延时中断组织块和循环中断组织块数量的总和不能超过 20 个。例如,如果已使用 15 个循环中断组织块,则在用户程序中最多可以再插入 5 个延时中断组织块。

循环中断 OB30 的执行过程如图 5-24 所示,其性能总结如下:

1) PLC 启动后开始计时。

2) 到达固定的时间间隔后,操作系统将启动相应的循环中断 OB30。

3) 在图 5-24 中,到达固定的时间间隔后,循环中断 OB30 的中断程序优先循环 OB1 执行。

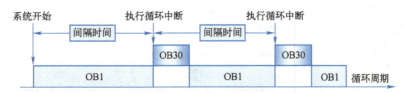

图 5-24 循环中断 OB30 的执行过程

在 CPU 运行期间,可以使用 SET_CINT 指令重新设置循环中断的间隔扫描时间和相移时间,同时还可以使用 QRY_CINT 指令查询循环中断的状态,指令的相关应用可查阅相关手册或软件的在线帮助。

3. 硬件中断组织块

硬件中断组织块在发生相关硬件事件时执行，可以快速响应并执行硬件中断组织块中的程序（如立即停止某些关键设备）。

硬件中断事件包括内置数字输入端的上升沿和下降沿事件，以及 HSC（高速计数器）事件。当发生硬件中断事件时，硬件中断组织块将中断正常的循环程序而优先执行。S7-1500 PLC 可以在硬件配置的属性中预先定义硬件中断事件，可以为每一个硬件中断指定独立的硬件中断组织块，这样可以加快 S7-1500 CPU 对外部硬件中断的响应。硬件中断组织块的编号必须为 40~47，或大于等于 123；在用户程序中，最多可使用 50 个互相独立的硬件中断组织块。

示例：当 PLC 输入 I0.7 产生上升沿时，触发硬件中断 OB40，在 OB40 中统计硬件触发的次数。

1）在项目中添加硬件中断组织块，如图 5-25 所示。图 5-25 中，组织块默认编号（选择"自动"）是 40。如果需要自行设置组织块编号，可选择"手动"，并在"编号"一栏输入自定义的编号；如果输入错误，则会提示编号范围为：40~47；123~32 767。

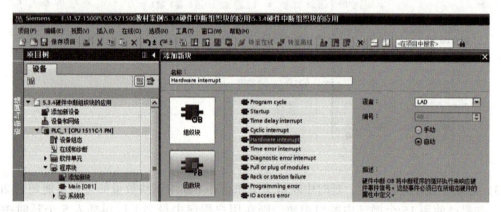

图 5-25 硬件中断组织块的建立

2）编写硬件中断组织块，程序如图 5-26 所示，可将程序设计为变量 Counter 自动加 1。当中断条件满足，即动合触点 I0.7 的状态由 0 变 1 时，则 Counter 自动加 1 一次。

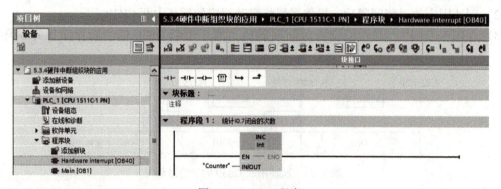

图 5-26 OB40 程序

3）在 CPU 属性窗口中关联硬件中断事件，操作步骤如图 5-27 所示。选择数字量通道 7（即 I0.7），然后选择"启用上升沿检测"；再单击硬件中断中的按钮（见图 5-27 步骤 3），在弹出界面中选择已建立的"Hardware interrupt [OB40]",选择"√"后出现"Hardware interrupt",这样就可以将 I0.7 上升沿触发事件与 OB40 关联上。

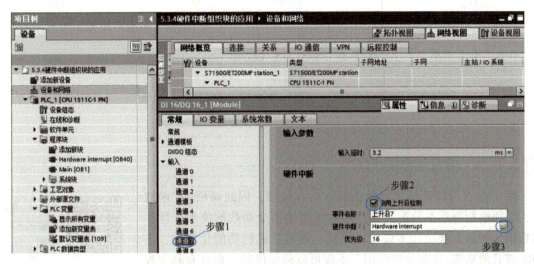

图 5-27 关联硬件中断事件操作步骤

如需在 CPU 运行期间对中断事件重新分配,可通过调用 ATTACH 指令实现;如需在 CPU 运行期间对中断事件进行分离,可通过调用 DETACH 指令实现;指令的相关应用可查阅相关手册或软件的在线帮助。

4) 系统运行测试。当 I0.7 接通时,产生上升沿,触发中断 OB40,Counter(MW14)自动加 1,在线监控变量如图 5-28 所示。

图 5-28 硬件中断相关变量监控

5.4 功能(FC)及其应用

5.4.1 FC 介绍

功能(FC)是不带存储区的代码块,可分为有参数调用和无参数调用。

有参数调用的 FC 相当于调用一个函数,需要从主调程序接收参数,将接收到的参数处理完毕后再将处理结果返还给主调程序,如图 5-29 程序段 1 所示 FC1 的应用。有参数调用是在编辑 FC 时在局部变量声明表(即块接口区)内定义形参,并使用虚拟的符号地址(如图 5-29 中 FC1 的 X、Y)完成控制程序的编写,以便在其他块中能重复调用有参 FC。这种方式一般用于结构化程序的编写。

无参数调用的 FC 相当于调用一个子程序,FC 不从外部或者主调程序中接收参数,也不向外部发出参数。在 FC 中可以直接使用绝对地址完成控制程序的编程,如图 5-29 程序段 2 所示的 FC2 的调用。

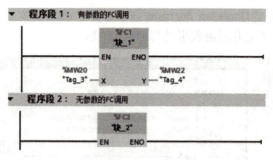

图 5-29 FC 的使用

5.4.2 带有形参的 FC

由于没有可以存储块参数值的数据存储器,因此调用 FC 函数时,必须给所有形参分配实参;函数可以使用全局数据块永久性存储数据。如果某项功能多处可以用到,则将其进行功能化编程,在 OB1 或其他功能/功能块中调用,不仅可以简化代码,而且有利于程序调试,同时增强了程序的可读性和移植性。

5.4.2 带有形参的 FC 块应用

示例:设计函数块 FC1,计算 y=ax+b 的值,其中 a、b 为常数。

设计步骤如下:

1) 如图 5-30 所示,双击界面左侧"程序块"下面的"添加新块",弹出"添加新块"界面,选择"函数",单击"确定"按钮,FC1 添加完成。

图 5-30 FC1 模块的建立

2) 双击已建好的 FC1 模块,进入 FC1 模块的程序编辑界面,如图 5-31 所示。

图 5-31 中,块接口区用于定义 FC1 功能的 Interface 参数,建立 Interface 参数如图 5-32

所示。当设置 Input、Output 和 InOut 类型参数时,用户需要在程序声明中声明块调用的"接口";当变量完成声明后,就会在该块内为临时变量分配一个存储空间;Temp 用于存放函数运算的中间结果。

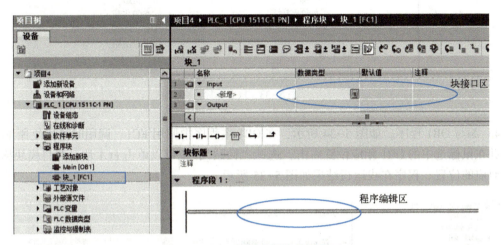

图 5-31 FC1 模块的程序编辑界面

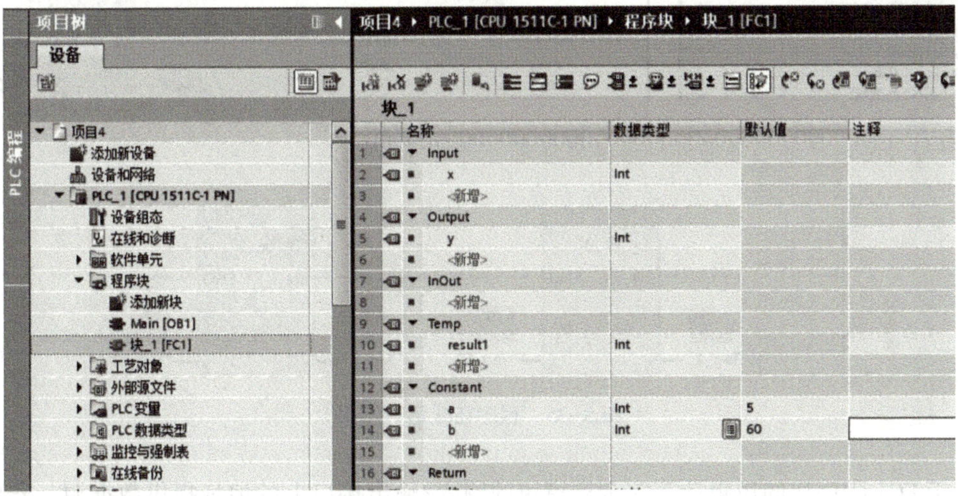

图 5-32 建立 Interface 参数

接口参数中,Input 为输入参数,只能读取,FC1 调用时将用户程序数据传递到函数中;Output 为输出参数,只能被写入,用于将函数执行结果传递给用户程序;InOut 为输入/输出参数,可读取和写入,调用时由函数读取后进行运算、执行后再将结果返回;Temp 用于临时存储运算过程中产生的中间变量,函数执行完成后会被删除;Constant 用于存放程序中的常量,仅在块内使用。

被调用块接口中定义的块参数,称为形参;在调用过程中,形参将作为参数占位符传递给调用块;调用块时,传递给块的参数称为实参。实参和形参的数据类型必须相同,或可以根据数据类型转换规则进行转换。FC 函数没有可以存储块参数值的数据存储器。因此,调用函数时,必须给所有形参分配实参。

3)编写 FC1 程序。为实现 y=ax+b 计算功能,编写 FC1 程序如图 5-33 所示。其中,a、

b 为常数，在建立 Interface 参数时已分别被赋了初值。

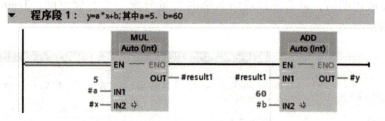

图 5-33　FC1 程序

4）编写 OB1 程序。如图 5-34 所示，在 OB1 主程序中调用 FC1。调用时可以复制 FC1 模块，并在鼠标选中的 OB1 相应位置右击，选择"粘贴"；也可以单击 FC1 块，并将模块拖拽到程序对应的位置。程序在线运行结果如图 5-35 所示。

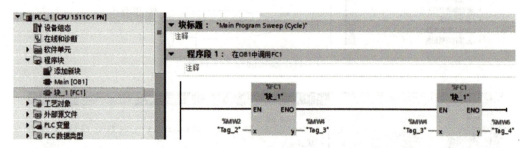

图 5-34　FC1 的调用

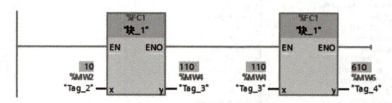

图 5-35　程序在线运行结果

由于 FC1 程序块的逻辑计算完全靠模块的输入/输出接口上的地址提供数据源，若要修改常数 a、b 的值，可把 a、b 也作为模块的输入变量，或者在 FC1 模块中重新设定常数初值。

5.4.3　没有参数的 FC

无参数调用的 FC 在函数的接口区可以不定义形参变量，即调用程序与函数之间没有数据交换，只是运行函数中的程序，这样的函数可作为子程序调用。使用子程序可将整个控制程序进行结构划分，既清晰明了，也便于调试和维护。

示例：根据控制要求实现水塔高位水箱水位的自动控制。

水塔高位水箱水位自动控制系统如图 5-36 所示。其中，Lgh、Lgl 分别为水塔高位水箱的高、低水位传感器；Ldh、Ldl 分别为低位补给水箱的高、低水位传感器；YV 为电磁阀，控制补水阀门；QV 为出水阀，控制用户用水流量；M 为电动机，拖动水泵对高位水箱供水。（各水位传感器均设置为：无水时为 OFF，淹没后为 ON）

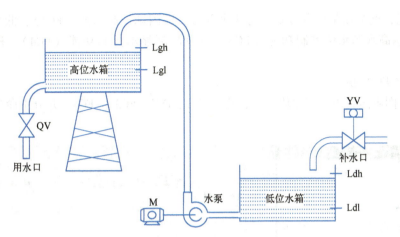

图 5-36 水塔高位水箱水位自动控制系统

高位水箱的控制：为保证用户用水，要求始终保持高位水箱水位在 Lgl 与 Lgh 之间。当高位水箱水位低于 Lgl 时，水泵起动，从低位补给水箱抽水补给高位水箱，到达水位 Lgh 时，水泵自动停止。

低位补给水箱的控制：当水位低于低位补给水箱 Ldl 时，电磁阀 YV 得电后开启，对低位补给水箱补水；水位到达 Ldh 时，电磁阀 YV 失电，阀门闭合，停止补水。

1. 控制要求

1) 当低位补给水箱水位低于低水位时（Ldl 为 OFF），电磁阀 YV 打开补水（YV 为 ON），定时器开始定时（定时为 10 s）；10 s 以后，如果 Ldl 仍为 OFF，则进水指示灯 XD 闪烁，表示电磁阀 YV 没有进水，出现进水故障，同时关闭电磁阀 YV；如正常，则补水至高水位传感器 Ldh 为 ON 后，电磁阀 YV 关闭（YV 为 OFF）。

2) 当低位补给水箱水位高于低水位（Ldl 为 ON），且水塔水位低于低水位界时（Lgl 为 OFF），电动机 M 运转，开始抽水补给高位水箱。当水塔水位高于水塔高水位界时（Lgh 为 ON），电动机 M 停止。

2. 程序设计与分析

根据控制要求可知，有 4 个输入器件，分别为水位传感器 Lgh、Lgl 和 Ldh、Ldl；3 个输出负载，分别为电磁阀 YV、电动机 M 和指示灯 XD。PLC 的 I/O 地址分配如表 5-5 所示。

表 5-5 PLC 的 I/O 地址分配

PLC 的 I/O 地址	连接的外部设备	在控制系统中的作用
I200.0	水位传感器 Lgh	高位水箱高水位测量
I200.1	水位传感器 Lgl	高位水箱低水位测量
I200.2	水位传感器 Ldh	低位水箱高水位测量
I200.3	水位传感器 Ldl	低位水箱低水位测量
Q200.0	电动机 M 主接触器线圈	水泵工作
Q200.1	电磁阀 YV	补水阀门工作
Q200.2	指示灯 XD	故障指示

根据功能，整个控制程序可划分为 4 个部分，即闪烁控制功能（FC1）、低水箱水位控制功能（FC2）、高水箱水位控制功能（FC3）以及故障显示控制功能（FC4）。程序设计步骤如下：

（1）建立 FC 模块

在项目视图界面右边"程序块"中，建立 FC1、FC2、FC3 及 FC4，并分别命名，如图 5-37 所示。

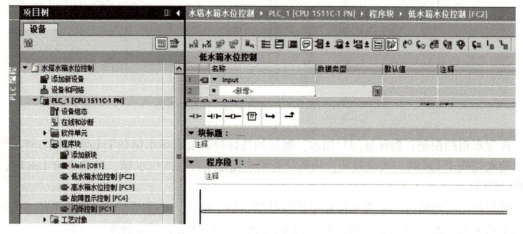

图 5-37　FC 模块的建立

（2）分别编写 FC1、FC2、FC3、FC4 程序

进入指示灯闪烁控制 FC1 的程序编写界面，如图 5-38 所示，不用设置接口区变量，在程序区编写程序时采用变量的绝对地址或符号地址。图 5-38 中，M0.1 为进水故障，"T0".Q 为背景数据块 DB1（500 ms）所表示的定时器输出，"T1".Q 为背景数据块 DB2（500 ms）所表示的定时器输出；M0.0 为 1 s 周期闪烁信号。

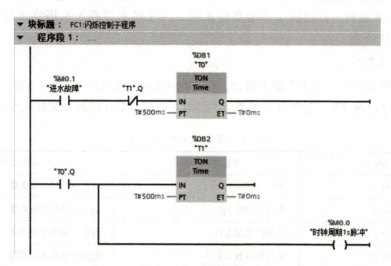

图 5-38　FC1 程序

程序中，通过 M0.0 的常开触点来接通指示灯 Q200.2，实现指示灯闪烁控制。指示灯闪烁控制程序可参见图 5-43。

同样，分别打开 FC2、FC3、FC4 功能模块，编写 FC2、FC3、FC4 程序如图 5-39、图 5-40、图 5-41 所示。

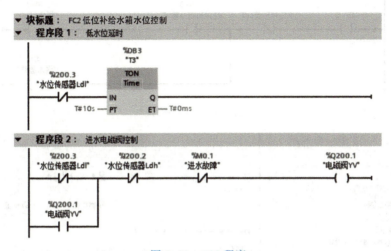

图 5-39 FC2 程序

在图 5-39 中，当低位补给水箱水位低于低水位 I200.3 时，电磁阀打开，给水箱充水。由于水位淹没低水位开关后，低水位开关 I200.3 要改变状态，不能再维持 Q200.1 接通，所以需要 Q200.1 实现自保持；当水位高于水箱的高水位 I200.2 后，高水位开关 I200.2 动作，其常闭触点断开，Q200.1 失电，电磁阀关闭，停止进水；若电磁阀发生故障，高水位开关 I200.2 不动作，则 10 s 后 T3（即背景数据块 DB3 所在的定时器）动作，会使进水故障信号 M0.1 置 ON，同样会关闭电磁阀。进水故障信号 M0.1 的控制程序见 FC4 程序（见图 5-41）。

在图 5-40 中，当水塔高位水箱的水位低于低水位 I200.1 时，电动机 M 工作，水泵从低位补给水箱向高位水箱补水。由于水位淹没低水位开关后 I200.1 要改变状态，不能再维持 Q200.0 接通的状态，所以需要 Q200.0 实现自保持；当水位高于高水位时，高水位开关动作即 I200.0 得电，其动断触点断开，Q200.0 失电，电动机停止工作。若低位补给水箱水位在低水位之下（I200.3 为 OFF），即使高位水箱需要抽水也不能起动电动机工作。

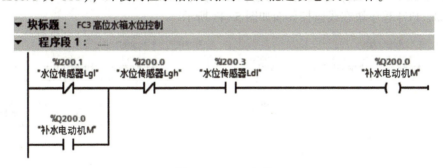

图 5-40 FC3 程序

在图 5-41 中，T3 的动合触点闭合，说明电磁阀已经接通 10 s，若低位补给水箱低水位开关仍然没有改变状态，则说明出现进水故障，故障指示灯 XD 闪烁。同时，进水故障信号 M0.1 动作。

(3) 在 OB1 程序中调用 FC 程序块

在 OB1 主程序中无条件调用 FC1~FC4 程序块，程序结构如图 5-42 所示。

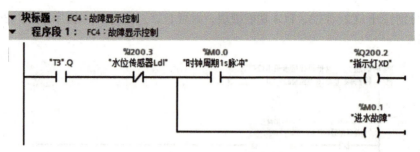

图 5-41　FC4 程序

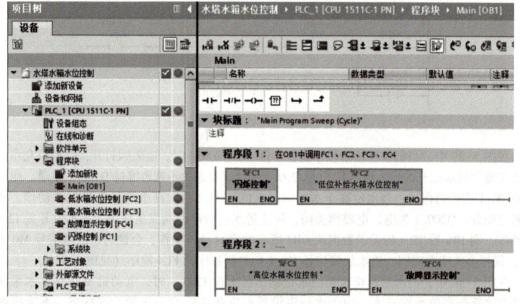

图 5-42　OB1 程序结构

3. 系统联调

将项目下载至 CPU 中，包括硬件配置、OB1 程序、FC1～FC4 功能块，并在线调试和运行系统。例如，FC4 程序块在线监控界面如图 5-43 所示。

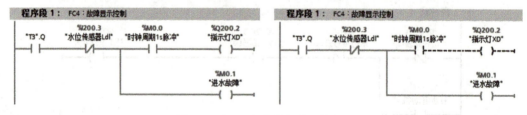

图 5-43　FC4 程序块在线监控界面

5.5　功能块（FB）及其应用

5.5.1　FB 介绍

FB（功能块）是一种代码块，拥有自己的存储区（即背景数据块）。

与 FC 相比，FB 的输入参数、输出参数、输入/输出参数和静态变量都存储在一个单独的、被指定给该功能块的数据块中，即背景数据块。当调用 FB 时，该背景数据块会自动打开；当块退出时，背景数据块中的数据仍然保持。

与 FB 不同，FC 不具有相关的背景数据块。FC 使用临时存储器（L）保存用于计算的数据，当块退出时不保存临时数据。与带有形参的 FC 一样，FB 也带有形参接口区；参数类型中除具有与 FC 相同的输入参数 Input、输出参数 Output、输入/输出参数 InOut、临时变量 Temp 和本地常量 Constant，还带有用于存储中间变量的静态数据区 Static。

FB 的调用称为实例化，FB 的每个实例都需要一个背景数据块。当调用一个 FB 时，系统会自动分配一个背景数据块来存储数据；如果多个功能块有嵌套关系，可将嵌套的 FB 作为主 FB 的静态变量进行调用，则在 OB 中调用主 FB 时，就会只有一个总的背景数据块，也称为多重背景数据块。如图 5-44 所示，在 FB1 中调用 FB5 时会弹出"调用选项"界面，可以选择"多重背景"，这样便于将关联的背景数据块集中管理。

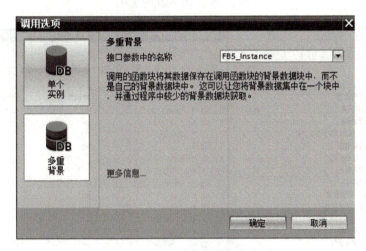

图 5-44　FB 多重背景数据块选项

5.5.2　具有单个背景数据块的 FB

一般将分配有自身背景数据块的函数块调用称为单实例，通过分配背景数据块，可指定该函数块实例数据的存储位置。

5.5.2　具有单个背景数据块的 FB

示例：设计函数模块，计算 y=ax+b 的值，其中 a、b 可在程序运行中改变。

1）建立 FB1 模块，方法同 FC，如图 5-45 所示。

2）双击图 5-45 所示的 FB1 模块，进入 FB1 模块的程序编辑界面。为 FB1 程序块分别定义接口区（Interface）参数，如图 5-46 所示，FB1 程序如图 5-47 所示。

从图 5-46 可知，我们建立了输入参数 x；输出参数 y；静态变量 a、b，并设其初值分别为 a=5、b=60；临时变量 result1。完成变量声明后，除在本地数据堆栈中为临时变量保留一个有效存储空间，还要为静态变量保留空间。

3）编写 FB1 程序。为实现 y=ax+b 运算功能，编写 FB1 逻辑关系，如图 5-47 所示。

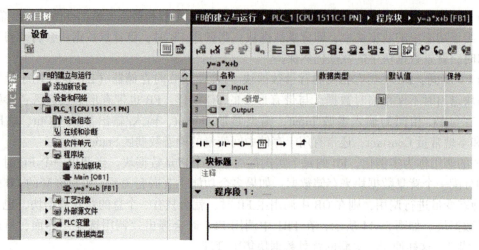

图 5-45　FB1 模块的建立

图 5-46　建立接口参数

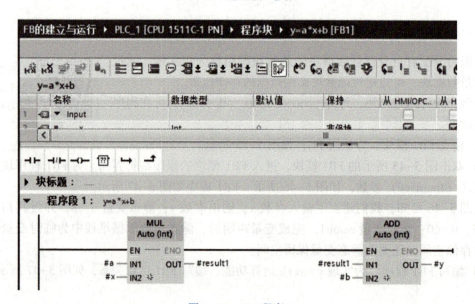

图 5-47　FB1 程序

4)为 FB1 分别建立背景数据块 DB1、DB2。如图 5-48 所示,选择"数据块",在"类型"中选择"y=a*x+b",单击"确定"按钮,可生成背景数据块 DB1 或 DB2,且其数据内容自动生成。背景数据块 DB1 的数据结构如图 5-49 所示,也可以在 OB1 中调用 FB1 模块时自动生成背景数据块。

图 5-48 FB1 背景数据块 DB1 或 DB2 的建立

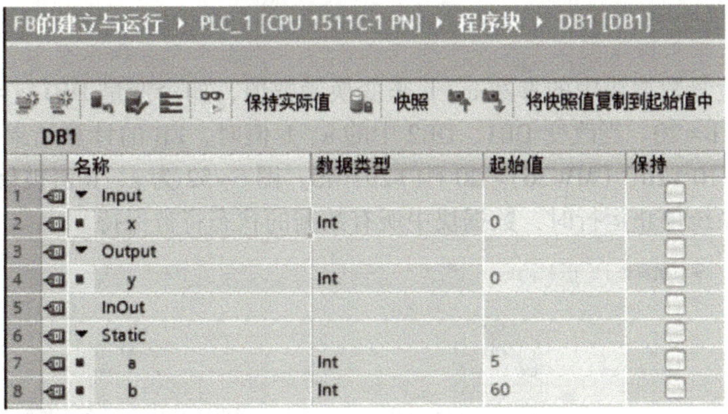

图 5-49 背景数据块 DB1 的数据结构

FB 的背景数据块中除临时变量不出现,其他声明的变量都要在背景数据块的数据结构中声明。对于启动值,用户可以在功能块接口的起始值中输入;如果没有输入,则软件会给出默认值 0;当数据块第一次存盘时,若用户没有明确地声明实际值,则初值将被用于实际值。

5)编写 OB1 程序。在 OB1 主程序中调用功能 FB1,程序编写如图 5-50 所示。程序段 1 用于调用 FB1,每次调用具有不同的背景数据块;程序段 2 用于修改 DB1 所在 FB1 的 a、b 参数;程序段 3 用于修改 DB2 所在 FB1 的 a、b 参数。

6)程序调试运行。当 a、b 值取起始值,且令 MW20 = 1、MW24 = 1 时,(MW22)=(MW26)= 5 * 1+60 = 65。图 5-51 所示为 a=5,b=60 时,OB1 中 FB1 模块的运行情况。

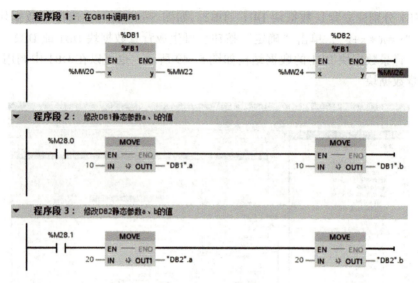

图 5-50 OB1 程序

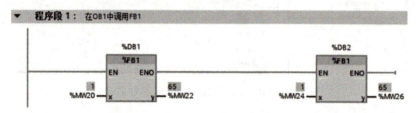

图 5-51 a=5, b=60 时, OB1 中 FB1 模块的运行情况

可通过修改背景数据块中的参数 a、b 来变换函数值,如令变量 DB1.a = 10, DB1.b = 10, DB2.a = 20, DB2.b = 20。当改变 DB1、DB2 中的 a、b 值时, FB 的计算结果会随之发生变化, (MW22) = 10 * 1+10 = 20、(MW26) = 20 * 1+20 = 40。图 5-52 为 a、b 值被修改后 FB1 模块的运行状态值。当系统停止运行时,数据块中所有数据的状态将被保持。

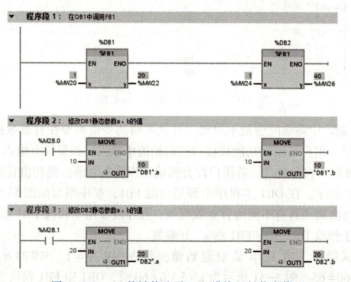

图 5-52 a、b 值被修改后 FB1 模块运行状态值

可见，多次调用同一模块 FB 时，虽然有不同的背景数据块存储相应数据，但 FB 模块应用互不影响，函数块可重复使用，而静态数据区 Static 用于永久性地存储当前程序循环外的中间结果。

5.5.3 具有多重背景数据块的 FB

从 FB 的单个背景数据块应用来看，每调用一次 FB 需要使用一个背景数据块，调用多次会占用多个数据块，这样的处理会浪费程序块的数量和资源，可以选择采用多重背景数据块来编程，即当 FB 调用一个函数块时，不需要为被调用的块创建单独的背景数据块。被调用的函数块也可将实例数据保存在调用函数块的背景数据块中，这种块调用又称为多重实例。

多重实例在调用函数块时定义。调用函数块时，可在显示的对话框中指定将该函数块作为单实例、多重实例或参数实例进行调用。

示例：创建一个 FB，采用多重背景数据块的方法控制多台电动机的运行。

5.5.3-1 具有多重背景数据块的 FB 应用——FB1 的建立

1) 建立 FB1 模块，设置模块接口参数及编写模块程序，完成后如图 5-53 所示。

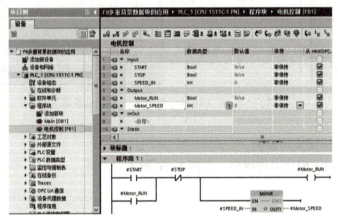

图 5-53　FB1 模块的建立

2) 如图 5-54 所示，继续创建 FB，如 FB100；打开 FB100 模块的程序编辑界面，为 FB100 程序块定义静态（Static）参数，在"数据类型"中，选择"电机控制"，静态参数名称可以自己定义，有几台电动机控制调用就设置几个基于 FB1 的静态参数。

5.5.3-2 具有多重背景数据块的 FB 应用——FB100 的建立

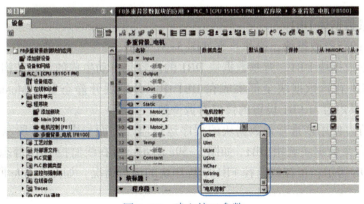

图 5-54　建立接口参数

3）编写 FB100 程序。

① 调用 FB1 模块，选用多重背景数据块。

在 FB100 中调用 FB1 模块，调用步骤如图 5-55 所示。调用 FB1 时，会弹出"调用选项"界面，选择"多重实例"，出现"接口参数中的名称：电机控制_Instance"，单击"接口参数中的名称：电机控制_Instance"下拉列表框，出现在 FB100 接口参数中定义的静态（Static）参数，分别选择要调用的静态参数名称。

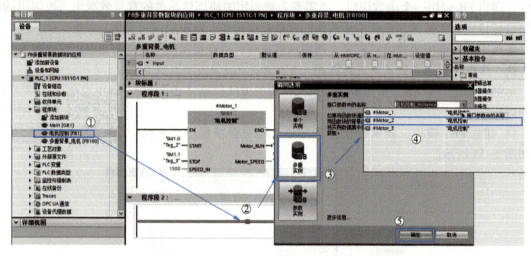

图 5-55　在 FB100 中调用 FB1 模块的步骤

② 给每个 FB1 应用实例赋值。

分别给调用的 FB1 模块引脚赋值，如图 5-56 所示。

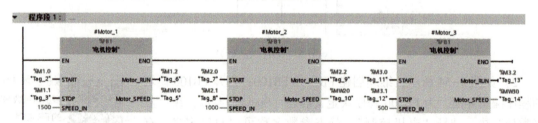

图 5-56　给调用的 FB1 模块引脚赋值

4）建立背景数据块 DB1。

添加 FB100 的背景数据块，操作步骤如图 5-57 所示。

5）查看背景数据块 DB1。背景数据块 DB1 的内容是自动生成的，其结构如图 5-58 所示，调用了三次的 FB1 背景数据块全部集成在 DB1 中。分别展开静态参数 Motor_1、Motor_2 和 Motor_3，可知，其内容与 FB1 设置的接口参数一致。

6）程序运行。使用多重背景数据块的程序运行监控界面如图 5-59 所示。在主程序 OB1 中调用 FB100，背景数据块选用 DB1，如图 5-59a 所示；可在线监控 DB1 静态参数数据的变化情况，如图 5-59b 所示；可在线监控 FB100 程序块的运行情况，如图 5-59c 所示。

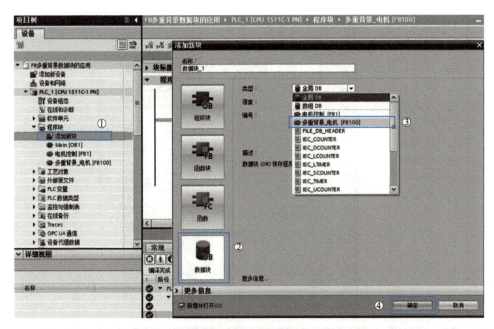

图 5-57　添加 FB100 的背景数据块的操作步骤

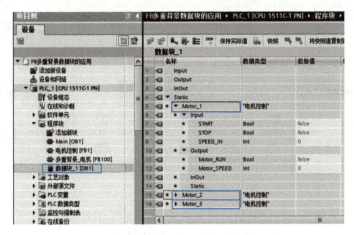

图 5-58　背景数据块 DB1 的结构

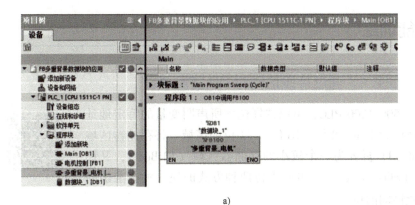

a)

图 5-59　使用多重背景数据块的程序运行监控界面
a) 主程序调用 FB100

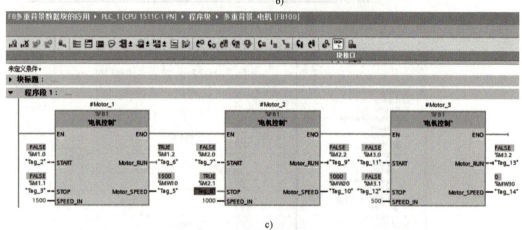

b)

c)

图 5-59 使用多重背景数据块的程序运行监控界面（续）
b) DB1 数据监控 c) FB100 模块运行监控

5.6 技能训练

5.6.1 任务 1：通过片段访问对 DB 变量寻址

对于 S7-1500/1200 PLC，可以选择包含所声明变量的特定地址区域，访问宽度为 1 位、8 位、16 位或 32 位的区域。将存储器区域（如 Byte 或 Word）拆分为一个较小的存储器区域（如 Bool），又称"片段访问"（Slice Access）。Slice 支持两种方式的块：可标准访问的块、可优化访问的块。

5.6.1 通过片段访问对 DB 变量寻址

采用 Slice 访问变量的语法格式如表 5-6 所示。其中，符号 Tag 为访问的变量地址，Number 为访问 Tag 变量的单位编号，如 X0、B2、W1、D1。

表 5-6 采用 Slice 访问变量的语法格式

变量寻址格式	符号说明	应用举例
<Tag>.X<Bit number>	X：访问宽度为"位（1位）"	A.Speed.%X0
<Tag>.B<Byte number>	B：访问宽度为"字节（8位）"	A.Speed.%B2
<Tag>.W<Word number>	W：访问宽度为"字（16位）"	A.Speed.%W1
<Tag>.D<Dword number>	D：访问宽度为"双字（32位）"	A.Speed.%D1

片段访问对变量区域进行寻址的示例如图 5-60 所示。可在编程软件中输入、编译和运行程序，熟悉 Slice 访问变量的语法格式。

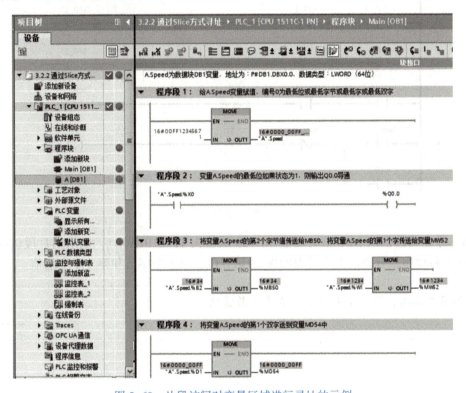

图 5-60 片段访问对变量区域进行寻址的示例

5.6.2 任务 2：采用程序块设计函数

根据以下控制要求，编写相应程序，并完成程序的仿真与调试。
1) 设计函数 FC，计算 $Y=AX^2-BX$ 的值，其中 $A=30$、$B=100$。
2) 设计函数块 FB，计算 $Y=AX^2-BX$ 的值，其中 A、B 参数可调整。

5.7 习题

5.1 用户程序中包含哪些程序块？各有什么作用？
5.2 程序循环组织块和启动组织块有什么区别？
5.3 采用结构化程序编程有什么优点？
5.4 FC 和 FB 有什么区别？

5.5 使用延时中断组织块完成功能如下：当输入按钮 SB1 信号由 OFF 变为 ON 时，延时 5 s 后启动延时中断组织块，驱动输出指示灯 LED_1 点亮。

5.6 采用编程软件设计一个定时器中断，中断周期为 200 ms，编写程序使得中断程序记录执行中断的次数。

5.7 在 FC 中输入如图 5-61 所示的程序，其中 IN 为接口输入参数 Input，OUT 为接口输出参数 Output；启用 CPU 的系统时钟存储器功能，在 OB1 中调用两次 FC，第一次调用 FC 时将时钟存储器的（Clock_1 Hz）位赋值给 FC 的输入参数 IN，且 FC 第一次调用的输出是第二次调用的输入 IN。完成程序编写、仿真与调试，分析和写出该 FC 的功能。

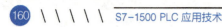

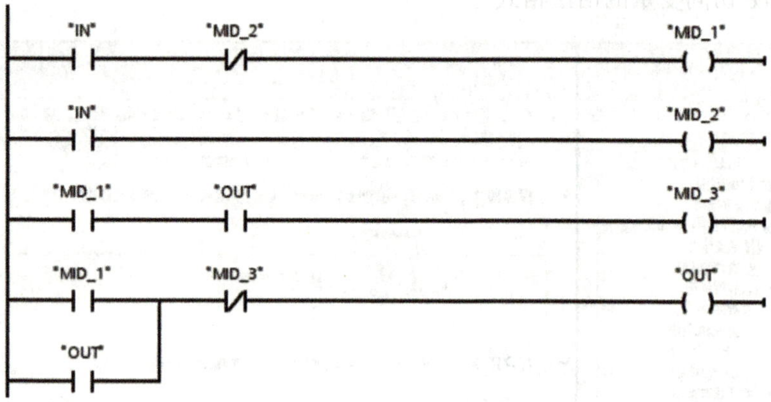

图 5-61　习题 5.7 图

5.8 将全局数据块 DB1 中的变量 MD100 赋值为 16#0101A0A1，试采用片段访问的变量寻址方式编写程序，分别读出变量 MD100 的第 0 位、第 2 个字节和第 1 个字的值。

> 多思不若养志，多言不若守静，多才不若蓄德。
>
> ——曾国藩

第 6 章　PLC 综合项目设计与分析

6.1 PLC 控制系统设计

6.1.1 基本原则

在设计 PLC 控制系统时，应遵循以下基本原则：

1. 最大限度地满足控制要求

充分发挥 PLC 功能，最大限度地满足被控对象的控制要求，是设计中最重要的一条原则。设计人员应该深入现场进行调查研究、熟悉被控系统的工艺流程、收集资料，同时要注意和现场的工程管理人员、技术人员及操作人员紧密配合，共同拟定控制方案，解决设计中的重点问题和疑难问题。

2. 保证系统的安全、可靠

保证 PLC 控制系统能够长期安全、可靠、稳定的运行，也是控制系统设计的重要原则。这就要求设计者在系统设计、元器件选择、软件编程上要全面考虑，保证在满足各项控制要求的基础上，实现系统安全稳定的运行，并确保操作人员与设备的绝对安全。

3. 力求简单、经济，使用与维护方便

在满足控制要求的前提下，一方面要注意不断扩大工程的效益，另一方面也要注意不断降低工程的成本。既要考虑控制系统的先进性，也要从工艺要求、制造成本、便于使用和易于维护等方面综合考虑系统性价比，不宜盲目追求自动化和高性能指标。

4. 适应发展的需要

由于技术的不断发展，控制系统的功能要求也会不断提高，因此在设计时要适当考虑未来系统发展和完善的需求。这就要求在选择 PLC 类型、内存容量、I/O 点数和扩展功能时，要适当留有裕量，以满足今后生产和工艺改进的需求。

6.1.2 步骤和内容

PLC 控制系统是由用户输入设备、PLC 及输出设备连接而成，其设计的一般步骤如图 6-1 所示，设计的内容包括以下几个方面：

1. 分析被控对象并提出控制要求

详细分析被控对象的工艺过程及工作特点，了解被控对象的机械、电气、气动液压装置之间的配合，提出被控对象对 PLC 控制系统的控制要求，确定具体的控制方式和实施方案、总体的技术性指标和经济性指标，拟定设计任务书。对较复杂的控制系统，还可以将控制任务分解成若干个子任务，这样既可化繁为简，又有利于系统的编程和调试。

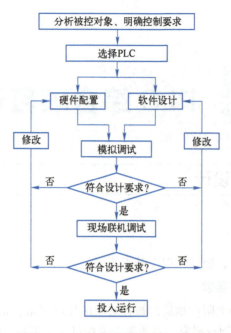

图 6-1 PLC 控制系统设计的一般步骤

2. 确定输入/输出设备

根据被控对象对 PLC 控制系统的功能要求及生产设备现场的需要，确定系统所需的全部输入设备和输出设备的型号、规格和数量等。输入设备如按钮、位置开关、转换开关及各种传感器等，输出设备如继电器/接触器线圈、电磁阀、信号指示灯及其他执行器等。

3. 选择合适的 PLC 类型

根据已确定的用户输入/输出设备，统计所需的输入信号和输出信号的点数，并考虑留有一定的裕量，选择合适的 PLC 类型。PLC 的选择包括对 PLC 的机型、容量、信号模块、电源模块及其他扩展功能（如通信、高速计数、定位等）的选择。

4. 分配 I/O 点并设计 PLC 外围硬件线路

1）分配 PLC 的 I/O 点。列出输入/输出设备与 PLC 系统的 I/O 端子之间的对照表，绘制 PLC 的输入/输出端子与用户输入/输出设备的外部接线图。

2）设计 PLC 外围硬件线路。设计并画出系统其他部分的电气线路图，包括主电路和未直接与 PLC 相连的控制电路等。

3）根据 PLC 的 I/O 外部接线图和 PLC 外围电气线路图，组成系统的电气原理图，确定系统硬件电气线路的实施方案。

5. 程序设计

可根据项目情况，采用经验法、功能图、逻辑流程图等设计方法编写程序。程序设计包括控制程序、初始化程序、检测及故障诊断和显示程序的设计及保护、连锁等程序的设计。这是整个应用系统设计的核心部分，要设计好程序，不但要非常熟悉控制要求，还要有一定的电气设计的实践经验。

6. 硬件实施

硬件实施方面主要是进行控制柜（台）等硬件的设计及现场施工，主要内容有：

1) 设计控制柜和操作台等部分的电气布置图及安装接线图。
2) 设计系统各部分之间的电气互连图。
3) 根据施工图纸进行现场接线，并进行详细检查。

由于程序设计与硬件实施可同时进行，因此 PLC 控制系统的设计周期可大大缩短。

7. 联机调试

联机调试是将已通过模拟调试的程序进行进一步的现场调试，只有进行现场调试才能最后调整控制电路和控制程序，以适应控制系统的要求。

联机调试过程应循序渐进，从 PLC 只连接输入设备开始再连接输出设备，最后连接实际负载，按顺序逐步进行调试。如不符合要求，则应对硬件和程序进行相应调整。全部调试完毕后，即可交付试运行。经过一段时间的运行，如果工作正常，则控制电路和控制程序可基本被确定。

8. 整理和编写技术文件

技术文件包括设计说明书、电气原理图、安装接线图、电气元件明细表、PLC 程序、使用说明书以及帮助文件等。其中，PLC 程序是控制系统的软件部分，向用户提供程序有利于用户生产发展的需要及工艺改进时修改程序，方便用户在维护、维修时分析和排除故障。

6.2 实训 1：液体混合搅拌器控制系统的设计与实现

6.2.1 任务 1：PLC 选型及外部接线

1. 控制要求

液体混合搅拌器如图 6-2 所示。上液位、下液位和中液位开关被液体淹没时状态为 ON，阀 A、阀 B 和阀 C 为电磁阀，线圈通电时阀门打开，线圈断电时阀门关闭。

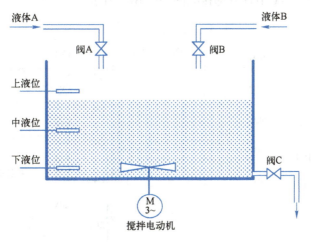

图 6-2　液体混合搅拌器

开始时容器是空的，各阀门均关闭，各限位开关状态均为 OFF。按下起动按钮后，阀 A 开启，液体 A 流入容器，中液位开关状态变为 ON 时，阀 A 关闭；阀 B 开启，液体 B 流入容器，当液面到达上液位开关时，阀 B 关闭；这时搅拌电动机 M 开始运行，带动搅拌器搅动液体，60 s 后混合均匀，电动机停止；阀 C 打开，放出混合液，当液面下降至下液位开关之后延时 5 s，容器放空，阀 C 关闭；如此循环运行。当按下停止按钮，在当前工作周期结束后，系统停止工作。

2. 分配 I/O 地址

根据控制要求，控制系统的输入有上、中、下液位传感器 3 个输入点，搅拌器起动按钮及停止按钮共 5 个输入点；输出有阀 A、阀 B 和阀 C 的 3 个电磁阀线圈及驱动搅拌电动机的交流接触器线圈共 4 个负载。

本例采用西门子公司的 S7-1500 系列 CPU 1511C-1 PN（订货号为 6ES7 511-1CK01-0AB0，固件版本为 V2.1）；I/O 地址可采用系统自动分配方式，也可自行在 PLC 的"常规"属性中修改"I/O 地址"。本例采用模块自动分配的 I/O 地址（即 DI 为 10~11，DQ 为 4~5），则模块上的输入端子对应的输入地址为 I10.0~I11.7，输出端子对应的输出地址为 Q4.0~Q5.7，可以满足系统控制要求且具有一定的裕量。PLC 的 I/O 地址分配如表 6-1 所示。

表 6-1 PLC 的 I/O 地址分配

PLC 的 I/O 地址	连接的外部设备	在控制系统中的作用
I10.0	SQ1	上液位测量
I10.1	SQ2	中液位测量
I10.2	SQ3	下液位测量
I10.3	SB1	系统起动命令
I10.4	SB2	系统停止命令
Q4.0	YV1	控制阀 A
Q4.1	YV2	控制阀 B
Q4.2	YV3	控制阀 C
Q4.3	KM	控制搅拌电动机 M

3. PLC 外部接线

液体混合搅拌器的 PLC I/O 外部接线图如图 6-3 所示。

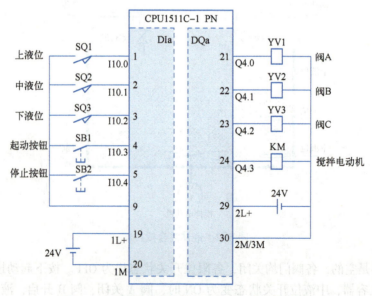

图 6-3 液体混合搅拌器的 PLC I/O 外部接线图

6.2.2 任务 2：控制功能的实现

在设计程序时应注意，当按下停止按钮 SB2 时，系统需要把一个周期的动作都完成后才能停止在初始状态，如何让系统记住曾经按下停止按钮这个信号呢？我们采用的方法是增加一个中间继电器 M10.0（系统运行状态），由它来记忆停止按钮按下和没有按下这两种状态。

液体混合搅拌器控制系统梯形图如图 6-4 所示，其中 T0 定时器的背景数据块为 DB1，T1

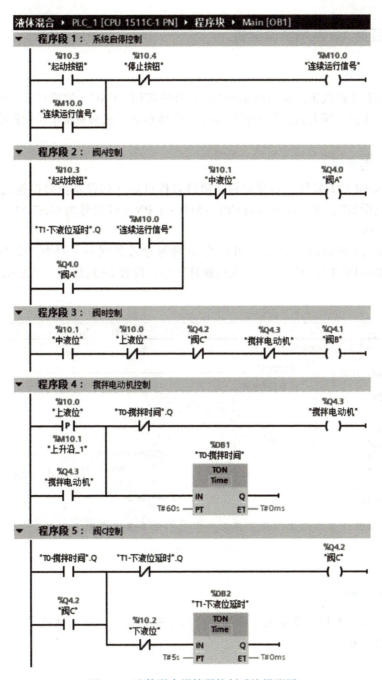

图 6-4　液体混合搅拌器控制系统梯形图

定时器的背景数据块为 DB2。系统运行后，在没有按下停止按钮时，M10.0 保持为 ON，且与"T1".Q（液面下降至下液位开关之后延时 5 s 的定时器常开触点）信号串联，保证系统周期运行；当按下停止按钮后，M10.0 复位，本周期执行结束后，停止运行。

6.3 实训 2：多台设备报警控制系统的设计与实现

6.3.1 任务 1：系统资源配置

1. 系统控制要求

某生产单元有 4 台机床，每台机床均有缺料呼叫按钮、CNC（数控机床）求援呼叫按钮和报警复位按钮操作台，所有报警信号提供给车间广播系统。试编写系统控制程序以满足不同呼叫信息的播放。

2. 项目建立与组网

打开 TIA Portal V16 软件，新建项目，项目名称自定（如设备报警控制）；在"项目树"下单击"添加新设备"，选择控制器为 CPU 1511C-1 PN（订货号为 6ES7 511-1CK01-0AB0，固件版本为 V2.1）。

因现场设备已全部联网，需要将 PLC 的 IP 地址设置到同一子网中，在 PLC "属性"→"常规"→"PROFINET 接口"→"以太网地址"中，设置 IP 地址为"192.168.0.11"，界面如图 6-5 所示。

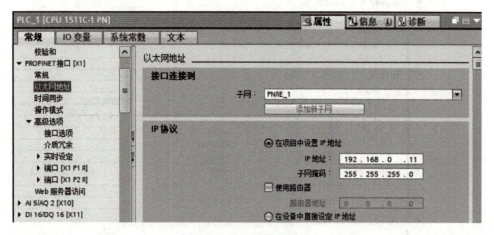

图 6-5 IP 地址设置界面

3. I/O 地址分配

根据控制要求，在 PLC 变量表中添加 4 台机床控制变量，变量地址采用系统默认数字量输入地址，如图 6-6 所示。

PLC 变量

名称	变量表	数据类型	地址
1#机床缺料按钮	默认变量表	Bool	%I10.0
1#机床求援按钮	默认变量表	Bool	%I10.1
2#机床缺料按钮	默认变量表	Bool	%I10.2
2#机床求援按钮	默认变量表	Bool	%I10.3
3#机床缺料按钮	默认变量表	Bool	%I10.4
3#机床求援按钮	默认变量表	Bool	%I10.5
4#机床缺料按钮	默认变量表	Bool	%I10.6
4#机床求援按钮	默认变量表	Bool	%I10.7
复位按钮	默认变量表	Bool	%I11.0

图 6-6　PLC I/O 地址分配

6.3.2　任务 2：程序设计

1. 报警功能块 FB1 程序

由于 4 台机床报警内容相同，因此建立 FB1 程序，并编写报警逻辑关系，每台机床控制程序调用 FB1 模块，再配上不同的背景数据块（DB1～DB4）。

在“程序块”中单击“添加新块”，在弹出的对话框中选择“函数块”，修改名称为“报警功能块”，语言选择 LAD 梯形图，单击“确定”按钮，即可完成报警功能块的建立。

在报警功能块 FB1 中，打开块接口表格，添加块变量，如图 6-7 所示。根据控制要求，编写 FB1 程序如图 6-8 所示；程序段 1、2 用于产生广播报警信号的触发信号，程序段 3、4 用于产生广播 CNC 故障信号的触发信号。

报警功能块

	名称	数据类型	默认值	保持	注释
1	▼ Input				
2	■ Starving	Bool	false	非保持	缺料呼叫
3	■ Reset	Bool	false	非保持	复位信号
4	■ CNC_Help	Bool	false	非保持	CNC求援
5	▼ Output				
6	■ Ring	Bool	false	非保持	缺料报警信息
7	■ Falut	Bool	false	非保持	CNC故障信息
8	▶ InOut				
9	▼ Static				
10	■ RTRIG_1	Bool	false	非保持	缺料呼叫按钮上升沿
11	■ RTRIG_2	Bool	false	非保持	CNC求援按钮上升沿
12	■ FTRIG_1	Bool	false	非保持	缺料呼叫按钮下降沿
13	■ FTRIG_2	Bool	false	非保持	CNC求援按钮下降沿
14	▶ Temp				

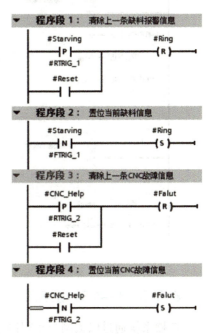

图 6-7　FB1 接口变量设置

图 6-8　FB1 程序

2. Main[OB1]程序的编写

在 Main[OB1]中，分别调用报警功能块 FB1。将报警功能块 FB1 拖拽到 Main 程序中，在弹出的调用选项中确定各机床对应的背景数据块。程序结构如图 6-9 所示。其中，FB1 为报警功能块，DB1~DB4 为 FB1 的背景数据块。

新建 1 个数据块 DB5，用于为广播系统提供报警内容。在数据块 DB5 中新建变量，变量内容如图 6-10 所示。

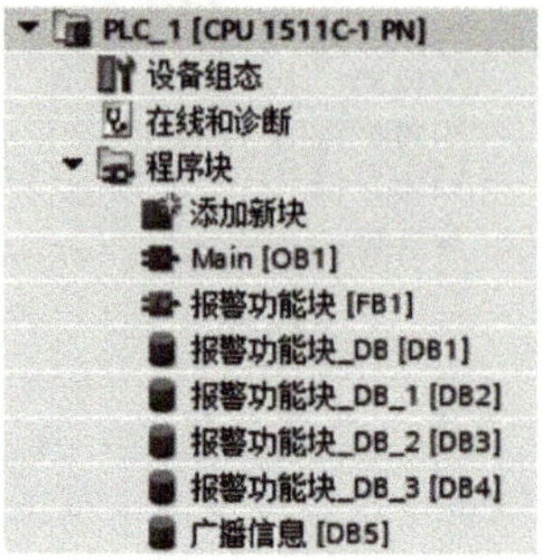

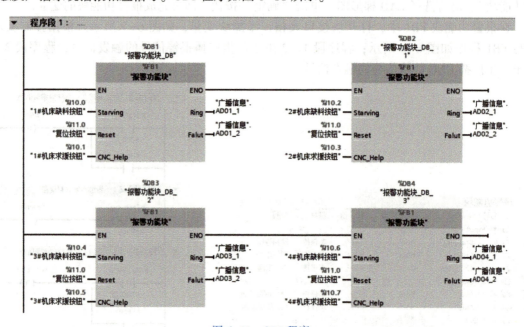

图 6-9 程序结构　　　　　　　　　图 6-10 广播报警内容

将机床呼叫、求助和报警复位按钮信号作为报警功能块 FB1 的输入信号，将发给广播系统的报警变量 DB5 作为报警功能块 FB1 的输出变量，当广播系统获得从 0 到 1 的跳变信号，则触发广播系统播报相应信号。OB1 程序如图 6-11 所示。

图 6-11 OB1 程序

6.3.3　任务 3：系统联调

广播系统通过以太网与车间网络连接，并通过 OPC 服务器获得数据块 DB5 的信息，同时触发相应的语音播放系统。例如，3#机床报警系统在线监控数据如图 6-12 所示，当按下机床缺料按钮，则清除 ADO3_1 上次的呼叫内容；松开机床缺料按钮，则置位 ADO3_1 变量，产生的上升沿可触发广播系统播报 3#机床缺料信息。

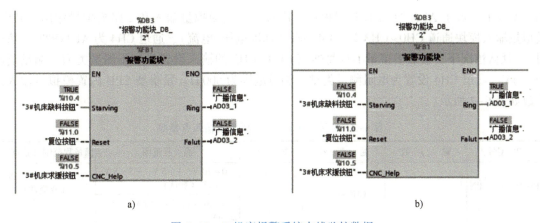

图 6-12　3#机床报警系统在线监控数据
a）按下 3#机床缺料按钮　b）松开 3#机床缺料按钮

6.4　实训 3：模拟量在控制系统中的应用

6.4.1　任务 1：模拟量的认识

模拟量的概念与数字量相对应。数字量是用多位二进制的 0、1 来表示一个数的大小，它在时间和数值上都是断续变化的离散信号。

模拟量是指在时间和数量上都连续的物理量，通过传感器和变送器转换为相应的电压或电流信号，其表示的信号称为模拟信号。模拟量在连续的变化过程中，其任何一个取值都是一个具体且有意义的物理量，如电压、电流、温度、压力、流量、液位等。在工业控制系统中，会经常遇到模拟量，并需要按照一定的控制要求实现对模拟量的控制。

PLC 应用于模拟量控制时，首先要求 PLC 必须具有 A/D（模/数）和 D/A（数/模）转换功能，能对现场的模拟量信号与 PLC 内部的数字量信号进行转换；其次，PLC 必须具有数据处理能力，特别是应具有较强的算术运算功能，能根据控制算法对数据进行处理，以实现控制目的。

S7-1500 PLC 可通过 PLC 本体（紧凑型 PLC）集成的模拟量通道或通过添加模拟量模块（SM）的方式实现模拟量控制。

6.4.2　任务 2：基于模拟量输入（A/D）的状态检测系统设计

1. 模拟量输入

PLC 的模拟量输入是将标准的模拟量信号转换为数字量，以便 CPU 计算并处理数据；模拟量一般需用传感器、变送器等元件，把工业现场的模拟量转换成标准的电信号。S7-1500 PLC 模拟量输入模块可以连接电压、电流、电阻和热电偶等测量参数。

S7-1500 PLC 可以通过本体集成的模拟量输入点（紧凑型 CPU）或模拟量输入模块将外部模拟量标准信号传送至 PLC。

在 S7-1500 PLC 中，有两款紧凑型 CPU，型号为 CPU 1511C-1 PN 和 CPU 1512C-1 PN，

均在本体上集成了 AI 5/AQ 2 模拟量模块，内置了 5 路模拟量输入和 2 路模拟量输出。其中，模拟量输入模块通道 CH0~CH3 为 AI 4xU/I（标准电压/电流）、通道 CH4 为 AI 1xRTD（热电阻）；默认情况下，板载模拟量 I/O 将通道 CH0~CH3 的输入设置为电压测量类型，测量范围为±10 V；通道 CH4 设置为电阻测量类型且测量范围为 600 Ω。紧凑型 CPU 内置模拟量输入点参数如表 6-2 所示。

表 6-2 紧凑型 CPU 内置模拟量输入点参数

CPU 型号	输入点数	通道号	类型	满量程范围	满量程范围（数据字）
CPU 1511C-1 PN	5	CH0~CH3	电压	0~10 V、1~5 V、-5~5 V、+/-10 V（默认）	-27 648~27 648（双极性）
			电流	0~20 mA、4~20 mA、-20~20 mA	
CPU 1512C-1 PN		CH4	电阻	150 Ω、300 Ω、600 Ω Pt 100、Ni 100	0~27 648（单极性）

模拟量输入模块安装在 CPU 右侧的相应插槽中，可提供多路模拟量输入通道；S7-1500 PLC 的模拟量输入模块型号以 SM531 开头，可以选择 4 路/8 路模拟量输入模块或模拟量输入输出混合模块。模拟量输入模块具体参数如表 6-3 所示。

表 6-3 模拟量输入模块参数

型号	AI 4xU/I/RTD/TC	AI 8xU/I/R/RTD	AI 8xU/I	AI 4xU/I/RTD/TC/AQ 2xU/I
订货号	6ES7 531-7QD00-0AB0	6ES7 531-7QF00-0AB0	6ES7 531-7NF00-0AB0	6ES7 534-7QE00-0AB0
输入点数	4	8	8	4
类型	电压 U、电流 I、电阻 R、热电阻 RTD、热电偶 TC			
范围	电压：0~10 V、1~5 V、+/-5 V、+/-10 V（默认） 电流：0~20 mA、4~20 mA、±20 mA 电阻：150 Ω、300 Ω、600 Ω、6 kΩ 热敏电阻：Pt x00、Ni x00（标准型、气候型） 热电偶：B、N、E、I、S、J、D、K 型			
满量程范围（数据字）	双极性：-27 648~27 648 单极性：0~27 648			

西门子 PLC 模拟量转换的二进制数值：单极性输入信号时（如 0~10 V 或 4~20 mA），对应的正常数值范围为 0~27 648（16#0000~16#6C00）；双极性输入信号时（如-10~10 V），对应的正常数值范围为-27 648~27 648。在正常量程区外，模拟量输入模块还设置了过冲区和溢出区，当检测值溢出时，可启动诊断中断。表 6-4 给出了模拟量输入的电压测量范围（CPU）。

表 6-4 模拟量输入的电压测量范围（CPU）

系统		电压测量范围	
十进制	十六进制	0~10 V	状态
32 767	7FFF	11.852 V	上溢
32 512	7F00	>11.759V	

(续)

系统		电压测量范围	
十进制	十六进制	0~10 V	状态
32 511	7EFF	(10~11.759) V	过冲范围
27 649	6C01		
27 648	6C00	10 V	额定范围
20 736	5100	7.5 V	
34	22	12 mV	
0	0	0 V	

2. 示例

（1）控制要求

采用 S7-1500 CPU 1511C-1 PN 内置的模拟量输入通道，对外部 0~10 V 模拟量输入值进行监测，并实现以下功能：

通过滑动变阻器 R，模拟外部模拟量输入值，并通过 5 盏指示灯组合显示输入值的电平范围：当模拟量输入值 ≥1 V 时，HL1（Q4.1）点亮；≥3 V 时，HL1、HL2（Q4.1、Q4.2）点亮；≥5 V 时，HL1~HL3（Q4.1、Q4.2、Q4.3）点亮；≥7 V 时，HL1~HL4（Q4.1、Q4.2、Q4.3、Q4.4）点亮；≥9 V 时，5 盏灯（Q4.1、Q4.2、Q4.3、Q4.4、Q4.5）全部点亮。

（2）PLC 外部接线图

根据控制要求，PLC 外部接线图如图 6-13 所示。

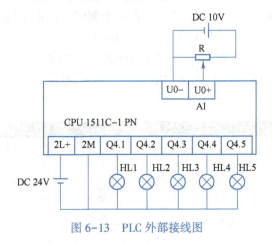

图 6-13　PLC 外部接线图

（3）程序的实现

① 新建项目及硬件组态。打开 TIA Portal 软件，新建一个项目，并添加控制器 CPU 1511C-1 PN，如图 6-14 所示。

打开 PLC_1 的"设备视图"，并单击下方的"设备数据"箭头，展开"设备概览"页面，可以看到自动分配的模拟量输入通道地址和数字量输出的地址，如图 6-15 所示。模拟量输入通道地址为 IB0~IB9，即 5 路模拟量输入地址分别为 IW0（通道 0）、IW2（通道 1）、IW4（通道 2）、IW6（通道 3）和 IW8（通道 4）。本例采用通道 0（即 IW0）连接外部模拟量电压，其输入值为 0~10 V，对应数字量为 0~27 648。数字量输出地址为 QB4~QB5，本例使用地址 Q4.1~Q4.5。

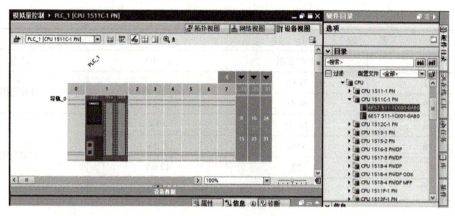

图 6-14 硬件组态

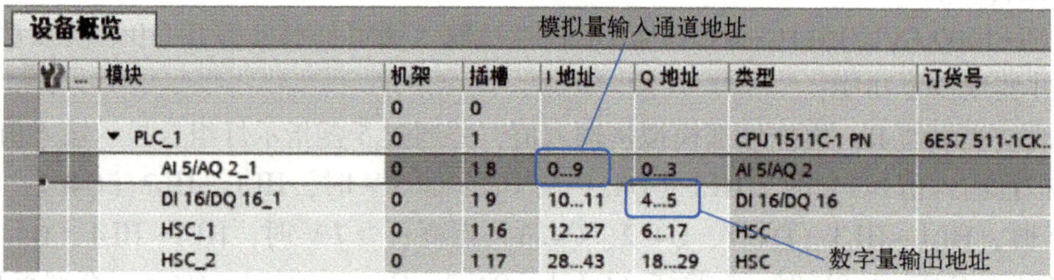

图 6-15 模拟量输入通道地址分配

② 配置模拟量输入通道参数。通常模拟量输入通道可以连接多种类型的传感器,但需要在模块上通过不同的接线方式和参数设置来实现;本例中,模拟量输入值为 0~10 V 的电压信号,连接到通道 0,故需要在硬件配置中进行相应的组态。

打开 PLC 属性,选择"常规"→"AI 5/AQ 2"→"输入"→"通道 0",在"参数设置"中选择"手动","测量类型"选择"电压","测量范围"选择"0..10 V",设置界面如图 6-16 所示。

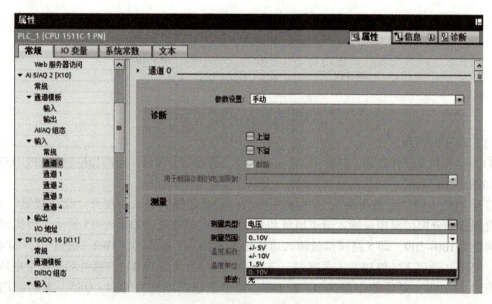

图 6-16 模拟量输入参数设置界面

③ 编写程序并调试运行。在"项目树"下，打开程序块 Main（OB1），直接在 Main（OB1）块中编写程序。完成后，将程序下载到 PLC 中，进行在线调试。PLC 的模拟量输入程序运行数据如图 6-17 所示。

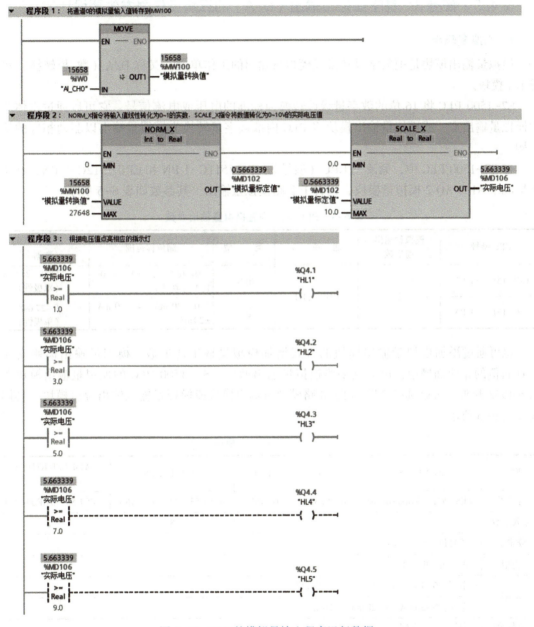

图 6-17　PLC 的模拟量输入程序运行数据

程序中，NORM_X 是标准化指令（具体用法见"4.4.3 数据转换指令"），通过将输入（%MW100）的值映射到线性标尺（0~27 648）并对其进行标准化处理；SCALE_X 是缩放指令（具体用法见"4.4.3 数据转换指令"），通过将输入（%MD102）的值映射到指定的（0~10 V）范围来对其进行电压转换与显示。

在线调试时，手动调节电位器的电阻，使输入电压值由 0 逐渐增加到 10 V，可以看到 5 盏指示灯会依次点亮。从在线监控数据可知，当前模拟量输入电压为 5.66 V，该值大于 5 V 但小于 7 V，根据设计要求，Q4.1、Q4.2、Q4.3 灯点亮，Q4.4、Q4.5 未点亮（在程序段 3 中，线圈的输出状态是得电为绿色实线，不得电为蓝色虚线）。

6.4.3 任务 3：基于模拟量输出（D/A）的三角波信号发生器设计

1. 模拟量输出

模拟量输出模块是把数字量转换成模拟量输出的工作单元，又称 D/A（数/模转换）单元或 DA 模块。

S7-1500 PLC 将 16 位的数字量线性转换为标准的电压或电流信号，它可以通过本体集成的模拟量输出点，或模拟量输出模块将 PLC 内部数字量转换为模拟量输出以驱动相应的执行机构。

在 S7-1500 PLC 中，紧凑型 CPU（型号为 CPU 1511C-1 PN 和 CPU 1512C-1 PN）在本体上集成了 AI 5/AQ 2 模拟量模块，包含了 2 路模拟量输出，其参数如表 6-5 所示。

表 6-5　PLC 本体内置模拟量输出参数

CPU 型号	模拟量输出通道数	通道号	类型	满量程范围	满量程范围（数据字）
CPU 1511C-1 PN	2	CH0~CH1	电压	0~10 V、1~5 V、-10~10 V（默认）	-27 648~27 648（双极性）
CPU 1512C-1 PN			电流	0~20 mA、4~20 mA、±20 mA	0~27 648（单极性）

也可通过添加模拟量输出模块的方式增加模拟量输出通道数。模拟量输出模块安装在 CPU 右侧的相应插槽中，可提供多路模拟量输出通道。S7-1500 PLC 的模拟量输出模块型号以 SM532 开头，可以选择 2 路/4 路/8 路模拟量输出模块或模拟量输入输出混合模块。具体参数如表 6-6 所示。

表 6-6　模拟量输出模块参数

型号	AQ 2xU/I ST	AQ 4xU/I ST（HF）	AQ 8xU/I HS	AI 4xU/I/RTD/TC/AQ 2xU/I
订货号	6ES7 532-5NB00-0AB0	6ES7 532-5HD00-0AB0	6ES7 532-5HF00-0AB0	6ES7 534-7QE00-0AB0
输入点数	2	4	8	2
分辨率	符号位+15 位（16 位）			
类型	电压 U、电流 I			
范围	电压：0~10 V、1~5 V、-10~10 V（默认） 电流：0~20 mA、4~20 mA、±20 mA			
满量程范围（数据字）	双极性：-27 648~27 648 单极性：0~27 648			

2. 示例

（1）控制要求

采用 S7-1500 PLC（型号为 CPU 1511C-1 PN）内置模拟量输出功能，通过模拟量输出端子输出周期为 10 s、幅值为 10 V 的三角波。三角波波形图如图 6-18 所示。

(2) PLC 外部接线图

根据控制要求,需要输出电压信号,可采用一块电压表进行监控,输出时可以看到表针在 0~10V 量程间左右匀速摆动。PLC 外部接线图如图 6-19 所示。

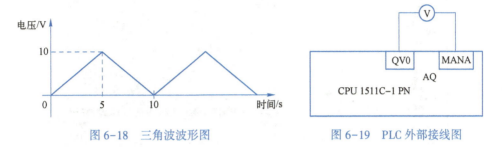

图 6-18　三角波波形图　　　　　　　图 6-19　PLC 外部接线图

(3) 程序的实现

① 新建项目及硬件组态。打开 TIA Portal 软件,新建一个项目,并添加控制器 CPU 1511C-1 PN。完成后,打开 PLC_1 的"设备视图",并单击下方的"设备视图"箭头,展开"设备概览"页面,如图 6-20 所示。可以看到自动分配的模拟量输出通道的地址,两路模拟量输出通道的地址分别为 QW0(通道 0)和 QW2(通道 1)。数字量 0~27 648 线性对应模拟量电压 0~10 V 的输出。

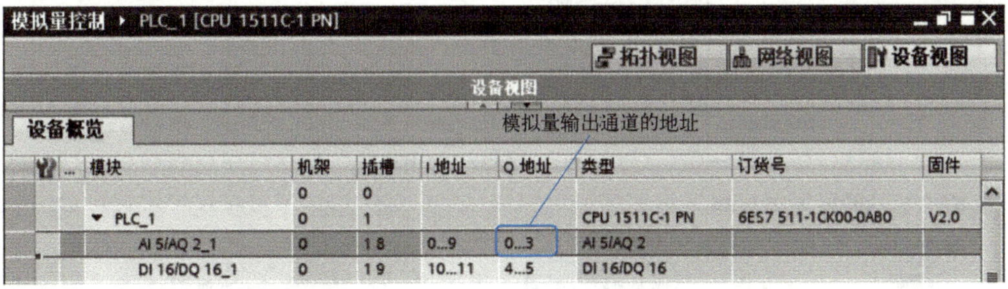

图 6-20　模拟量输出通道地址分配

② 配置模拟量输出通道参数。模拟量输出通道可通过参数设置来输出标准的电压或电流信号。本例中,模拟量输出要求通过通道 0,输出 0~10 V 的电压信号,其在硬件配置中组态如下。

打开 PLC 属性,选择"常规"→"AI 5/AQ 2"→"输出"→"通道 0",在"参数设置"中选择"手动","输出类型"选择"电压","输出范围"选择"0..10"。设置界面如图 6-21 所示。

③ 编写 OB1 程序。0~10V 的电压输出,对应的数值范围为 0~27 648,则输出电压值 V_i 和数字量 D_i 的对应关系为:$V_i = (D_i / 27\,648) \times 10 (V)$。

如图 6-22 所示,程序由三个程序段组成。

程序段 4 通过定时器,生成一个 10 s 的周期脉冲信号,通过时间当前值可运算产生三角波信号;为便于后续运算,采用时间转换指令 T_CONV,将时间当前值转换为整型(Int)数值,转换后对应的时间单位为毫秒(ms)。定时器当前值为 0~5 s 时,输出电压信号从 0 V 匀速上升到 10 V,对应 PLC 内部数值 D_i 为 0~27 648,计算公式 $D_i = T_i(ms) / 5000(ms) \times 27\,648$。

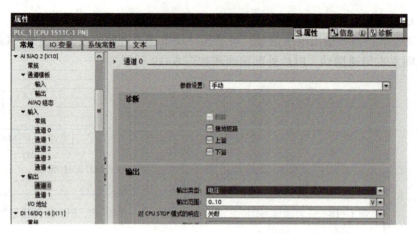

图 6-21　模拟量输出参数设置界面

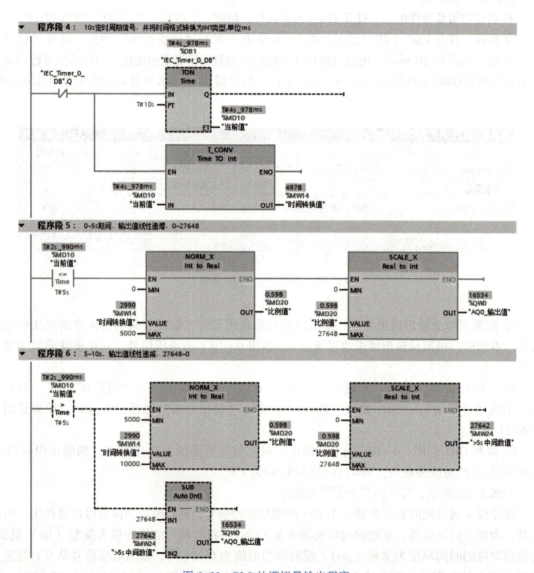

图 6-22　PLC 的模拟量输出程序

程序段 5 用于实现 0~5 s 期间，模拟量输出值的运算。首先采用标准化指令 NORM_X，将当前时间值线性转化为与 0~5000 ms 对应的比例值；其次使用缩放指令 SCALE_X，线性转换到 0~27 648 的 INT 数值，并输出到 QW0（模拟量输出通道 0）。

程序段 6 用于实现 5~10 s 期间，模拟量输出值的运算。定时器当前值为 5~10 s 时，输出电压信号从 10 V 匀速下降到 0 V，对应 PLC 内部数值 Di 为 27 648~0，计算公式 Di= 27 648 -(Ti-5000)/5000×27 648。同样采用标准化指令 NORM_X，将当前时间值线性转化为与 5000~10 000 ms 对应的比例值，使用缩放指令 SCALE_X，线性转换到 0~27 648 的 Int 数值，再使用减法指令 SUB，通过［27 648-(中间数值)］得到输出值 QW0（模拟量输出通道 0）。

程序编写过程中，需要注意变量数据类型的转换和匹配。程序编写完成后，将程序下载到 PLC 中。

④ 在线监控。建立变量表并进行变量在线监控，图 6-23a 为程序运行在输出时间 0~5 s 的一组变量值，图 6-23b 为程序运行在输出时间 5~10 s 的一组变量值。读者可根据梯形图自行分析和计算变量结果。

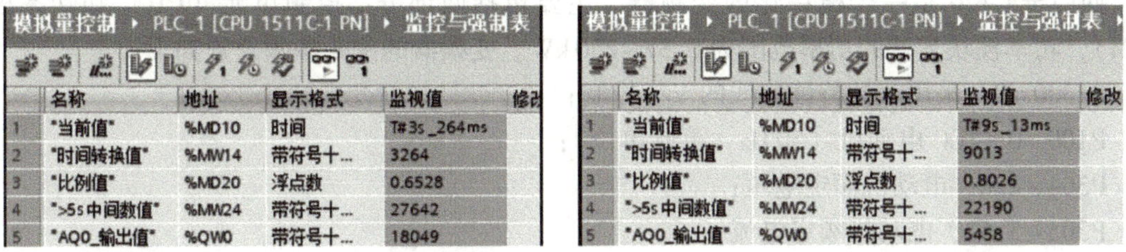

模拟量控制 ▸ PLC_1 [CPU 1511C-1 PN] ▸ 监控与强制表

	名称	地址	显示格式	监视值	修改
1	"当前值"	%MD10	时间	T#3s_264ms	
2	"时间转换值"	%MW14	带符号十...	3264	
3	"比例值"	%MD20	浮点数	0.6528	
4	">5s中间数值"	%MW24	带符号十...	27642	
5	"AQ0_输出值"	%QW0	带符号十...	18049	

a)

模拟量控制 ▸ PLC_1 [CPU 1511C-1 PN] ▸ 监控与强制表

	名称	地址	显示格式	监视值	修改
1	"当前值"	%MD10	时间	T#9s_13ms	
2	"时间转换值"	%MW14	带符号十...	9013	
3	"比例值"	%MD20	浮点数	0.8026	
4	">5s中间数值"	%MW24	带符号十...	22190	
5	"AQ0_输出值"	%QW0	带符号十...	5458	

b)

图 6-23　模拟量输出变量在线监控

a）输出时间 0~5 s　b）输出时间 5~10 s

6.5　实训 4：基于 PID 的变频调速系统的设计与实现

6.5.1　任务 1：变频调速系统外部接线

1. 任务背景及控制要求

变频调速以其优异的调速和起制动性能，高效率、高功率因数和节电效果，广泛应用于异步电动机调速系统和风机泵类负载的节能改造项目中。在一些企业生产中，往往还需要有稳定的转速，以此来保证产品质量、提高生产效率、满足工艺要求，为了达到负载所需的稳定转速，需要对电动机转速进行恒速控制，PID 控制可实现在各种扰动作用下，使电动机转速能够迅速而准确地接近于给定值。

本项目采用编码器检测电动机实时转速，并通过 PLC 的 PID 调节功能实现变频器的闭环恒速运行。

2. 硬件系统介绍

系统的硬件主要有：西门子 CPU 1511C-1 PN、G120 变频器、三相异步电动机、施耐德增量型线驱动编码器及脉冲信号变送器，PLC 与变频器之间通过自身的以太网口及通信线连接，实现信息的互联互通。系统的硬件结构如图 6-24 所示。

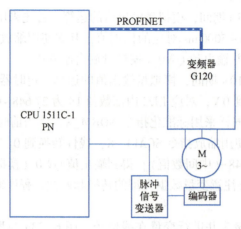

图 6-24 系统的硬件结构

(1) G120 变频器

西门子 G120 是一个模块化的变频器,主要包括两部分:控制单元(CU)和功率模块(PM),功率模块支持的功率范围为 0.37~250 kW。变频器的主要参数设置如下:

P1300=0,采用线性特性曲线的 V/f 控制;
P100=0,IEC 电动机(50 Hz,英制单位);
P304=220,电动机额定电压;
P305=3.52,电动机额定电流;
P307=0.75,电动机额定功率;
P311=1410,电动机额定转速;
P1080=0,电动机的最低转速;
P1120=2,电动机的加速时间;
P1121=2,电动机的减速时间;
P15=7,现场总线控制。

G120 周期性数据通信报文有效数据区域由两部分构成,即 PKW(参数识别值)区和 PZD(过程数据)区。PKW 用于读写参数值及变频器中的某个参数;PZD 是为控制和监测变频器而设计的,如果要控制变频器的起停、设定频率等参数,则需要用到 PZD,过程数据一直被传输,且具有最高的优先级和最短的间隙,其数据根据传送方向的不同而不同;当数据由主站传向变频器时,PZD 区由控制字(STW)和频率设定值(HSW)构成;当数据由变频器传向主站时,PZD 区由返回变频器的状态字(ZSW)和实际速度值(HIW)构成。

过程数据包括控制字(状态信息)和设定值(实际值)。本例中,PLC 与变频器选择标准报文 1 方式进行通信控制,控制字与状态字的含义分别如表 6-7、表 6-8 所示。

表 6-7 控制字(STW)含义说明

位	bit15	bit14	bit13	bit12	bit11	bit10	bit9	bit8
含义	—	电位计降速	电位计升速	—	设定值反向	PLC 控制	点动向左	点动向右
位	bit7	bit6	bit5	bit4	bit3	bit2	bit1	bit0
含义	故障确认	转速设定值使能	斜坡发生器激活	斜坡发生器使能	脉冲使能	紧急停车(OFF3)	自由停车(OFF2)	ON/OFF1

表 6-8 状态字 (ZSW) 含义说明

位	bit15	bit14	bit13	bit12	bit11	bit10	bit9	bit8
含义	变频器过载	电动机顺时针运行	电动机过载	电动机抱闸激活	电动机达到电流/转矩的限定	达到最大频率	PZD 控制	设定值/实际值偏差
位	bit7	bit6	bit5	bit4	bit3	bit2	bit1	bit0
含义	驱动警告激活	激活禁止合闸状态	OFF3 激活	OFF2 激活	发生故障	操作已经使能	操作准备就绪	运行准备就绪

需要注意,要将控制字的第 10 位设置为 1,即选择由 PLC 来控制变频器,过程数据才会传递到变频器。通过设置参数 P0922,可以选择不同的报文类型。例如,P0922=1(标准报文 1,2PZD)、P0922=353(标准报文 354,4PKW,6PZD)等。

例如:QW=16#047E,表示运行准备;QW=16#047F,表示正转起动;QW=16#0C7F,表示反转起动;QW=16#04FE,表示故障确认。

本例中,在实际控制时,PLC 采用控制字和速度字并通过变频器控制电动机的转向和转速,如输入控制字为 16#047F(正转)、速度字为 27 648(速度字 0~27 648 对应变频器频率 0~50 Hz),则电动机起动且正向运行,转速为 50 Hz 对应的转速(如为四极电动机,则转速为 1500 r/min)。

(2)编码器

本项目采用的电动机是变频调速三相异步电动机,所配编码器为增量型编码器,该编码器为线驱动输出型光电编码器(分辨率为 1000,即每转产生 1000 个脉冲),电源电压为 5 V。考虑 S7-1500 PLC 为高速计数脉冲提供的电压是 24 V,而电动机编码器提供的电压为 5 V,无法直接相连,因此需在中间环节增加脉冲电位转换模块。PLC 与编码器之间转换电路的连接图如图 6-25 所示。

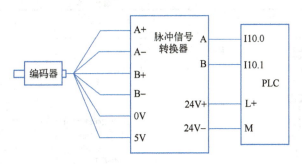

图 6-25 PLC 与编码器之间转换电路的连接图

6.5.2 任务 2:变频调速系统硬件组态

1. PLC 组态与参数设置

(1)新建项目

打开 TIA Portal V16 软件,新建项目,项目名称自定(如 PID 变频调速);在"项目树"下单击"添加新设备",选择控制器为 CPU 1511C-1 PN(订货号为 6ES7 511-1CK00-0AB0,固件版本为 V2.1);插入 CPU,如图 6-26 所示。

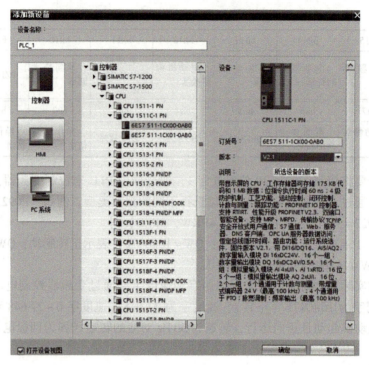

图 6-26 选择控制器型号

(2) 设置 IP 地址

在"设备视图"下,选择 PLC 的"属性"→"常规"→"PROFINET 接口"→"以太网地址",将 CPU 的 IP 地址设置为 192.168.0.1,如图 6-27 所示。

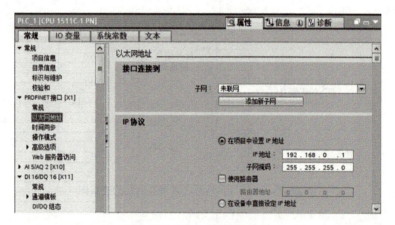

图 6-27 设置 CPU IP 地址

(3) 设置高速计数器 (HSC) 参数

在 CPU 下,选择"属性"→"常规"→"高速计数器 (HSC)"→"HSC1"。在显示界面中,选择"激活此高速计数器",如图 6-28 所示。

在通道 0 的工作模式中,将"选择工作模式"设为"手动操作(无工艺对象)","选择工作类型"设为"计数/位置检测",如图 6-29 所示。

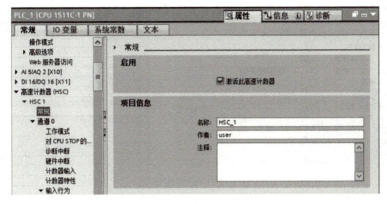

图 6-28 激活高速计数器设置

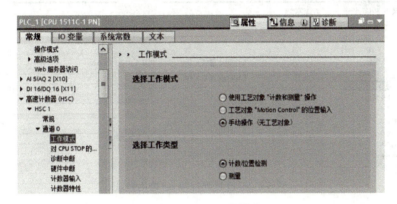

图 6-29 设置工作模式

在通道 0 的计数器输入中,将"信号类型"设为"增量编码器(A、B 相移)","信号评估"设为"单一",如图 6-30 所示。

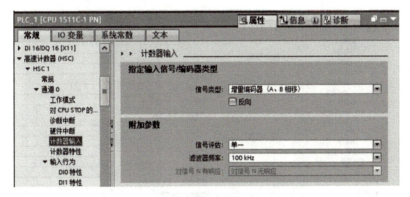

图 6-30 设置计数器输入

在测量值中,将"测量变量"设为"频率","更新时间"保持默认值,如图 6-31 所示。

设置完毕后,进入 HSC1 的"硬件输入/输出"界面,系统会默认时钟发生器 A/B 的输入点分别为 I10.0 和 I10.1,这里保持系统默认值,用户也可以自定义地址,如图 6-32 所示。

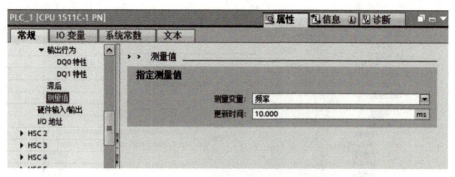

图 6-31 设置测量值

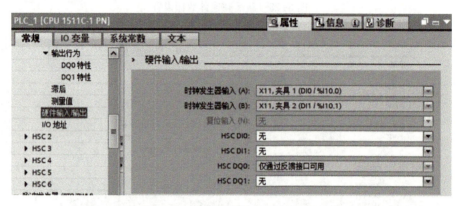

图 6-32 设置硬件输入/输出地址

在 HSC1 的"I/O 地址"界面中，可以设置高速计数器输入/输出数据的起始地址/结束地址，其中输入地址的前 4 个字节（IB10～IB13）为当前计数值，即 ID10 为 1 s 时高速计数器 HSC1 记录的脉冲个数，如图 6-33 所示。

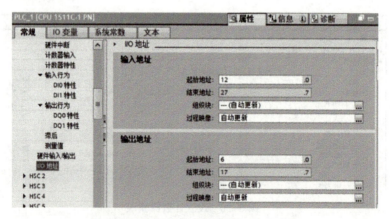

图 6-33 设置高速计数器输入/输出地址

如图 6-34 所示，在 CPU 下，选择"属性"→"常规"→"DI 16/DQ 16"→"输入"，分别设置数字量输入的通道 0 和通道 1，即 I10.0 和 I10.1 的输入端口，修改输入滤波器参数为 0.1 ms，这个参数用于实现输入通道的抗干扰功能。

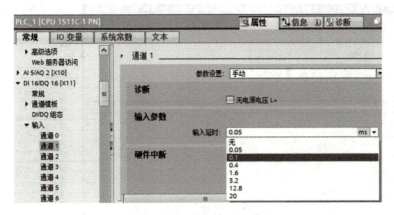

图 6-34　设置输入通道

2. 变频器组态与参数设置

（1）组态变频器

本例中，所选变频器型号为 SINAMICS G120 CU240E-2 PN（-F）V4.5，在"网络视图"下，从右侧的"硬件目录"中，选择"其它现场设备"→"其它以太网设备"→"PROFINET IO"→"Drives"→"SIEMENS AG"→"SINAMICS"→"SINAMICS G120 CU240E-2 PN(-F)V4.5"，选择后拖放到"网络视图"中，如图 6-35 所示。

图 6-35　变频器型号选择

（2）设置变频器参数

在"网络视图"中，双击变频器图标，打开变频器的设备视图，选择"属性"→"常规"，设置变频器的 IP 地址为 192.168.0.2，如图 6-36 所示。

单击变频器设备视图下侧的设备概览箭头，打开"设备概览"页面；然后从左侧的子模块中，选择"标准报文 1，PZD-2/2"，添加到变频器插槽中，完成后如图 6-37 所示。

图 6-36　设置变频器参数

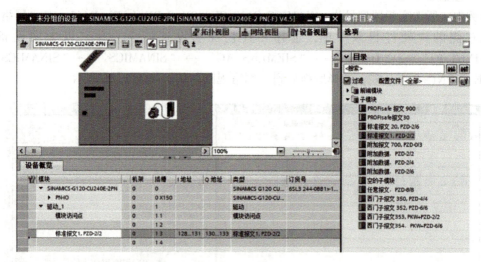

图 6-37　子模块属性

3. 系统硬件组态

如图 6-38 所示，用 PROFINET 网络将 PLC 与变频器连接起来，完成硬件组态。网络连接后，由图 4-37 可看到，变频器的输入地址默认为 IW128（状态字）、IW130（实际速度），输出地址默认为 QW130（控制字）、QW132（速度字）。

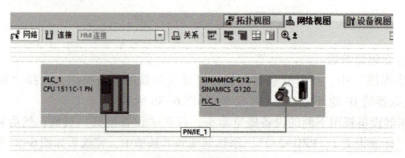

图 6-38　硬件组态

6.5.3 任务 3：PID 工艺对象组态

1. PID 指令

S7-1500 PLC 使用 PID_Compact 指令来实现 PID 控制，该指令的背景数据块称为 PID_Compact 工艺对象。PID 控制器具有参数自调节功能和自动、手动模式。

PID_Compact 是具有抗积分饱和功能且对 P 分量和 D 分量加权的 PID 控制器。PID 控制器连续地采集测量的被控制变量的实际值（或称为输入值），并与期望的设定值比较，根据偏差值计算输出并进行控制，从而使被控制变量尽可能快地接近设定值或进入稳态。

2. PID 工艺对象组态

如图 6-39 所示，在"工艺对象"下，按照图中所示步骤，建立 PID_Compact_1 工艺对象。该工艺对象提供了一个集成了调节功能的通用 PID 控制器，它相当于 PID_Compact 指令的背景数据块，调用 PID_Compact 指令时必须传送该数据块；PID_Compact_1 中包含针对一个特定控制回路的所有设置。图 6-40 ~ 图 6-45 为打开该工艺对象并在特定的编辑器中组态该控制器的过程。

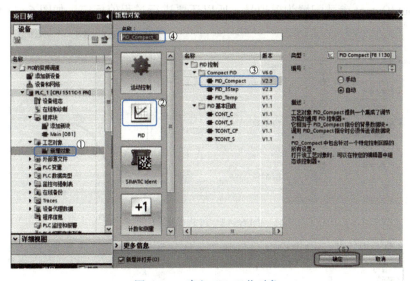

图 6-39　建立 PID 工艺对象

如图 6-40 所示，"控制器类型"选择"频率"，单位为赫兹（Hz）；PID_Compact 指令的模式（Mode）有自动模式、手动模式等，本例选择"自动模式"。在自动模式下，PID_Compact 工艺对象会根据设置的 PID 参数进行闭环控制。满足下列条件之一，控制器将进入自动模式：

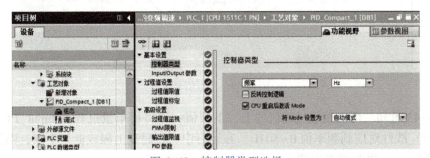

图 6-40　控制器类型选择

1) 成功地完成了首次启动自调节和运行中自调节的任务。
2) 在组态 PID 参数窗口时选择了"启用手动输入"。

如图 6-41 所示,将 PID 控制器 Input/Output 参数选择为模拟量输入及模拟量输出,即采用模拟量作为系统的过程值 Input_PER(模拟量)和输出值 Output_PER(模拟量)。

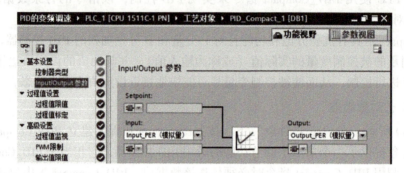

图 6-41 设置 Input/Output 参数

过程值限值如图 6-42 所示,"过程值上限"设定为 50 Hz,"过程值下限"设定为 0 Hz。由于本例 Input/Output 参数配置为模拟量,所以还要进行过程值标定,如图 6-43 所示。

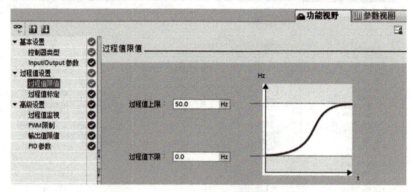

图 6-42 过程值限值

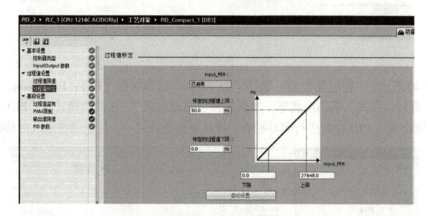

图 6-43 过程值标定

由图 6-43 可知,可以设置过程值的上、下限值;即将模拟量过程值 Input_PER(数值范围 0~27 648)线性对应到频率值 0~50 Hz。在运行中一旦超过上限或低于下限,则停止正常控制,输出值 Output_PER 将被设置为 0,如图 6-44 所示。

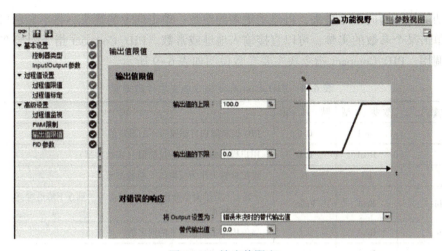

图 6-44　输出值限定

设置 PID 参数时，可根据负载特性进行现场调节和手动输入，如图 6-45 所示。

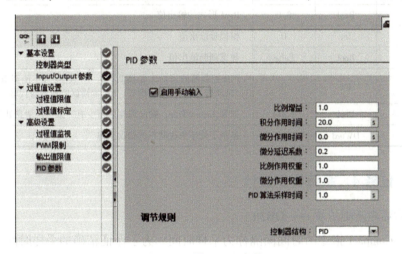

图 6-45　设置 PID 参数

3. PID 指令的调用

编写程序时，可在"指令"→"工艺"→"PID 控制"下调用 PID_Compact 指令，如图 6-46 所示，可以在 PID 指令上直接输入指令的参数，未设置（采用默认值）的参数为灰

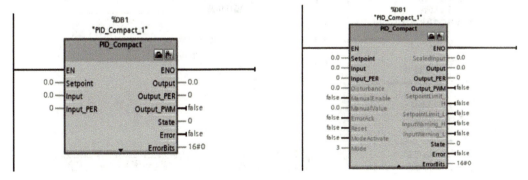

图 6-46　PID 指令的调用

色。单击功能框下面向下的箭头，可显示更多的参数；单击向上的箭头，将不显示指令中灰色的参数；单击某个参数的实参，可以直接输入地址或常数。PID_Compact 指令一般在循环中断组织块中调用。PID_Compact 指令块主要参数说明如表 6-9 所示。

表 6-9 PID_Compact 指令块主要参数说明

参　　数	数据类型	默　认　值	说　　明
Setpoint	Real	0.0	PID 控制器在自动模式下的设定值
Input	Real	0.0	用户程序的变量作为反馈值（实数类型）
Input_PER	Int	0	模拟量输入作为反馈值（整数类型）
ManualEnable	Bool	False	0 到 1 上升沿时会激活"手动模式"；1 到 0 下降沿时会激活由 Mode 指定的工作模式
ManualValue	Real	0.0	该值用作手动模式下的输出值
Reset	Bool	False	重新启动控制器
Mode	Int	4	在 Mode 上，指定 PID_Compact 将转换到的工作模式。选项包括 0：未激活；1：预调节；2：精确调节；3：自动模式；4：手动模式
Output	Real	0.0	Real 形式的输出值
Output_PER	Int	0	模拟量输出值
Output_PWM	Bool	False	脉宽调制输出值
State	Int	0	PID 控制器的当前工作模式。0：未激活；1：预调节；2：精确调节；3：自动模式；4：手动模式；5：带错误监视的替代输出值
Error	Bool	False	如果 Error=True，则此周期内至少有一条错误消息处于未决状态
ErrorBits	DWord	DW#16#0	显示了处于未决状态的错误消息

6.5.4 任务 4：系统程序设计

1. 生成循环中断组织块——OB30

调用 PID_Compact 指令的时间间隔称为采样时间。为了保证精确的采样时间，用固定的时间间隔执行 PID 指令，在循环中断组织块中调用 PID_Compact 指令。建立循环中断组织块 OB30，设置循环时间间隔为 300 000 μs（=300 ms），如图 6-47 所示。

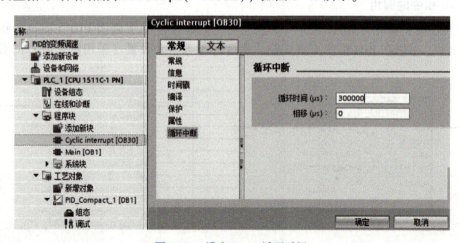

图 6-47 设定 OB30 循环时间

2. OB30 程序设计

在 OB30 中，编写程序，如图 6-48 所示，每一程序段的含义见程序段注释。

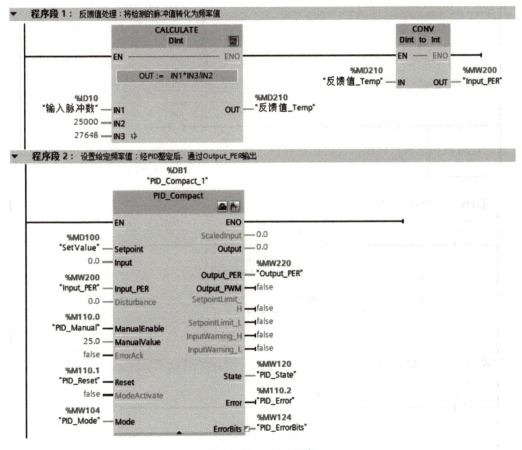

图 6-48　OB30 程序

程序段 1 为反馈值处理程序，作用是将编码器读到的脉冲数转化为对应的频率值；由于电动机转动一圈得到 1000 个脉冲，所以实际脉冲数除以 1000 就是电动机 1 s 的转数。示例中的电动机为四极电动机，50 Hz 时对应的转速为 25 r/s，则对应频率为 $f=\dfrac{输入脉冲}{1000}\times 2$。而反馈值还要以模拟量范围表示并输入到 PID_Compact 指令块中，即 0~50 Hz 频率值还要转化为 0~27 648 的整数，故输出值 $\text{Input\_PER}=\dfrac{f}{50}\times 27\,648=\dfrac{输入脉冲}{25\,000}\times 27\,648$。编程时，需要注意变量间数据类型的对应。

程序段 2 为 PID_Compact 指令块，用于实现自动模式和手动模式下对电动机转速进行的 PID 调节。其中，设定值 Setpoint 由外部 Real 型变量 SetValue 指定；过程值（反馈量）Input_PER 由 Input_PER（MW200）反馈到程序块中；PID 运算后的输出 Output_PER 传送至 Output_PER（MW220）中，后续处理后作为速度字发送到变频器进行转速调节。

3. OB1 程序设计

OB1 程序设计如图 6-49 所示，用于完成变频器的起动、停止等控制任务。

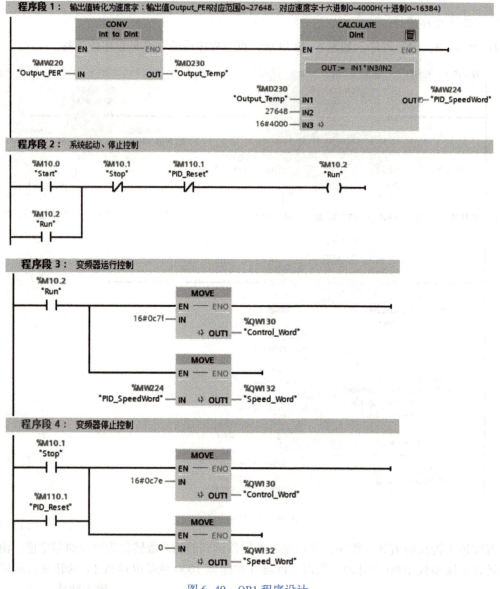

图 6-49　OB1 程序设计

程序段 1 用于数值处理，将 PID 的输出值 Output_PER（模拟量，0～27 648）映射到变频器速度字（Speed_Word）对应的范围（十六进制的 0～4000H，即十进制 0～16 384）；公式为：速度字=输出值×16 384/27 648。编程时，应注意数据类型的对应。

程序段 2~4 主要实现系统的起停和变频器的控制。其中在变频器的控制中（程序段 3），QW130 用于控制电动机的状态和方向，QW132 用于控制电动机的转速变化。

6.5.5　任务 5：系统联调

程序编写完成后，对项目进行编译，确认无误后可下载到 PLC 中对系统进行调试运行。PID_Compact 指令可通过调试窗口对相关参数进行自动调节，如预调节功能可确定对输出值跳变的过程响应，根据受控系统的最大上升速率与时间计算 PID 参数；精确调节可用于进一步调节这些参数；精确调节得出的 PID 参数通常比预调节得出的 PID 参数具有更好的主控和扰动特性；可在执行预调节和精确调节时获得最佳 PID 参数。用户不必手动确定这些参数。

运行前，还需对变频器进行相应的设定，可通过变频器面板或 Starter Driver 软件设置，主要设置内容见前面的叙述。

1. 预调节

项目下载完成后，单击 PID_Compact 指令块右上角的调试 图标，打开调试窗口，如图 6-50 所示。

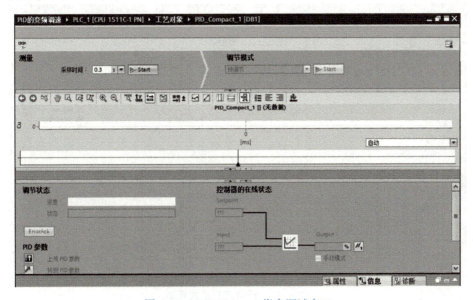

图 6-50　PID_Compact 指令调试窗口

给定一个设定值，如设置 Setpoint 为 40 Hz；将 Start（M10.0）置 1，启动系统运行；调试窗口中选择采样时间为 0.3 s，单击 Start 按钮，"调节模式" 选择 "预调节"，再单击 Start 按钮，则系统进入预调节模式。预调节模式界面如图 6-51 所示。

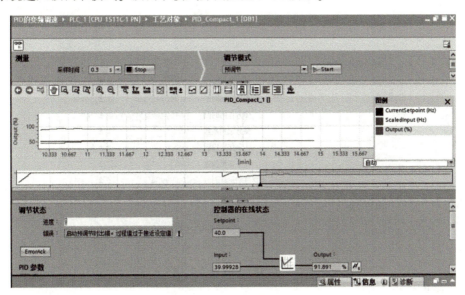

图 6-51　预调节模式界面

如果执行预调节时未产生错误消息，则 PID 参数已调节完毕。PID_Compact 指令将切换到自动模式并使用已调节的参数。在电源关闭以及重启 CPU 期间，已调节的 PID 参数保持不变。如果无法实现预调节，PID_Compact 指令将根据已组态的响应对错误做出反应。

2. 精确调节

预调节完成后，可继续进行精确调节，其界面如图 6-52 所示。

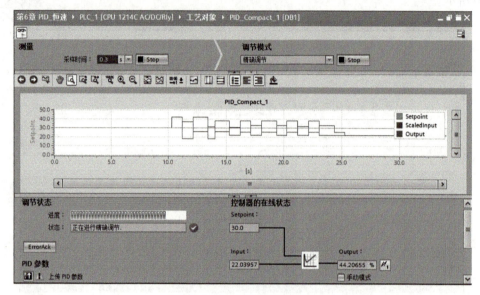

图 6-52　精确调节模式界面

如果在精确调节期间未发生错误，则 PID 参数已调节完毕，PID_Compact 指令将切换到自动模式并使用已调节的参数。转到 PID 参数界面，可显示 PID 目前的各项参数，界面如图 6-53 所示。

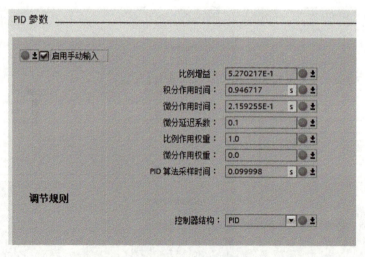

图 6-53　PID 参数监控

6.6 习题

6.1 简述 PLC 控制系统设计的基本内容。

6.2 在西门子 PLC 模拟量转换的二进制数值中，单极性输入信号（如 0~10 V 或 4~20 mA），对应的正常数值范围是多少？

6.3 如果选用电流传感器（4~20 mA）对水槽水位进行实时检测，4~20 mA 对应水位高度为 50~500 mm，使用一个 16 位分辨率的模拟量输入通道获取水位信号，如果 CPU 获得的数字量是 10 000，则对应的水位高度是多少？

6.4 16 位 A/D 转换器对应的模拟量输入信号范围是 0~10 V，当前测得输入电压为 2.5 V，则 CPU 中获得的对应数字值是多少？如果 CPU 中获得的数字值是 16#0BBB，则其等效的模拟量输入信号是多少伏？

6.5 在比例控制中，表达正确的选项是（　　）。

1）当负荷变化达到稳定时，比例控制通常为零误差。

2）当负荷变化达到稳定时，比例控制通常会有误差。

6.6 G120 周期性数据通信报文中 PZD 区由哪两部分构成？

6.7 编写程序完成如下控制：3 台电动机顺序起动、逆序停止；按下起动按钮，电动机按照 M1~M3 的顺序，每隔 5 s 起动一台，直至全部起动；按下停止按钮，电动机按照 M3~M1 的顺序，每隔 10 s 停止一台，直至全部停止。

6.8 编写程序，实现一辆电动运输车供 8 个加工点使用的控制功能，如图 6-54 所示。电动车的控制要求如下：PLC 上电后，车停在某个加工点（下称工位），若无用车呼叫（以下简称呼车），则各工位的指示灯亮，表示各工位可以呼车。某工作人员按本工位的呼车按钮呼车时，各工位的指示灯均灭，此时别的工位呼车无效。在停车位呼车时，台车不动，呼车工位号大于停车位号时，台车自动向高位行驶；当呼车工位号小于停车位号时，台车自动向低位行驶，当台车运行到呼车工位时自动停车。停车时间为 30 s，以供呼车工位使用，其他工位不能呼车。从安全角度出发，停电再来电时，台车不应自行起动。

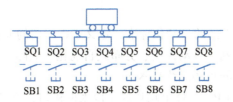

图 6-54 习题 6.8 图

学贵知疑，小疑则小进，大疑则大进。

——陈宪章

第 7 章　S7-1500 PLC 系统的通信应用

7.1　S7-1500 PLC 通信基础

一个大中型自动化项目通常由若干个 PLC 站组成，PLC 与上位机以及分布在各处的智能设备之间都需要通过通信来进行信息传递，从而实现更为丰富和强大的控制功能。

西门子 S7-1500 PLC 具有非常完善的通信功能，可通过 CPU 本体或通信模块提供的多种通信接口，采用 PROFINET、PROFIBUS 和点到点的连接方式，实现 PLC 与编程设备、人机界面和其他 PLC 之间的多种通信。

西门子工业通信网络统称为 SIMATIC NET，它提供了各种开放的、应用于不同通信要求及安装环境的通信系统。为满足通信数据量和实时性的要求，SIMATIC NET 提供了工业以太网、PROFIBUS、EIB（European Installation Bus）、ASI（Actuator Sensor Interface）和串行通信等通信网络。

7.1.1　PROFINET 接口通信

PROFINET 是由 PROFIBUS（Process Field BUS）国际组织推出的基于工业以太网技术的总线标准，兼容工业以太网和 PROFIBUS 技术；西门子公司基于工业以太网开发的 PROFINET 是开放的、标准的、实时的工业以太网，目前已经大规模应用到各类工业控制项目中。

PROFINET 完全满足工业现场实时性的要求，可为自动化通信领域提供一个完整的网络解决方案，实现通信网络的"一网到底"，即从上到下都可以使用同一种网络，从而更加方便网络的安装、调试和维护。

PROFINET 作为基于以太网的自动化标准，定义了跨厂商的通信、自动化系统和工程组态模式；囊括了诸如实时以太网、运动控制、分布式自动化、故障安全、网络安全等内容，可以完全兼容工业以太网和现有的现场总线技术。

西门子公司的 S7-1500 CPU 本体上均集成了以太网接口，支持工业以太网和基于 TCP/IP 的通信标准；向上可以连接上位机和 HMI，向下可以连接分布式 I/O，横向可以与各 PLC 站点进行通信。

7.1.2　基于通信模块的通信

S7-1500 CPU 也可使用扩展通信模块或通信处理器完成基于通信协议的通信任务。如串口通信，可以使用 CM1542-5 或 CP1542-5 通信模块，实现 PROFIBUS 总线通信；也可以使用 CM PtP RS232 或 CM PtP RS422/485 通信模块，实现点对点通信。串口 RS232 或 RS422/485 通信模块具有以下特征：

1) 端口经过隔离处理。

2）通过扩展指令和库功能进行组态和编程。
3）通过模块上 LED 灯显示传送和接收活动。
4）通过模块上 LED 灯显示诊断活动。

通信模块由 CPU 供电，不必连接外部电源；通信传输采用 RS232 或 RS485 传输介质，可连接具有串口接口的设备，如打印机、扫描仪、智能仪表等；数据传输在 CPU 自由端口模式下执行。TIA Portal 软件提供的编程环境，设定通信模块参数界面友好、操作简单，用户可自行设定模块的通信特性。

7.2 实训 1：S7-1500 PLC 的 S7 通信应用

7.2.1 任务 1：S7 通信及相关指令

1. S7 通信的特点

S7 通信是 S7 系列 PLC 基于 MPI、PROFIBUS 和工业以太网的一种优化的通信协议，特别适用于 PLC 与 HMI、编程器之间以及 PLC 与 PLC 之间的通信。S7 协议是 SIEMENS S7 系列产品之间通信使用的标准协议，其优点是通信双方无论是在同一 MPI 总线上、同一 PROFIBUS 总线上或同一工业以太网中，都可通过 S7 协议建立通信连接，可使用相同的编程方式进行数据交换，而与使用何种总线或网络无关。S7 通信按组态方式可分为单边通信和双边通信。

7.2-1 S7-1500 PLC 的 S7 通信应用——客户端程序编写

S7 通信的特点如下：
① S7 通信服务集成在所有的 SIMATIC S7 控制器中。
② S7 通信服务使用 ISO/OSI 参考模型的第七层（应用层），不依赖于使用的网络。
③ 采用客户端/服务器应用协议，服务器只能被访问。
④ 适用于 S7 站之间的数据传输。
⑤ 读写其他的 S7 站的数据时，通信伙伴不需要编写通信用户程序。
⑥ 具有控制功能。例如，控制通信伙伴 CPU 的停止、预热和热再启动。
⑦ 具有监视功能。例如，监视通信伙伴 CPU 的运行状态。

为了在 PLC 之间传输数据，应在通信的单方或双方组态一个 S7 连接，被组态的连接在站起动时建立并一直保持；可以建立与同一个伙伴的多个连接；可以随时访问的通信伙伴的数量受到 CPU 或 CP（通信处理器）可用的连接资源的限制。S7-1500 PLC 可使用 PUT/GET 指令实现集成的 S7 通信功能。

2. S7-1500 PLC 的 S7 通信指令

PUT/GET 指令可以用于单方编程，一台 PLC 作为服务器，另一台 PLC 作为客户端；通过在客户端的 PLC 上使用 PUT/GET 指令编写通信程序实现对服务器的读写操作；服务器侧只需进行相应的配置，不需要编写通信程序。

PUT 指令用于将本地数据写入远程 CPU（服务器），GET 指令用于从远程 CPU（服务器）读取数据，通信伙伴不需要编写通信程序。S7 通信指令的格式如图 7-1 所示，指令参数含义及用法参见 7.2.3 小节。

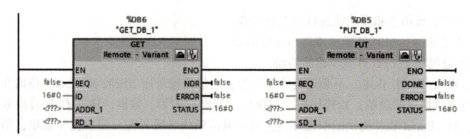

图 7-1　S7 通信指令的格式

7.2.2　任务 2：S7 通信系统的硬件组态

1. 控制要求

某一控制系统由两台 S7-1500 PLC 组成，要求通过以太网连接，采用 S7 通信模式分别实现两台 PLC 之间各 10 个字的读写功能。

硬件选择：两台 PLC 型号分别为 CPU 1511C-1 PN，CPU 1512C-1 PN；

软件选择：STEP7 Professional V16。

2. 硬件组态

① 打开 TIA Portal V16 软件，创建新项目，项目名称自定（如 S7-1500 通信_S7 通信_PUTGET）；在"项目树"下选择"添加新设备"，分别选择 PLC_1→"CPU 1511C-1 PN"（订货号为 6ES7 511-1CK01-0AB0，固件版本为 V2.8），PLC_2 为 CPU 1512C-1 PN（订货号为 6ES7 512-1CK01-0AB0，固件版本为 V2.8），创建两个 S7-1500 PLC 站点。

② 设置以太网接口：设置 Station1（PLC_1）的 IP 地址为 192.168.10.10，子网掩码为 255.255.255.0；设置 Station2（PLC_2）的 IP 地址为 192.168.10.20，子网掩码为 255.255.255.0。本例中，Station1（PLC_1）作为客户端 Client，Station2（PLC_2）作为服务器 Server，如图 7-2 所示。

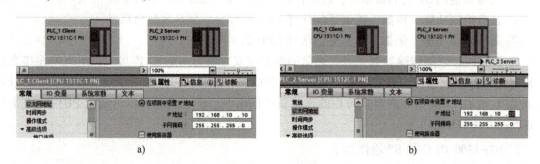

图 7-2　设置以太网接口
a）设置 PLC_1 的型号和以太网接口　b）设置 PLC_2 的型号和以太网接口

③ 进入"网络视图"，单击 PLC_1 的以太网端口并拖拽到 PLC_2 的以太网端口中，软件会自动建立 PN/IE_1 网络连接。网络连接如图 7-3 所示。

④ 选择 PLC_2（Server 站点）的"属性"→"常规"→"防护与安全"→"连接机制"，选中"允许来自远程对象的 PUT/GET 通信访问"。PUT/GET 通信访问设置界面如图 7-4 所示。

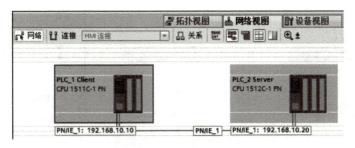

图 7-3　网络连接

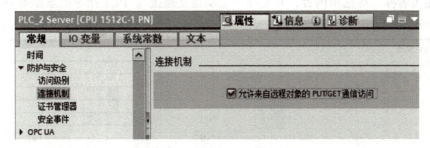

图 7-4　PUT/GET 通信访问设置界面

⑤ 为便于后续程序的编写，在 PLC_1（Client 站点）"属性"设置中选择"启用时钟存储器字节"，启用 PLC_1 时钟存储器字节，如图 7-5 所示。

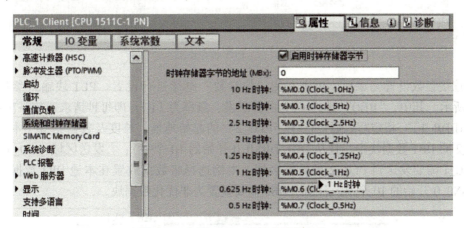

图 7-5　启用 PLC_1 时钟存储器字节

7.2.3　任务 3：PUT/GET 指令应用

1. 通信函数块的设置

① 打开 PLC_1（客户端）程序块，在 Main[OB1] 程序中，直接调用通信函数，调用路径："指令"→"通信"→"S7 通信"→"GET/PUT"，其中 PUT 指令用于将本地 PLC 的数据写入远程 PLC，而 GET 指令则将远程 PLC 的数据读取到本地 PLC 中。通信指令的调用如图 7-6 所示。

② 单击通信函数 PUT 程序块右上角的组态图标进行组态；在下方的组态窗口中，选择通信伙伴为"PLC_2 Server［CPU 1512C-1 PN］"，设置"接口""子网名称""地址""连接

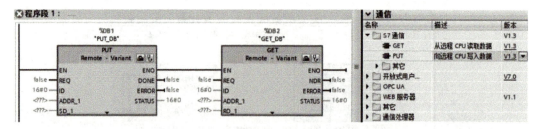

图 7-6 通信指令的调用

ID"及"连接名称"等选项内容,并选择"主动建立连接"。PUT 指令组态如图 7-7 所示。

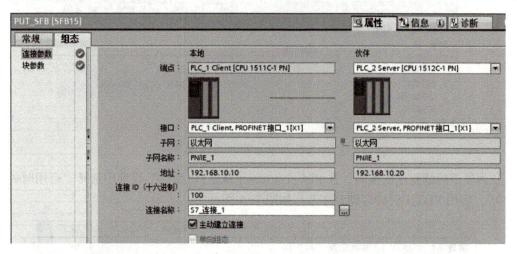

图 7-7 PUT 指令组态

③ 连接参数设置完成后,单击左侧"块参数"继续进行设置。PUT 块输入参数设置如图 7-8 所示。其中,"REQ"选择 CPU 时钟触发,频率为 1 Hz,即每秒请求通信一次;"写入区域(ADDR_1)"指定写入通信伙伴(PLC_2)的起始地址、长度及数据类型(本例选择写入 PLC_2 的 DB1 数据块中,且从 DB1.DBX0.0 开始的 10 个字);"发送区域(SD_1)"指定本地 PLC_1 需要发送到 PLC_2 的数据区域,本例选择将数据放置在本地 DB3 数据块中,从 DB3.DBX0.0 开始的 10 个字。注意,DB3 需要设置为非优化数据块。

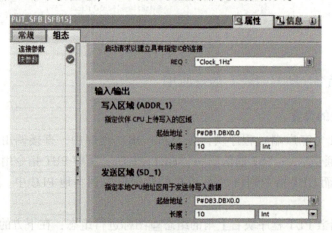

图 7-8 PUT 块输入参数设置

④ 继续设置输出状态引脚，PUT 块输出参数设置如图 7-9 所示。其中，DONE 表示每发送成功一次，输出一个上升沿，可连接到 M1.1(Tag_1)；ERROR 为错误状态位，通信错误时置位 1，连接 M1.2(Tag_2)；STATUS 为通信状态字，连接变量 MW2(Tag_3)。

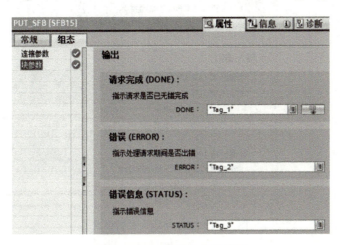

图 7-9　PUT 块输出参数设置

⑤ 同理，单击 GET 组态图标进行组态，步骤同 PUT。GET 指令连接参数组态如图 7-10 所示。

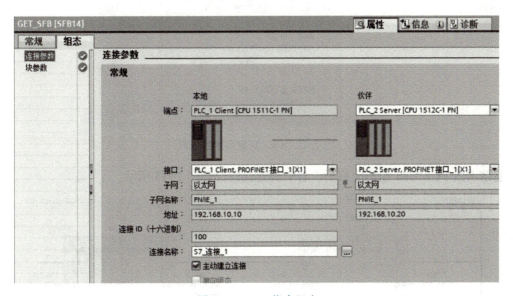

图 7-10　GET 指令组态

⑥ GET 块参数设置。GET 块输入/输出参数设置如图 7-11、图 7-12 所示。通信请求引脚 REQ 连接 1Hz 时钟；PLC_1（客户端）将 PLC_2（服务器）中 DB2.DBX0 起始的 10 个字的数据，读取并存储到 PLC_1 的数据块 DB4 中；而在输出状态引脚的设置中，NDR 表示每接收新数据一次，输出一个上升沿，连接 M2.0(Tag_4)；ERROR 表示错误状态位，通信错误时置位 1，连接 M2.1(Tag_5)；STATUS 表示通信状态字，连接 MW4(Tag_6)。

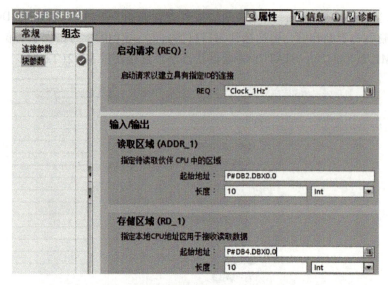

图 7-11　GET 块输入参数设置

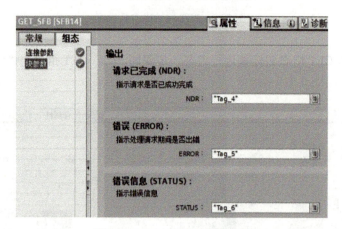

图 7-12　GET 块输出参数设置

通信函数 PUT/GET 组态完成后，各引脚连接情况如图 7-13 所示。

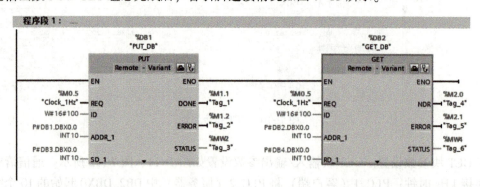

图 7-13　各引脚连接情况

2. 通信检测信号的程序编写

在双方通信时，经常通过设置通信检测信号的方式来判断通信是否正常。通信正常时，该信号按照一定规律变化；通信出现故障时，检测不到信号变化，就认为通信中断。因此，人们把通信检测信号形象地称为心跳信号。

本例中，将 s 脉冲累加的数值作为通信检测信号，并将其放置到发送区的第一个寄存器中；远端 PLC 正常接收时，可看到该数值正常变化，即可断定通信正常；若无变化，则表明通信尚未正常。

通信检测信号程序如图 7-14 所示。在 PLC_1（客户端）中，DB3 为发送数据块，第一个字设为心跳信号，将 s 脉冲累加值发到 DB3.DBW0 中；在 PLC_2（服务器）中，DB2 为发送数据块，第一个字设为心跳信号，将 s 脉冲累加值发到 DB2.DBW0 中。

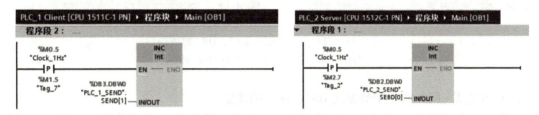

图 7-14　通信检测信号程序

3. 数据块的建立

（1）PLC_1（客户端）中数据块 DB3、DB4 的建立

在 PLC_1（客户端）中新建全局数据块 DB3，命名为 PLC_1_SEND，新建数据类型为 Int、长度为 10 的数组，用于存储发送数据。因为本例中需要采用绝对地址的方式访问数据块，故需要将数据块属性修改为非优化的数据块，可在"项目树"下右击数据块 DB3，选择"属性"，在弹出对话框中选择"常规"→"属性"，取消选择"优化的块访问"选项。切换全局数据块的访问方式如图 7-15 所示。完成后，进行编译。

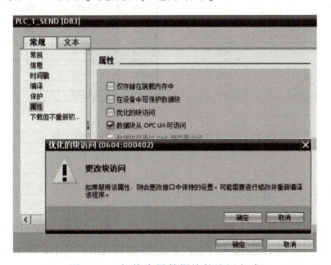

图 7-15　切换全局数据块的访问方式

同样地，在 PLC_1（客户端）中新建全局数据块 DB4，命名为 PLC_1_RCV，新建数据类型为 Int、长度为 10 的数组，用于接收 PLC_2 发送来的数据。同时，需要将 DB4 的属性修改为非优化的数据块。PLC_1 中数据块 DB3、DB4 的结构分别如图 7-16a、b 所示。

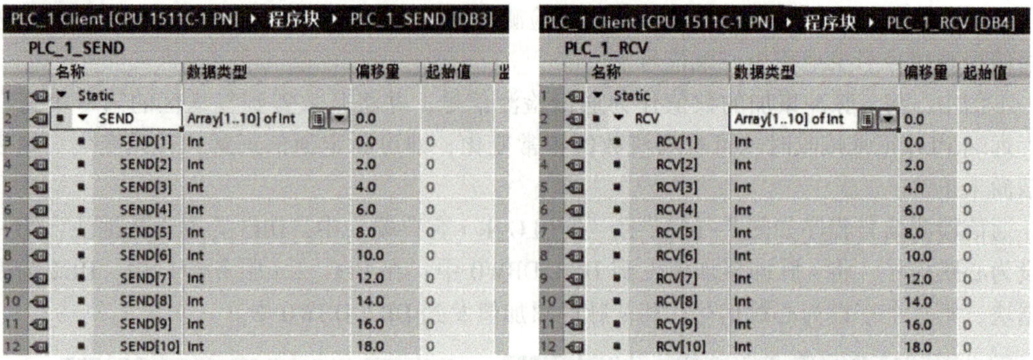

图 7-16　PLC_1 中数据块 DB3、DB4 的结构
a) 数据块 DB3 的结构　b) 数据块 DB4 的结构

(2) PLC_2（服务器）中数据块 DB1、DB2 的建立

同样，可在 PLC_2 中新建全局数据块 DB1、DB2，其中 DB1 命名为 PLC_2_RCV，用于接收 PLC_1 发送来的数据；DB2 命名为 PLC_2_SEND，用于保存准备发送给 PLC_1 的数据；两个数据块是数据类型均为 Int 类型、长度均为 10 的数组；将 DB1、DB2 的属性修改为非优化的数据块。完成后，进行编译。PLC_2 中数据块 DB1、DB2 的结构分别如图 7-17a、b 所示。

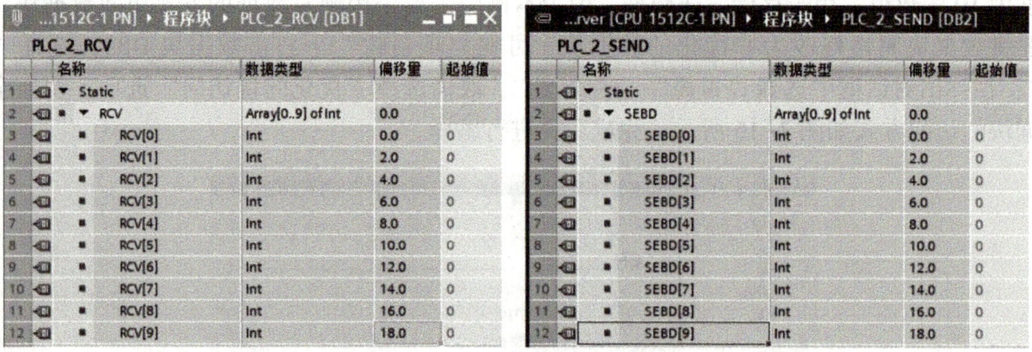

图 7-17　PLC_2 中数据块 DB1、DB2 的结构
a) 数据块 DB1 的结构　b) 数据块 DB2 的结构

7.2.4　任务 4：S7 通信系统通信功能测试

程序编译后，分别下载到两台 PLC 中并启动运行，也可通过 PLCSIM 实现仿真调试。

打开变量监控表，分别在线监控 PLC_1 的数据块 DB3、DB4 和 PLC_2 的数据块 DB1、DB2；当在 PLC_1 中将发送区数据（PLC_1_SEND）修改写入后，PLC_2 中的待写入区数据（PLC_2_RCV）将会被更新；当在 PLC_2 中的发送区数据（PLC_2_SEND）修改写入后，PLC_1 中的接收区数据（PLC_1_RCV）将会被更新。在线监控通信数据如图 7-18 所示。

图 7-18 在线监控通信数据

7.3 实训 2：S7-1500 PLC 以太网通信应用

7.3.1 任务 1：Modbus TCP 通信协议

1. Modbus

7.3-1 S7-1500 PLC Modbus TCP 通信项目建立——客户端

Modbus 是 Modicon 公司（现为施耐德电气有限公司旗下的一个品牌）于 1979 年开发的一种通用串行通信协议，是国际上第一个真正用于工业控制的现场总线协议。由于其功能完善且使用简单、数据易于处理，因而在各种智能设备中被广泛采用，得到了诸如 GE、SIEMENS 等大公司的应用，并把它作为一种标准的通信接口提供给用户。

许多工业设备包括 PLC、智能仪表等都将 Modbus 作为它们之间的通信标准。由于施耐德电气有限公司的推动，Modbus 现场总线以其相对低廉的实现成本，在低压配电市场上所占的份额大大超过了其他现场总线，成为低压配电上应用最广泛的现场总线。Modbus 尤其适用于小型控制系统或单机控制系统，可以实现低成本、高性能的主从式计算机网络监控。1996 年，施耐德电气有限公司又推出了基于以太网 TCP/IP 的 Modbus TCP。2008 年 3 月，Modbus 正式成为我国工业通信领域现场总线技术国家标准 GB/T 19582—2008。

Modbus 是一种应用层报文传输协议（OSI 模型第七层），它定义一个与通信层无关的协议数据单元（Protocol Data Unit，PDU），PDU=（功能码+数据域）。Modbus 只定义通信消息的结构，对物理端口没有做具体规定；支持 RS232、RS422、RS485 和以太网接口；包括网口协议 Modbus TCP/IP、串口协议 Modbus RTU 和 Modbus ASCII。

2. Modbus TCP

Modbus 是一种客户端/服务器（主从站）应用协议，客户端（主站）向服务器发送请求，服务器（从站）分析、处理请求，并向客户端发送应答。主站只有一个，从站可以有多个；主站向各从站发送请求帧，从站给予响应。在使用 TCP 通信时，主站为客户端（Client），主动建立连接；从站为服务器（Server），等待连接。

Modbus TCP 是开放的协议，IANA（Internet Assigned Numbers Authority，互联网编号分配管理机构）给 Modbus TCP 的端口号为 502，这是目前在仪表与自动化行业中唯一分配的端口号。

Modbus TCP 是运行在 TCP/IP 上的 Modbus 报文传输协议。通过此协议，控制器通过网络和其他设备之间实现通信。

Modbus TCP 信息帧结构如图 7-19 所示，它是在 TCP/IP 上使用的一种专用报文头识别应用数据单元（Application Data Unit，ADU），这种报文头被称为 MBAP 报文头（Modbus 协议报文头）。MBAP 报文头由 4 部分共 7 个字节组成，分别是事物处理标识符（2 字节）、协议标识符（2 字节）、长度（2 字节）及单元标识符（1 字节）。

图 7-19　Modbus TCP 信息帧结构

MBAP 报文头与串行链路上使用的 Modbus ADU 的差别如下：

① 使用 MBAP 报文头中的单元标识符取代 Modbus 串行链路上通常使用的 Modbus 地址域。这个单元标识符用于设备的通信，这些设备使用单个 IP 地址支持多个独立的 Modbus 终端单元，如网桥、路由器和网关等。

② 接收者可以验证完成报文的方式，设计所有 Modbus 请求和响应。对于 Modbus PDU 有固定长度的功能码来说，仅功能码就足够了；对于 Modbus TCP 在请求或响应中携带一个可变数据的功能码来说，数据域包括字节数。

③ 当在 TCP 上携带 Modbus 时，在 MBAP 报文头上携带附加长度信息，以便接收者能识别报文边界。

可见，Modbus TCP 通信报文被封装在 TCP/IP 数据包中；与 Modbus 串口通信方式相比，Modbus TCP 将一个标准的 Modbus 报文插入 TCP 报文中，不再带有地址和数据校验。Modbus TCP 具有以下特点：

① 用户可免费获得协议及样板程序。
② 网络实施价格低廉，可全部使用通用网络部件。
③ 易于集成不同的设备，几乎可以找到任何现场总线连接 Modbus TCP 的网关。
④ 网络的传输能力强，但实时性较差。

目前，我国已把 Modbus TCP 作为工业网络标准之一；在国外，Modbus TCP 被国际半导体产业 SEMI 定为网络标准；国际水处理、电力系统及其他越来越多的行业也把 Modbus TCP 作为应用的标准。

7.3.2　任务 2：Modbus TCP 通信系统的硬件组态

1. 控制要求

两台 PLC，其中一台型号为 S7-1500 CPU 1511C-1 PN，作为客户端（PLC_1）；另一台型号为 S7-1500 CPU 1515C-2 PN，作为服务器（PLC_2）。要求通过 Modbus TCP 实现两台 PLC 的通信与数据

7.3-2　S7-1500 PLC Modbus TCP 通信项目建立——服务器

交换，具体如下：

① PLC_1 读取 PLC_2 保持寄存器中 10 个字的数据。

② PLC_1 向 PLC_2 保持寄存器中写入 10 个字的数据。

2. 系统的硬件组态

通过 PLC_1（S7-1500 CPU 1511C-1 PN）本体上集成的两端口交换机，采用两根以太网电缆，分别连接编程 PC 和 PLC_2，完成系统的网络连接。图 7-20 为系统硬件连接示意图。

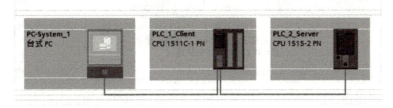

图 7-20 系统硬件连接示意图

3. 组态过程

打开 TIA Portal V16 软件，创建新项目 "MODBUS-TCP 通信示例"；然后在 "项目树"下单击 "添加新设备"，选择 "CPU 1511C-1 PN"（订货号为 6ES7 511-1CK00-0AB0，固件版本为 V2.1），创建一个 PLC_1 站点，作为客户端（命名为 PLC_1_Client），并在 PLC_1 的 "属性" → "常规" → "PROFINET 接口 [X1]" → "以太网地址" 中，将 PLC_1 的 "IP 地址"设置为 "192.168.0.1"，"子网掩码" 设置为 "255.255.255.0"；为便于后续编程，启用系统存储器、时钟存储器字节。PLC_1 的 IP 地址设置如图 7-21 所示。

同样，继续添加新设备，选择 CPU 1515-2 PN（订货号为 6ES7 515-2AM01-0AB0，固件版本为 V2.1），创建一个 PLC_2 站点，作为服务器（命名为 PLC_2_Server），并将 PLC_2 的 "IP 地址"设置为 "192.168.0.2"，"子网掩码" 设置为 "255.255.255.0"；为便于后续编程，启用系统存储器、时钟存储器字节。PLC_2 的 IP 地址设置如图 7-22 所示。设置完成后，在网络视图中，建立两台 PLC 之间的 PN/IE 网络连接。

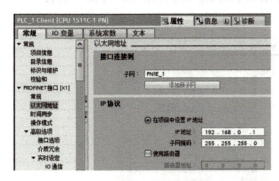 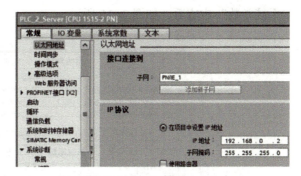

图 7-21 PLC_1 的 IP 地址设置　　　　　图 7-22 PLC_2 的 IP 地址设置

此外，设置完成后，在网络视图下，建立两台 PLC 之间的 TCP 网络连接，其步骤如图 7-23 所示。

连接完成后，可在 "网络视图" → "连接" 中看到已建立的 TCP 连接参数，如图 7-24 所示。

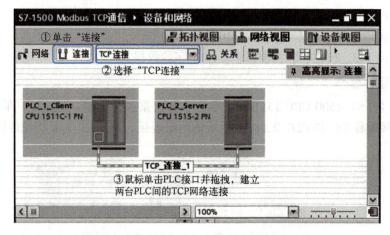

图 7-23　建立两台 PLC 之间的 TCP 网络连接

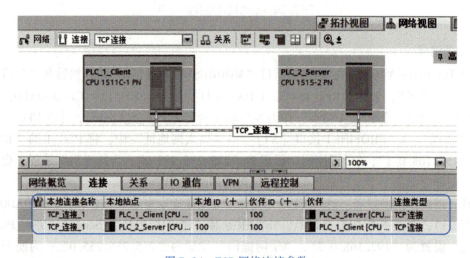

图 7-24　TCP 网络连接参数

两台 PLC 的 PROFINET 接口的硬件标识符在后续程序编写时会用到，可在"属性"→"系统常数"中查看，如图 7-25 所示。

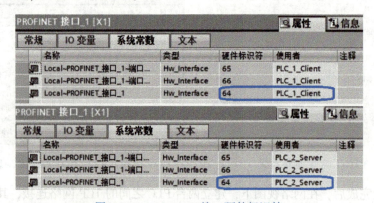

图 7-25　PROFINET 接口硬件标识符

两台 PLC 通信参数设置如表 7-1 所示。

表 7-1　两台 PLC 通信参数设置

参数类别	CPU 类型	IP 地址	端　口　号	硬件标识符
客户端	CPU 1511C-1 PN	192.168.0.1	0	64
服务器	CPU 1515-2 PN	192.168.0.2	502	64

7.3.3　任务 3：Modbus TCP 客户端程序设计

1. 指令介绍

S7-1500 PLC 客户端需要调用 MB_CLIENT 指令块，该指令块主要完成客户端和服务器的 TCP 连接、发送命令消息、接收响应，以及控制服务器断开的工作任务。

① 打开 PLC_1 主程序块 Main[OB1]，进入路径："指令"→"通信"→"其它"→"MODBUS TCP"，选择"MB_CLIENT"指令块，拖拽或双击。该指令块将在 OB1 的程序段 1 中出现，软件将提示为该 FB 增加一个背景数据块，本例为默认背景数据块"MB_CLIENT_DB"，单击"确定"按钮即可。调用过程如图 7-26 所示。

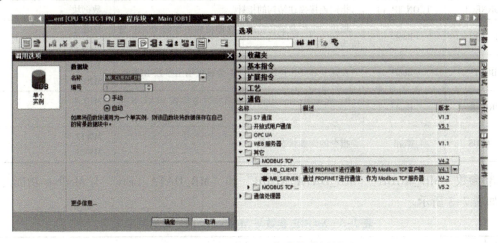

图 7-26　MB_CLIENT 指令块的调用

② MB_CLIENT 指令块如图 7-27 所示。本例中，需要使用两个 MB_CLIENT 指令块，一个用于读取服务器（PLC_2）的数据（MB_MODE=0），另一个用于向服务器（PLC_2）写入数据（MB_MODE=1），建议两个 MB_CLIENT 指令块使用相同的背景数据块"MB_CLIENT_DB"。MB_CLIENT 指令块的各个引脚参数定义及实际连接如表 7-2 所示。

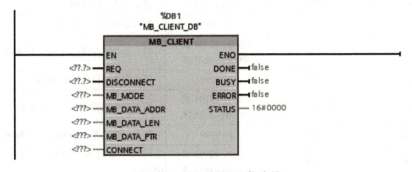

图 7-27　MB_CLIENT 指令块

表 7-2 MB_CLIENT 指令块各个引脚参数定义及实际连接

引脚名称	数据类型	说明	本例实际连接
REQ	Bool	与 Modbus TCP 服务器之间的通信请求，上升沿有效	M10.0 M20.0
DISCONNECT	Bool	控制与 Modbus TCP 服务器建立和终止连接。0：建立连接；1：断开连接	M10.1 M20.1 默认=0
MB_MODE	USInt	选择 Modbus 请求模式（读取、写入或诊断）。0：读；1：写	0：读取 1：写入
MB_DATA_ADDR	UDInt	由 MB_CLIENT 指令所访问数据的起始地址	40001 40011
MB_DATA_LEN	UInt	数据长度，即数据访问的位或字的个数	10
MB_DATA_PTR	Variant	指向 Modbus 数据寄存器的指针	P#DB2.DBX0.0 WORD 10 P#DB2.DBX20.0 WORD 10
CONNECT	TCON_IP_v4	指向连接描述结构的指针	数据块
DONE	Bool	最后一个作业成功完成，立即将输出参数 DONE 置位为"1"	M10.2 M20.2
BUSY	Bool	在建立和终止连接期间，不会设置输出参数 BUSY	M10.3 M20.3
ERROR	Bool	0：无错误；1：出错（出错原因由参数 STATUS 指示）	M10.4 M20.4
STATUS	Word	指令的详细状态信息	MW12 MW22

③ 参数"MB_MODE""MB_DATA_ADDR"和"MB_DATA_LEN"与 Modbus 功能之间的关系如表 7-3 所示。

表 7-3 MODE 参数与 Modbus 功能之间的关系

MODE	Modbus 功能	数据长度 MB_DATA_LEN	Modbus 地址 MB_DATA_ADDR	功能和数据类型
0	01	1~2000	1~9999	读取输出位：1~2000
0	02	1~2000	10001~19999	读取输入位：1~2000
0	03	1~125	40001~49999 或 400001~465535	读取保持寄存器：0~9998 或 0~65534
0	04	1~125	30001~39999	读取输入：0~9998
1	05	1	1~9999	写入输出位：0~9998
1	06	1	40001~49999 或 400001~465535	写入保持寄存器：0~9998 或 0~65534
1	15	2~1968	1~9999	写入多个输出位：0~9998
1	16	2~123	40001~49999 或 400001~465535	写入多个保持寄存器：0~9998 或 0~65534
2	15	1~1968	1~9999	写入一个或多个输出位：0~9998
2	16	1~123	40001~49999 或 400001~465535	写入一个或多个保持寄存器：0~9998 或 0~65534

2. 客户端参数设置与程序编写

① 打开 PLC 变量表，新增 10 个变量，名称、数据类型及地址如图 7-28 所示。完成后，将定义的各变量绑定到指令块的对应引脚上。

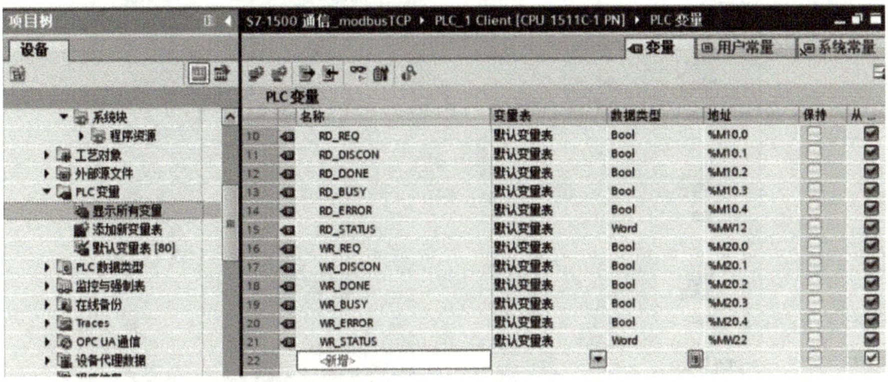

图 7-28　定义 PLC 变量

本例中，第一个 MB_CLIENT 指令块用于读取服务器 PLC_2 保持寄存器中 10 个字节的数据，故需将 MODE 参数设置为 0。其他引脚连接如图 7-29 所示。

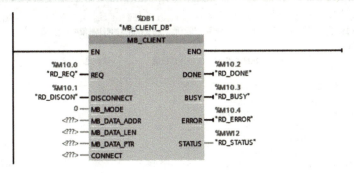

图 7-29　MB_CLIENT 指令块（读取）引脚连接

CONNECT 引脚的设置：首先创建一个新的全局数据块，例如，将数据块命名为 CONNECT，建立 CONNECT 参数的全局数据块，如图 7-30 所示。

创建后，双击打开新生成的 DB 块，定义变量名称为"CONNECT"，数据类型手动输入"TCON_IP_v4"，然后按〈Enter〉键，该数据类型结构创建完毕。

② 修改全局数据块 CONNECT 的启动值。InterfaceId 为硬件标识符，具体数值可在 PLC"属性"→"硬件标识符"中查看，本例为 64；ID 为连接 ID，取值范围为 1~4095，本例写入 1；ConnectionType 为连接类型，TCP 连接时，写入 16#0B；ActiveEstablished 为是否主动建立连接，主动为 1（客户端），被动为 0（服务器）；RemoteAddress 为服务器侧的 IP 地址，设为192.168.0.2；RemotePort 为远程端口号，即服务器侧的端口号，使用 TCP/IP 与客户端建立连接和通信的 IP 端口号（默认值为 502）；LocalPort 为本地端口号，写入 0。启动值修改完成如图 7-31 所示。

完成后，将全局数据块 CONNECT 与 MB_CLIENT 指令块的 CONNECT 引脚绑定。

③ 创建 MB_DATA_PTR 数据缓冲区。该项目要求通过 Modbus TCP 通信，一方面，将 PLC_2 保持寄存器中 10 个字的数据读到 PLC_1 中；另一方面，将 PLC_1 中的 10 个字写入 PLC_2 中，

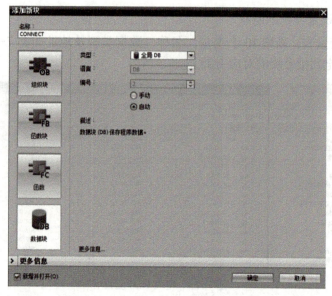

图 7-30　建立 CONNECT 参数的全局数据块

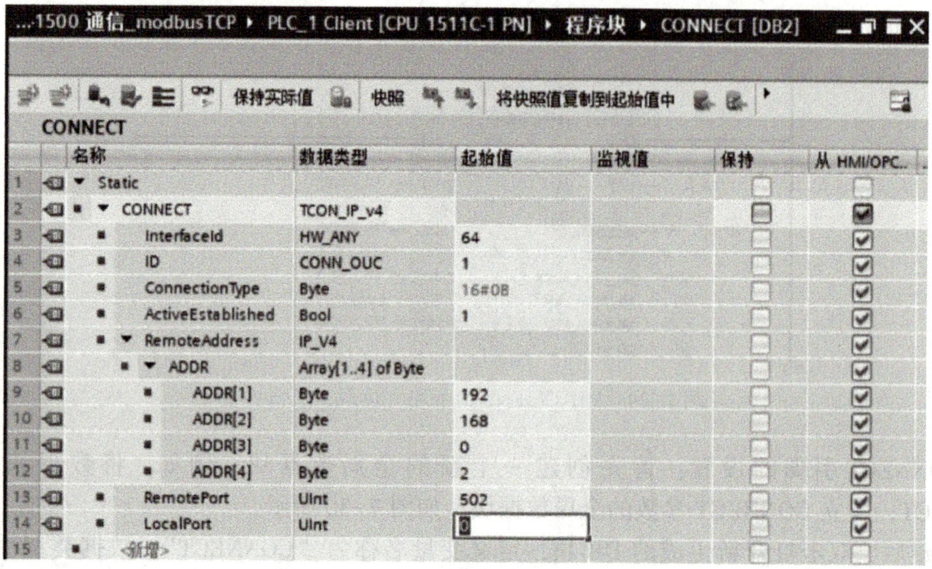

图 7-31　设置全局数据块 CONNECT

完成整个系统的读写功能。

在 PLC_1 中创建一个全局数据块 DATA，在其中建立两个数组，分别用来存放从服务器侧 PLC_2 读取的 10 个字和写入 PLC_2 的 10 个字。客户端数据缓冲区结构如图 7-32 所示。

注意：MB_DATA_PTR 指定的数据缓冲区可以为 DB 或 M 存储区地址。DB 可以为优化的数据块结构，也可以为标准的数据块结构。若为优化的数据块结构，编程时需要以符号寻址的方式填写该引脚；如要设置为标准的数据块结构，可以右击 DB，在"属性"中取消选择"优化的块访问"。本例选用标准的数据块结构（非优化的数据块）进行编程。

将 MB_CLIENT 读取指令块的 MB_DATA_ADDR 引脚设置为 40001（读取保持寄存器的 Modbus 功能码为 03，从 PLC_2 数据块首地址开始，故起始地址为 40001），数据长度 MB_

DATA_LEN 为 10，数据缓存区 MB_DATA_PTR 设置为 P#DB3. DBX0. 0 WORD 10。引脚设置完成后，如图 7-33 所示。

S7-1500 Modbus TCP通信 ▸ PLC_1_Client [CPU 1511C-1 PN] ▸ 程序块 ▸ DATA [DB3]

保持实际值　快照　将快照值复制到起始值中　将起始值加载为实际值

DATA

	名称	数据类型	偏移量	起始值	监视值	保持	从 HMI/OP
1	▼ Static						
2	▼ DATA1_RD	Array[0..9] of Word	0.0			☐	☑
3	DATA1_RD[0]	Word	0.0	16#0		☐	☑
4	DATA1_RD[1]	Word	2.0	16#0		☐	☑
5	DATA1_RD[2]	Word	4.0	16#0		☐	☑
6	DATA1_RD[3]	Word	6.0	16#0		☐	☑
7	DATA1_RD[4]	Word	8.0	16#0		☐	☑
8	DATA1_RD[5]	Word	10.0	16#0		☐	☑
9	DATA1_RD[6]	Word	12.0	16#0		☐	☑
10	DATA1_RD[7]	Word	14.0	16#0		☐	☑
11	DATA1_RD[8]	Word	16.0	16#0		☐	☑
12	DATA1_RD[9]	Word	18.0	16#0		☐	☑
13	▼ DATA2_WR	Array[0..9] of Word	20.0			☐	☑
14	DATA2_WR[0]	Word	20.0	16#0		☐	☑
15	DATA2_WR[1]	Word	22.0	16#0		☐	☑
16	DATA2_WR[2]	Word	24.0	16#0		☐	☑
17	DATA2_WR[3]	Word	26.0	16#0		☐	☑
18	DATA2_WR[4]	Word	28.0	16#0		☐	☑
19	DATA2_WR[5]	Word	30.0	16#0		☐	☑
20	DATA2_WR[6]	Word	32.0	16#0		☐	☑
21	DATA2_WR[7]	Word	34.0	16#0		☐	☑
22	DATA2_WR[8]	Word	36.0	16#0		☐	☑
23	DATA2_WR[9]	Word	38.0	16#0		☐	☑

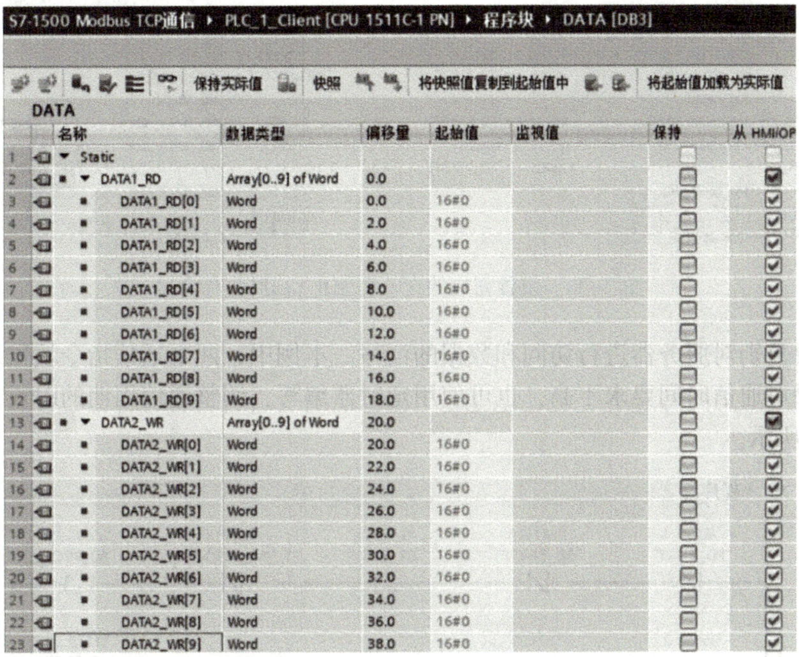

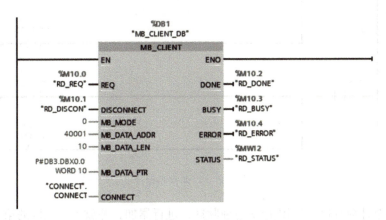

图 7-32　客户端数据缓冲区结构

图 7-33　MB_CLIENT 读取指令块引脚设置

④ 设置 MB_CLIENT 写入指令块参数。按照系统通信要求，需要分别调用两个 MB_CLIENT 指令块完成读/写数据的功能。MB_CLIENT 写入指令块设置方法如下。

第一个 MB_CLIENT 指令块设置完成后，右击 MB_CLIENT 指令块，选择“复制”→“粘贴”，生成第二个 MB_CLIENT 指令块，该块需完成将 PLC_1 中的 10 个字写入 PLC_2 中；修改引脚定义，将 MB_MODE 设为 1（写入）；MB_DATA_ADDR 用于设置写入服务器保持寄存器的起始地址，设为 40011；数据长度 MB_DATA_LEN 设为 10；待写入的数据位于 PLC_1 的位置，由 MB_DATA_PTR 引脚指定，为 P#DB3. DBX20. 0 WORD 10。设置完成的读、写 MB_CLIENT 指令块如图 7-34 所示。

⑤ 轮询程序编写。轮询程序用于系统自动、分时接通两个 MB_CLIENT 指令块与服务器的

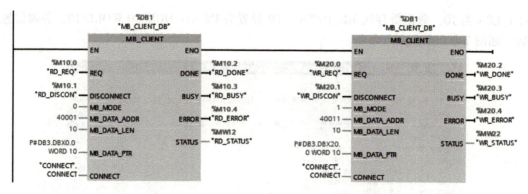

图 7-34 设置完成的读、写 MB_CLIENT 指令块

通信，可方便分别对服务器进行访问和数据的读写。本例中，两个通信指令块采用不间断的轮询通信，如果对通信时间要求不高，也可使用定时器编写，调整通信周期的时长。轮询程序设计如图 7-35 所示。

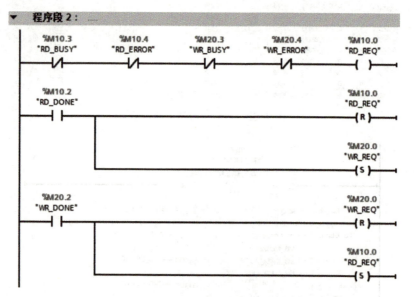

图 7-35 轮询程序设计

⑥ 添加一个计数程序。使用 1 Hz 时钟脉冲，进行累加，并放入写入区的第一个字（"DA-TA".DATA[0]）中，作为通信测试（心跳）信号。通信测试信号程序如图 7-36 所示。

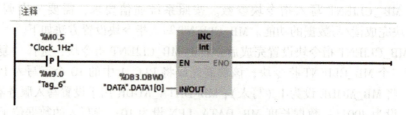

图 7-36 通信测试信号程序

7.3.4 任务 4：Modbus TCP 服务器程序设计

S7-1500 PLC 服务器侧需要调用 MB_SERVER 指令块，该指令块将处理 Modbus TCP 客户端的连接请求，接收并处理 Modbus 请求和发送响应。

1) 打开 PLC_2 主程序块 Main[OB1]，进入路径："指令"→"通信"→"其它"→"MODBUS TCP"，选择"MB_SERVER"指令块，拖拽或双击，该指令块将在 OB1 的程序段里出现，并自动生成背景数据块"MB_SERVER_DB"，单击"确定"按钮即可。MB_SERVER 指令块如图 7-37 所示。

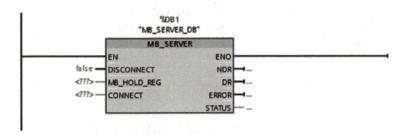

图 7-37 MB_SERVER 指令块

2) 连接功能块各个引脚。MB_SERVER 功能块各个引脚定义如表 7-4 所示。

表 7-4 MB_SERVER 功能块各个引脚定义

引脚名称	数据类型	说明	本例实际连接
DISCONNECT	Bool	0：被动建立与客户端的通信连接；1：终止连接	始终连接，默认=0
MB_HOLD_REG	Variant	指向"MB_SERVER"指令块中 Modbus 保持寄存器的指针	P#DB3.DBX0.0 WORD 20
CONNECT	TCON_IP_v4	指向连接描述结构的指针	数据块 DB2
NDR	Bool	New Data Ready：0：无新数据写入；1：接收到客户端写入的新数据	M10.0
DR	Bool	Data Read：0：未读取数据；1：从客户端读取到的新数据	M10.1
ERROR	Bool	0：无错误；1：出错（出错原因由参数 STATUS 指示）	M10.2
STATUS	Word	指令的详细状态信息	MW12

3) CONNECT 引脚的设置。同 MB_CLIENT 指令块 CONNECT 引脚设置步骤基本一致。修改全局数据块"CONNECT"的启动值，CONNECT 引脚的全局数据块参数设置如图 7-38 所示。

4) 创建 MB_HOLD_REG 数据缓冲区。在 PLC_2 项目中创建一个全局数据块 DATA，用来存放需要读/写的 20 个字的数据，故可将 DATA 分为两个区域，DATA1 和 DATA2，各 10 个字。服务器端数据缓冲区结构如图 7-39 所示。

注意：MB_HOLD_REG 指定的数据缓冲区可以为 DB 或 M 存储区地址。本例选择非优化的数据块进行编程。

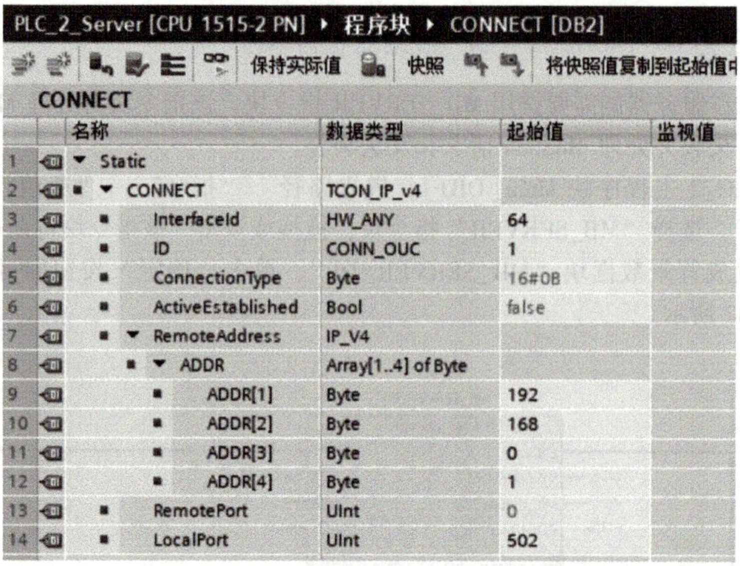

PLC_2_Server [CPU 1515-2 PN] ▸ 程序块 ▸ CONNECT [DB2]

保持实际值 快照 将快照值复制到起始值中

CONNECT

	名称	数据类型	起始值	监视值
1	▼ Static			
2	▼ CONNECT	TCON_IP_v4		
3	InterfaceId	HW_ANY	64	
4	ID	CONN_OUC	1	
5	ConnectionType	Byte	16#0B	
6	ActiveEstablished	Bool	false	
7	▼ RemoteAddress	IP_V4		
8	▼ ADDR	Array[1..4] of Byte		
9	ADDR[1]	Byte	192	
10	ADDR[2]	Byte	168	
11	ADDR[3]	Byte	0	
12	ADDR[4]	Byte	1	
13	RemotePort	UInt	0	
14	LocalPort	UInt	502	

图 7-38　CONNECT 引脚的全局数据块参数设置

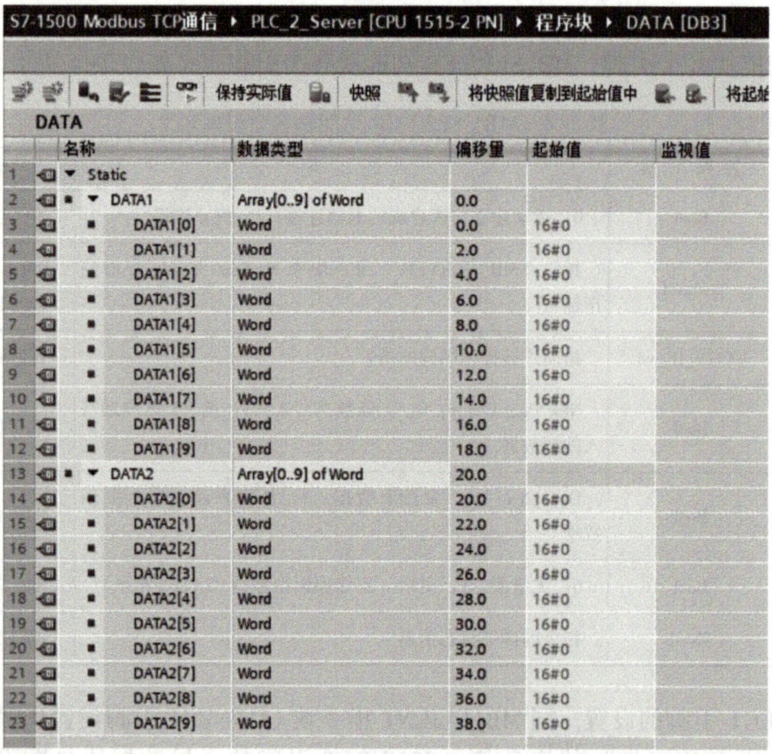

S7-1500 Modbus TCP通信 ▸ PLC_2_Server [CPU 1515-2 PN] ▸ 程序块 ▸ DATA [DB3]

保持实际值 快照 将快照值复制到起始值中 将起始

DATA

	名称	数据类型	偏移量	起始值	监视值
1	▼ Static				
2	▼ DATA1	Array[0..9] of Word	0.0		
3	DATA1[0]	Word	0.0	16#0	
4	DATA1[1]	Word	2.0	16#0	
5	DATA1[2]	Word	4.0	16#0	
6	DATA1[3]	Word	6.0	16#0	
7	DATA1[4]	Word	8.0	16#0	
8	DATA1[5]	Word	10.0	16#0	
9	DATA1[6]	Word	12.0	16#0	
10	DATA1[7]	Word	14.0	16#0	
11	DATA1[8]	Word	16.0	16#0	
12	DATA1[9]	Word	18.0	16#0	
13	▼ DATA2	Array[0..9] of Word	20.0		
14	DATA2[0]	Word	20.0	16#0	
15	DATA2[1]	Word	22.0	16#0	
16	DATA2[2]	Word	24.0	16#0	
17	DATA2[3]	Word	26.0	16#0	
18	DATA2[4]	Word	28.0	16#0	
19	DATA2[5]	Word	30.0	16#0	
20	DATA2[6]	Word	32.0	16#0	
21	DATA2[7]	Word	34.0	16#0	
22	DATA2[8]	Word	36.0	16#0	
23	DATA2[9]	Word	38.0	16#0	

图 7-39　服务器端数据缓冲区结构

5）依次定义 MB_SERVER 指令块的各个引脚，引脚设置完成后的 MB_SERVER 指令块如图 7-40 所示。

6）在程序段 2 中添加一个计数程序。使用 1Hz 时钟脉冲，进行累加，并放入待读取区的第一个字中，作为通信测试（心跳）信号。通信测试信号程序如图 7-41 所示。

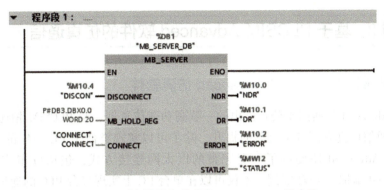

图 7-40　引脚设置完成后的 MB_SERVER 指令块

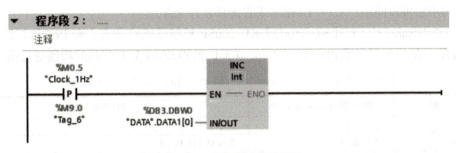

图 7-41　通信测试信号程序

7.3.5　任务 5：Modbus TCP 系统通信功能测试

在客户端和服务器中分别建立通信变量的监控表，并在线监控与修改变量，观察系统运行和通信数据情况。客户端/服务器之间的数据交换如图 7-42 所示。

PLC_2 的 DATA 数据块（DB3）中第一个数据为时钟累加信号，通信正常建立后，可在 PLC_1 读取区的第一个寄存器中看到其数值变化；同样，也可在 PLC_2 的第一个寄存器中看到发送 PLC_1 过来的测试信号。

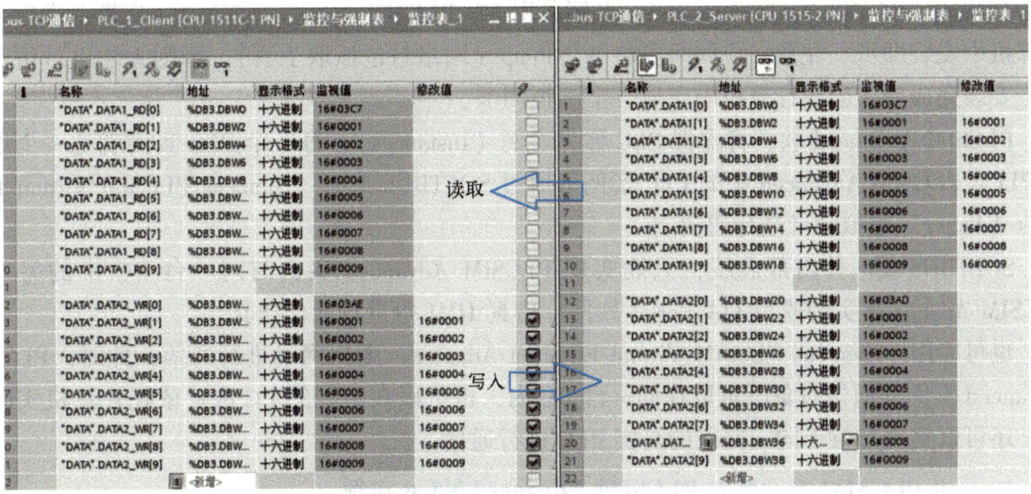

图 7-42　客户端/服务器之间的数据交换

7.4 实训3：基于 PLCSIM Advanced 软件的仿真通信

7.4.1 任务1：PLCSIM Advanced 仿真软件

PLCSIM Advanced 是西门子公司推出的一款高功能仿真器，与 PLCSIM 相比，其功能更为丰富，尤其是通信仿真方面有了显著的提升。除了可以实现类似于 PLCSIM 的 SOFTBUS 通信仿真，PLCSIM Advanced 还提供了一套完整的以太网连接方式，包括分布式通信方式，如 PLCSIM Advanced 虚拟的 PLC 实例，不仅可以在单台 PC 上实现多台 PLC 的通信仿真运行，还可以通过虚拟网卡实现与真实 PLC 或者 HMI 的通信；PLCSIM Advanced 同时预留了用户接口（API），利用它可以同用户 C++/C#程序或者仿真软件交互。

PLCSIM Advanced 只能对 S7-1500 或 ET-200SP 控制器进行仿真，而 PLCSIM 支持全系列 PLC 的仿真。表 7-5 列出了 PLCSIM Advanced 3.0 和 PLCSIM V16 产品的功能对比情况。

表 7-5 PLCSIM Advanced V3.0 和 PLCSIM V16 产品的功能对比

功　能	PLCSIM Advanced V3.0	PLCSIM V16
软件运行	独立软件	基于 STEP7
用户界面	控制面板	集成到 TIA Portal
通信仿真	SOFTBUS, TCP/IP	仅 SOFTBUS
支持的 CPU	S7-1500（C, T, F）ET 200SP, ET 200SP F	S7-1200（F），S7-1500（C, T, F），ET 200SP, ET 200SP F
Web Server	支持	不支持
开放性编程（ODK）	支持	不支持
OPC UA 通信	支持	不支持
仿真实例数量	最多 16 个	最多 2 个

7.4.2 任务2：PLCSIM Advanced 3.0 仿真软件介绍

SIMATIC S7-PLCSIM Advanced 仿真软件可在西门子全球技术资源库中搜索下载，网址为 https://support.industry.siemens.com，本例采用 S7-PLCSIM Advanced V3.0。下载完成后，在计算机中安装即可。注意，应同时安装 WINPcap（网络封包抓取工具），否则无法进行仿真通信。安装完成后，会在计算机中生成一个虚拟网卡。

PLCSIM Advanced 软件将虚拟 PLC 称为实例（Instances），每一个 PLC 实例就是一个虚拟的 PLC，PLCSIM Advanced 中的 PLC 实例可通过 SOFTBUS 或者"Siemens PLCSIM Virtual Ethernet Adapter"虚拟网卡进行通信。

SOFTBUS 是一种内部总线，只能实现 PLCSIM Advanced 实例与同一台 PC 中的另一个 PLCSIM Advanced 实例或与 TIA Portal 软件、仿真 HMI 等进行通信仿真。

也可应用"Siemens PLCSIM Virtual Ethernet Adapter"虚拟网卡进行通信，此时，PLCSIM Advanced 实例的通信对象既可以在同一台 PC 内，也可以在不同的 PC 内；依托计算机实际网卡，还可以实现与位于同一网段的真实 PLC 进行通信。

1. 采用 PLCSIM 方式建立 PLCSIM Advanced V3.0 实例

右击桌面的 S7-PLCSIM Advanced V3.0 图标，选择"以管理员身份运行"，启动 PLCSIM

Advanced V3.0 软件，控制面板如图 7-43 所示。图 7-43 中，在线访问方式（Online Access）选择"PLCSIM"，单击"Start Virtual S7-1500 PLC"前端向下的箭头，然后输入实例名称（Instance name），如"VPLC_1"，接着单击"Start"按钮，VPLC_1 实例建立完成；使用同样的方法可以同时创建多个 PLC 实例。

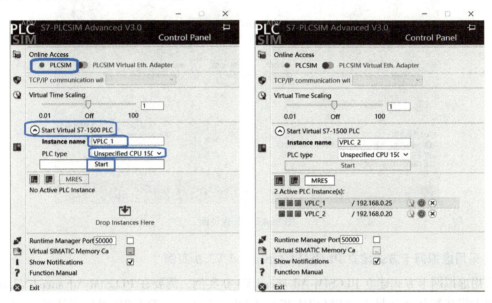

图 7-43 使用 PLCSIM 方式创建实例

PLC 实例创建完成后，就可以将在 TIA Portal 软件中编写好的 PLC 程序下载到 PLC 实例中。首先，在 TIA Portal 软件的项目上右击选择"属性"，在"保护"选项卡里勾选"块编译时支持仿真"，如图 7-44 所示。

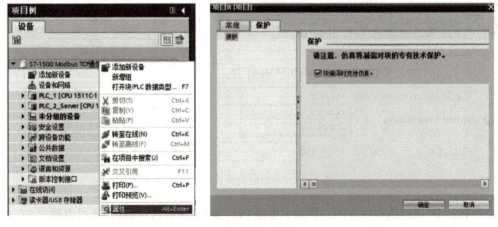

图 7-44 块编译仿真设置

其次，在 TIA Portal 中选择"在线"→"下载到设备"，将弹出下载窗口，如图 7-45 所示。此时 TIA Portal 会自动配置好 PG/PC 接口（PG/PC，PLCSIM），用户只要将"接口/子网的连接"设置为"PN/IE_1"，并单击"开始搜索"按钮，将会查找到在 PLCSIM Advanced V3.0 中建立的实例 PLC，正常进行下载即可。下载页面如图 7-45 所示。此时，TIA Portal 项目就被成功装载到虚拟的 PLC 实例中，接下来就可以实现程序逻辑的在线监控了。

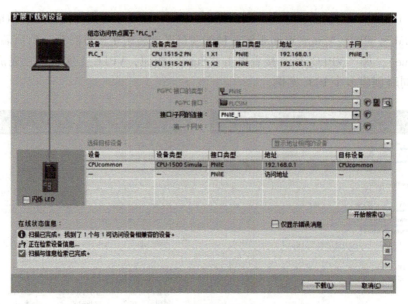

图 7-45　下载页面

2. 采用虚拟网卡方式建立 PLCSIM Advanced V3.0 实例

采用虚拟网卡方式建立 PLCSIM Advanced V3.0 实例，需要在 PLCSIM Advanced V3.0 的控制面板上将在线访问切换至"PLCSIM Virtual Eth. Adapter"；TCP/IP 通信可选择"<Local>"或"以太网"，其中"<Local>"是指选择虚拟网卡"Siemens PLCSIM Virtual Ethernet Adapter"进行通信，PLC 实例和 TIA Portal 均在同一台 PC 中；可以创建运行于一台 PC 中的多个实例 PLC。本地通信设置与示意图如图 7-46 所示。

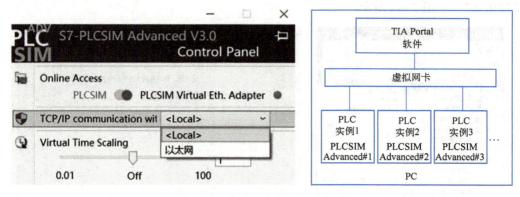

图 7-46　本地通信设置与示意图

如果 TCP/IP 通信选择以太网，则除了本地 PLC 实例之间进行通信，还可以通过 PC 的有线网卡和外部的 PC 或真实 PLC、HMI 之间进行通信。以太网通信设置与示意图如图 7-47 所示。

TCP/IP 通信设置完成后，就可以进行实例的通信参数设置。设置步骤为：单击 PLCSIM Advanced 控制面板上的"Start Virtual S7-1500 PLC"，展开实例的设置界面，设置实例名称（Instance name），如 Client_1；IP 地址，如 192.168.0.1；子网掩码，如 255.255.255.0；网关，本例中不设置；PLC 类型，选择"Unspecified CPU 1500"；单击"Start"按钮，则创建完成的 PLC 实例将会显示在下方列表中，可通过启动、停止、MRES 操作 PLC 实例相应动作，如图 7-48 所

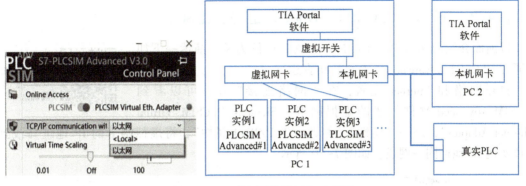

图 7-47　以太网通信设置与示意图

示。继续修改实例名称、IP 地址等参数，可以用同样的方法创建多个 PLC 实例。

PLC 实例创建完成后，就可以在 TIA Portal 软件中搜索到相应的 PLC，并进行程序下载。如前所述，需要在项目"属性"→"保护"中选择"块编译时支持仿真"。

下载时，在下载页面中注意选择"PG/PC 接口"为虚拟网卡（Siemens PLCSIM Virtual Ethernet Adapter），"接口/子网的连接"选择"PN/IE_1"。设置完成后，单击"开始搜索"按钮，在 PLCSIM Advanced 控制面板上已经建好的 PLC 实例将会显示出来，选择对应的 PLC 实例，进行程序的下载，如图 7-49 所示。下载完成后，就可进行程序的仿真了。

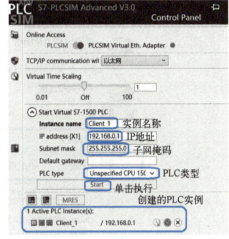

图 7-48　PLC 实例设置界面

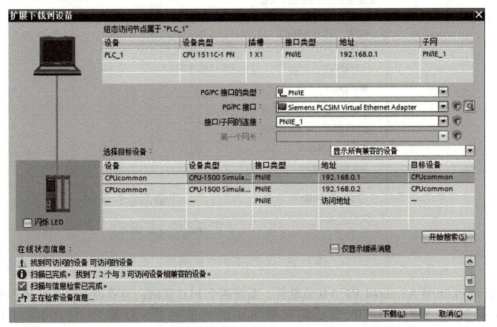

图 7-49　使用虚拟网卡接口下载程序

7.4.3 任务3：PLCSIM Advanced 通信仿真调试

7.4 S7-1500 PLC Modbus TCP 通信仿真调试

以前面介绍的两台 PLC 的 Modbus TCP 通信为例，演示一下如何通过 PLCSIM Advanced V3.0 进行仿真运行。

打开网络和 Internet 设置，在"网络连接"中，可以看到 PLCSIM Advanced 软件创建的虚拟网卡"Siemens PLCSIM Virtual Ethernet Adapter"，进入"属性"，修改"TCP/IPv4 属性"，将虚拟网卡的 IP 地址修改到与 PLC 实例 IP 地址同一网段，如图 7-50 所示。

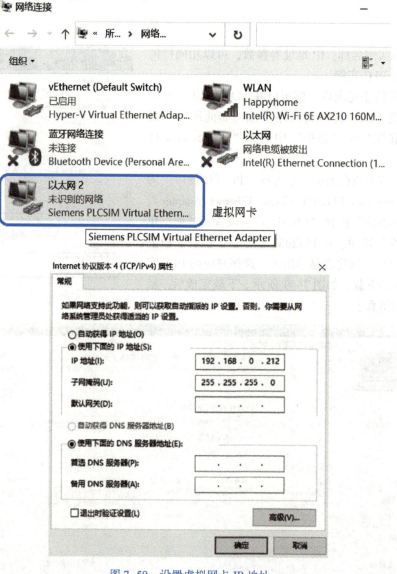

图 7-50 设置虚拟网卡 IP 地址

打开 PLCSIM Advanced V3.0 仿真软件，新建两个 PLC 实例；与项目对应，实例名称分别为 Client_1 和 Server_1；IP 地址需与项目中的地址对应，分别为 "192.168.0.1" 和 "192.168.0.2"，子网掩码均为 "255.255.255.0"；PLC 类型为 "Unspecified CPU 1500"。配

置完成后，在列表中可看到两个 PLC 实例，如图 7-51 所示。

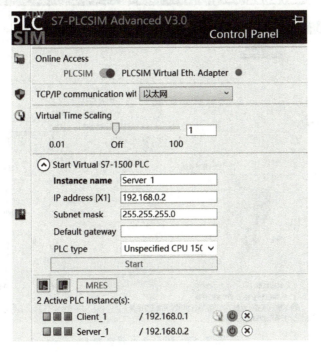

图 7-51　在 PLCSIM Advanced 中新建实例

在 TIA Portal V16 中，打开已编写好的通信程序；将两台 PLC 的程序分别下载到对应的 PLC 实例中。需要注意两点，一是在项目"属性"→"保护"中选择"块编译时支持仿真"；二是下载时"PG/PC 接口"应选择虚拟网卡（Siemens PLCSIM Virtual Ethernet Adapter）。两台 PLC 的下载页面如图 7-52、图 7-53 所示。

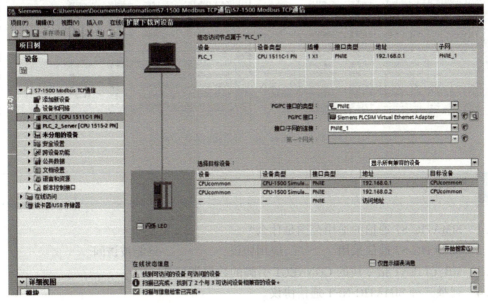

图 7-52　PLC_1 下载页面

图 7-53　PLC_2 下载页面

将两台 PLC 实例置于 RUN 状态，并转至在线，在监控表中可看到两台 PLC 实例的通信状态，其数据交互情况如图 7-54 所示。

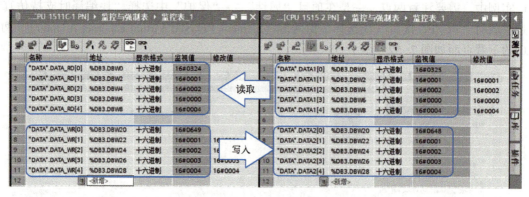

图 7-54　两台 PLC 实例数据交互情况

7.5　习题

7.1　SIMATIC S7 通信的适用范围是什么？

7.2　SIMATIC S7 通信采用_____应用协议，_____只能被访问。

7.3　MB_CLIENT 指令块的 CONNECT 引脚的数据类型是_____。

7.4　列举三种 SIMATIC NET 通信协议。

7.5　在 SIMATIC S7 通信中，PUT 指令的作用是什么？GET 指令的作用是什么？

7.6　客户端、服务器的作用各是什么？

7.7　试阐述 Modbus TCP 与 Modbus RTU 的区别与联系？

7.8　设计一个控制系统，满足两台 S7-1500 PLC 进行 Modbus TCP 通信时，两站交互两个字的数据。

> 发展独立思考和独立判断的一般能力，应当始终放在首位，不应当把获得专业知识放在首位。
>
> ——爱因斯坦

第 8 章　SCL 编程语言

8.1　SCL 简介

8.1.1　SCL 的特点

SCL（Structured Control Language，结构化控制语言）是一种基于 PASCAL 的高级编程语言，这种语言基于标准 DIN EN 61131-3（国际标准为 IEC 1131-3），根据该标准，可对用于可编程控制器的编程语言进行标准化。SCL 实现了该标准中定义的 ST 语言（结构化文本）的 PLCopen 初级水平。相对于西门子 PLC 的其他编程语言，SCL 与计算机高级编程语言非常接近，只要使用者接触过 PASCAL 或者 VB，实现 SCL 的快速入门是非常容易的。

SCL 对 PLC 中的应用做了相应的优化处理，它不仅包含 PLC 的典型元素（例如，输入、输出、定时器或存储器），还包含了高级编程语言的特性，如采用表达式、赋值运算、运算符、高级函数等完成数据的传送和运算，创建程序分支、选择、循环或跳转，或进行程序控制等。

因此，SCL 尤其适用于数据管理、过程优化、配方管理、复杂的数学计算及统计任务等应用领域。

8.1.2　SCL 的编辑界面

TIA Portal 软件中已经集成了 SCL 环境，用户可以直接使用 SCL 进行 PLC 程序的编写。此外，TIA Portal 软件提供了两种方式来调用 SCL 编程界面。

1. 通过新建块实现 SCL 编程

用户编程时，选择"项目树"→"程序块"→"添加新块"，在弹出的"添加新块"对话框中，选择需添加的 OB、FB、FC 后，在"语言"中选择"SCL"，即可建立 SCL 程序块。"添加新块"对话框如图 8-1 所示。

打开新建的 SCL 程序块，可以看到 SCL 程序编辑页面，如图 8-2 所示。该界面主要包括以下几个部分：工具栏、接口参数区、指令调用区和程序编辑区。

2. 通过插入方式实现 SCL 编程

TIA Portal V14 及其以上的版本都提供了第二种方式，即在梯形图（LAD）、功能块（FBD）的程序块中插入 SCL 程序段，可实现结合 SCL 编程的混合编程方式，如图 8-3 所示。

3. SCL 编程窗口

SCL 编程窗口就是程序编辑区，在此区域可输入 SCL 程序。图 8-4 为 SCL 编程窗口，主要由侧栏、行号、轮廓视图、代码区和操作数显示区（监控时显示运行数值）构成。

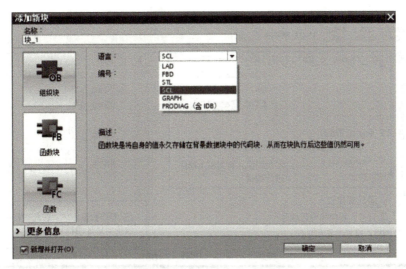

图 8-1 "添加新块"对话框

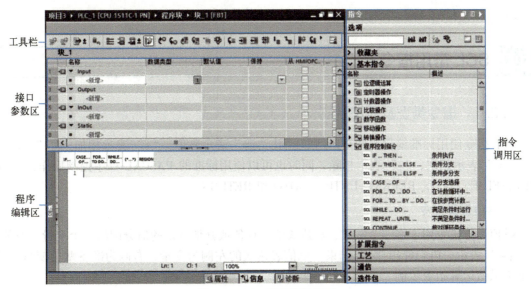

图 8-2 SCL 程序编辑界面

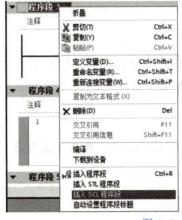
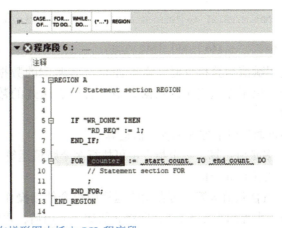

图 8-3 在梯形图中插入 SCL 程序段

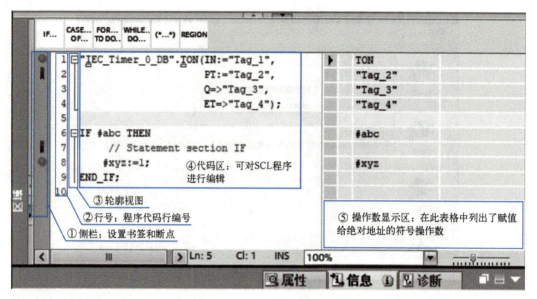

图 8-4 SCL 编程窗口

8.2 SCL 常用指令

8.2.1 指令类型及语法规则

SCL 指令使用标准编程运算符，例如，用":="表示赋值，"+"表示相加，"-"表示相减，"*"表示相乘，"/"表示相除；同时也可以使用标准的 PASCAL 程序控制操作，如 IF-THEN-ELSE、CASE、REPEAT-UNTIL、GOTO 和 RETURN。

1. 赋值运算指令

赋值运算指令用于将一个常数、表达式的运算值或其他变量的值分配给一个变量。赋值使用":="表示，语句使用";"结束。赋值表达式的左侧为变量，右侧为准备赋给变量的值。以下为赋值运算指令示例。

```
"Tag_1" := 12;                    //将常数12赋给变量Tag_1

"MyDB".MYFB[2] := "PID_SPEEDWORD"; //将变量PID_SPEEDWORD的数值赋给数组成员MYFB[2]

#RESULT := (#A - #B) * #C / #D;    //将变量A、B、C、D的运算结果传送给RESULT
```

使用赋值运算指令时，需要注意左右两侧的数据类型应保持一致。赋值运算指令的数据类型取决于左边变量的数据类型，右边表达式的数据类型必须与左边变量的数据类型保持一致。

还可通过以下方式编程赋值运算。

① 多赋值运算。一个指令中可执行多个赋值运算。如 a:=b:=c，执行的操作是：先执行 b:=c，再执行 a:=b。

② 组合赋值运算：可在赋值运算中组合使用操作符 "+" "-" "*" 和 "/"。如 a+=b，执行的操作等同于 a:=a+b，即将 a 值加上 b 值后，再赋值给 a。

也可以多次组合赋值运算，如 a+=b+=c*=d；此时，将按从右到左的顺序执行赋值运算，即首先 c:=c*d，然后 b:=b+c，最后 a:=a+b。

2. 程序控制指令

程序控制指令用于实现程序的分支、循环或跳转，如 IF、FOR、CASE、WHILE 和 GOTO 指令等。程序控制指令示例如下：

```
20 WHILE "Counter" < 10 DO
21     "MyTag" := "MyTag" + 2;
22 END_WHILE;
```

程序控制指令使程序在处理变量寻址、复杂计算、复杂流程控制、数据和配方管理及过程优化等方面的性能有了很大的改善和提高。在后面会对其进行详细的介绍。

3. 指令调用区 SCL 标准指令

可在指令调用区直接调用用于 SCL 程序的标准指令，该标准指令主要包括基本指令、扩展指令、工艺及通信指令等。指令调用区 SCL 标准指令如图 8-5 所示。这些指令可通过鼠标拖拽或双击的方式在程序编辑区内进行编辑。

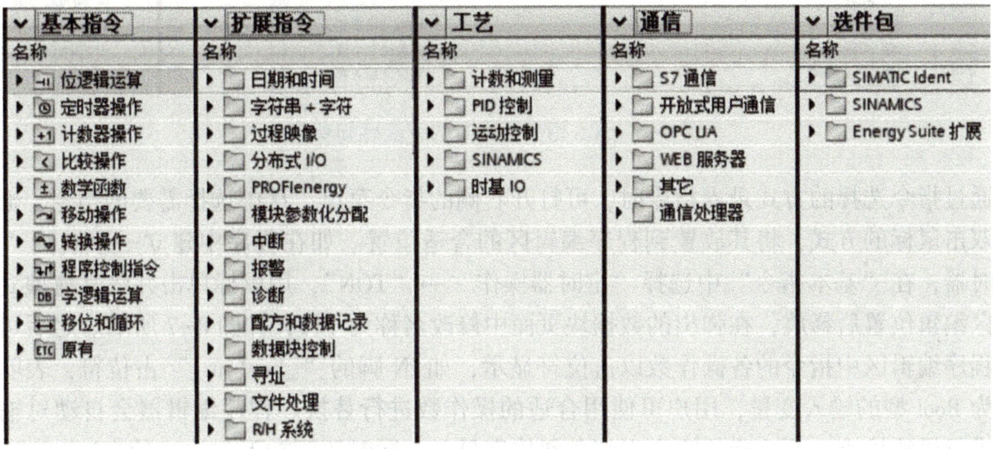

图 8-5　指令调用区 SCL 标准指令

4. 块调用

块调用用于调用已放置在其他块中的子例，并对这些子例的结果做进一步的处理。块调用示例如下：

```
17  #OUTPUT:="MyDB".MYFB[#NUMBER];
```

SCL 指令在输入和编辑时需要遵守下列规则：指令可跨行输入和编辑；每个指令都以分号（;）结尾；指令输入时不区分大小写；注释（//）仅用于描述程序，而不会影响程序的执行。

8.2.2　指令的输入方法

在 TIA Portal 软件中，当选择某个程序块（OB、FB 或 FC）的编程语言为 SCL 后，就可以打开该程序块，并在右侧的程序编辑区输入相应指令进行程序的编辑工作。默认情况下，SCL 程序中的关键字会以蓝色显示，有语法错误的部分会以红色显示，注释以绿色显示。

SCL 程序的录入主要有两种方式，即手动录入和通过指令选择。

手动录入以文本方式实现指令的录入，需要用户对指令足够熟悉。手动录入主要的操作要点：通过键盘输入 SCL 指令及语法；输入时支持自动完成功能，即输入指令时，软件具有智能感知功能，当用户手动输入一个字符后，系统会自动显示与其相关的指令，用于提示或便于用户选择使用。如当用户输入字母"f"时，系统会自动显示与 f 相关的所有指令。SCL 指令输入时的智能感知功能如图 8-6 所示。

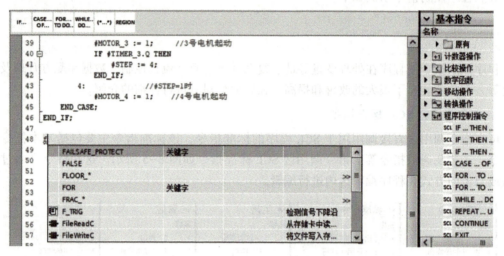

图 8-6　SCL 指令输入时的智能感知功能

通过指令选择的方式录入指令时，可打开右侧的指令菜单，从中选择需要的指令，通过拖拽或双击鼠标的方式，将其放置到程序编辑区的合适位置。如在程序中建立一个名为"T11"的定时器，在"基本指令"中选择"定时器操作"→"TON"，用鼠标单击并将其拖拽到程序编辑区编辑位置后释放，在弹出的数据块页面中修改名称为 T11，如图 8-7 所示。之后可以看到，程序编辑区中指令的各操作数以占位符显示，如 IN 脚的"_bool_in_"占位符，表明数据类型为 Bool 型的输入变量，用户可使用合适的操作数进行替换。程序编辑器会自动对输入的程序进行语法检查，不正确的输入以红色斜体字显示，同时还可在下方的"信息"→"语法"栏中看到详细的错误消息，如图 8-8 所示。

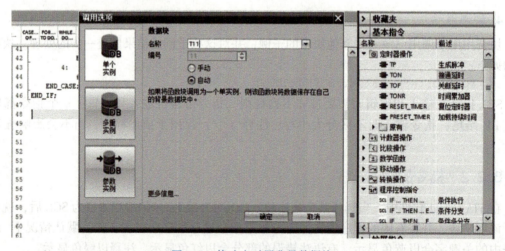

图 8-7　修改定时器背景数据块

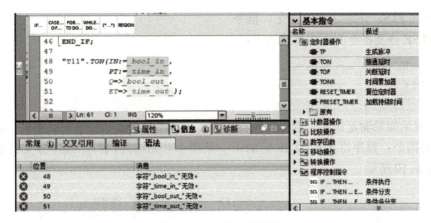

图 8-8　SCL 指令的编辑

8.2.3　指令介绍

SCL 作为一种编程语言，可以实现 LAD/FBD（梯形图/功能块）所有的功能，其大多数指令与 LAD/FBD 的相同，只是在编辑器中的外形不同。对比 SCL 与 LAD 两种编程语言的指令集，可以看到，LAD 所用指令在 SCL 指令集中都有所体现，但 SCL 作为高级编程语言，其指令集中还增加了用于实现程序的选择、分支、循环或跳转等功能的程序控制指令，使程序在处理变量寻址、复杂计算、复杂流程控制、数据和配置管理及过程优化等方面的性能有了很大改善和提高。根据不同项目的特点和要求，合理运用不同编程语言的编程优势，可以大幅提高项目开发效率。下面主要介绍新增的程序控制指令。

1. IF 指令（条件执行指令）

条件执行指令 IF，可以根据条件控制程序流向的分支。该条件是结果为布尔值（TRUE 或 FALSE）的表达式，可以将逻辑表达式或比较表达式作为条件。

执行该指令时，将对指定的表达式进行运算。如果表达式的值为 TRUE，表示满足该条件；如果表达式的值为 FALSE，则表示不满足该条件。

（1）IF 分支（条件执行）指令

IF 分支指令的语法格式如下：

```
IF<条件>THEN<指令>;
END_IF;
```

该指令表示如果满足该条件，程序将执行 THEN 后面的指令；如果不满足该条件，程序将从 END_IF 后的下一条指令开始继续执行。条件执行指令流程及录入界面如图 8-9 所示。

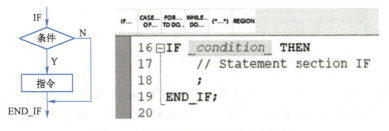

图 8-9　条件执行指令流程及录入界面

(2) IF 和 ELSE 分支（条件分支）指令

IF 和 ELSE 分支指令的语法格式如下：

```
IF<条件>THEN<指令 1>;
ELSE<指令 0>;
END_IF;
```

该指令表示如果满足条件，程序将执行 THEN 后面的指令；如果不满足条件，程序将执行 ELSE 后面的指令；程序将从 END_IF 后的下一条指令开始继续执行。条件分支指令流程及录入界面如图 8-10 所示。

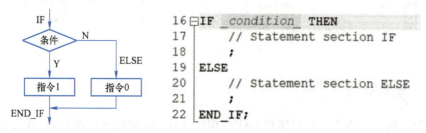

图 8-10 条件分支指令流程及录入界面

(3) IF、ELSIF 和 ELSE 分支（条件多分支）指令

IF、ELSIF 和 ELSE 分支指令的语法格式如下：

```
IF<条件 1>THEN<指令 1>;
ELSIF<条件 2>THEN<指令 2>;
ELSE<指令 0>;
END_IF;
```

该指令表示如果满足第一个条件（条件 1），程序将执行 THEN 后的指令（指令 1）；如果不满足第一个条件，程序将检查是否满足第二个条件（条件 2），如果满足第二个条件（条件 2），将执行 THEN 后面的指令（指令 2）；如果不满足任何条件，则先执行 ELSE 后面的指令（指令 0），再执行 END_IF 后面的程序部分。条件多分支指令流程及录入界面如图 8-11 所示。实际使用时，可以嵌套任意多个 ELSIF 和 THEN 的组合，实现更多条件分支的转移和指令执行。

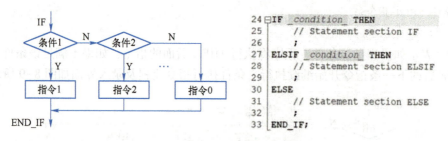

图 8-11 条件多分支指令流程及录入界面

如多段调速系统，要求当输入值为 1 时，转速设为 20；当输入值为 2 时，转速设为 40；当输入值为 3 时，转速设为 60；输入其他值时，转速为 0。SCL 条件多分支指令示例如图 8-12 所示。

```
44  IF "INPUT" = 1 THEN
45      "SPEED_Value" := 20;
46  ELSIF "INPUT" = 2 THEN
47      "SPEED_Value" := 40;
48  ELSIF "INPUT" = 3 THEN
49      "SPEED_Value" := 60;
50  ELSE
51      "SPEED_Value" := 0;
52  END_IF;
```

操作数	INPUT (Int类型)	Speed_Value (Int类型)
数值	1	20
	2	40
	3	60
	其他值	0

图 8-12 SCL 条件多分支指令示例

a) 条件多分支指令示例 b) 条件多分支指令运行结果

2. CASE 指令（多路分支指令）

多路分支指令 CASE，可以根据数字表达式的值（必须为整数类型），选择执行多个指令序列中的一个。

该指令会将表达式的值与多个常数进行比较，如果表达式的值等于某个常数，则执行紧跟在该常数后面编写的指令。常数可以为以下值：整数（例如，5）；某个整数范围（例如，15,···,20，表示大于等于 15、小于等于 20 的数值）；由整数和范围组成的枚举（例如，10, 11,15,···,20）。

CASE 指令的语法格式（其中 X≥3）如下：

```
CASE<表达式>OF
<常数1>:<指令1>;
<常数2>:<指令2>;
…
<常数X>:<指令X>;
ELSE<指令0>;
END_CASE;
```

该指令表示如果表达式的值等于第一个常数（常数1），则程序执行紧跟在该常数后编写的指令（指令1），完成后，程序将从 END_CASE 后继续执行；如果表达式的值不等于第一个常数（常数1），则程序将该值与下一个设定的常数进行比较。以这种方式执行 CASE 指令直至比较的值相等为止。如果表达式的值与所有设定的常数值均不相等，则执行 ELSE 后面编写的指令（指令0）。ELSE 是一个可选的语法部分，也可以省略。多路分支指令流程及录入界面如图 8-13 所示。

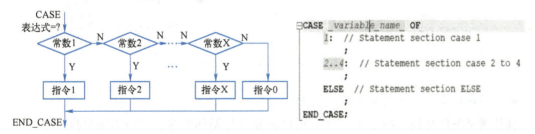

图 8-13 多路分支指令流程及录入界面

CASE 指令示例及运行结果如图 8-14 所示（图中的"—"代表操作数不变）。由图可知，CASE 指令根据变量 Tag_Value 数值的不同，执行不同的分支程序。

```
56 CASE #Tag_Value OF
57     1:
58         "Tag_1":=1;
59     2,3:
60         "Tag_1" := 0;   "Tag_2" := 1;
61     5..8:
62         "Tag_1" := 1;   "Tag_3" := 1;
63     ELSE
64         "Tag_1":="Tag_2":="Tag_3":=0;
65 END_CASE;
```

操作数	数值			
Tag_Value	1	2, 3	5, 6, 7, 8	其他
Tag_1	1	0	1	0
Tag_2	—	1	—	0
Tag_3	—	—	1	0

a)　　　　　　　　　　　　　　　b)

图 8-14　CASE 指令示例及运行结果

a）CASE 指令示例　b）CASE 指令运行结果

3. FOR 指令（循环执行指令）

使用循环执行指令 FOR，可以重复执行循环程序，直至运行变量不在指定的取值范围内。也可以嵌套循环，即在程序循环内，可以编写包含其他运行变量的其他循环程序。

执行 FOR 指令时，可以通过"复查循环条件"指令（CONTINUE），终止当前连续运行的循环；也可以通过"立即退出循环"指令（EXIT）终止整个循环的执行。

循环执行指令 FOR 的语法格式如下：

```
FOR<执行变量>:=<起始值>TO<结束值>BY<增量>DO<指令>
END_FOR;
```

该指令表示，首次循环时，<执行变量>由<起始值>开始，执行 DO 之后的<指令>；首次循环完成后，进入二次循环，即计算<起始值>加上<增量>并赋值给<执行变量>，然后继续执行 DO 之后的<指令>；其后，依次类推；直至<执行变量>多次累加<增量>后，达到或超出<结束值>时，程序退出循环，从 END_FOR 后继续执行。

使用时应注意，指令中的<执行变量><起始值><结束值><增量>都应为整数类型；还应注意整数类型变量的取值范围及循环方向，避免出现死循环，导致程序报错，无法执行。

FOR 指令编程示例如图 8-15 所示。图中程序表示，一个数组 A_array 内的 10 个数，如为偶数编号，乘以数值"5"；如为奇数编号，乘以数值"-5"；将计算结果发送到一个对称的数组 B_array 中。FOR 指令编程示例程序监控结果如图 8-16 所示。

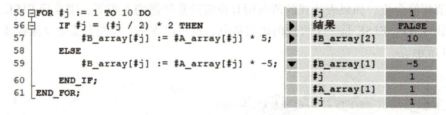

图 8-15　FOR 指令编程示例

4. WHILE 指令（满足条件时执行指令）

使用满足条件时执行指令 WHILE，可以重复执行循环程序，直至不满足执行条件为止。该条件是结果为布尔值（TRUE 或 FALSE）的表达式，可以将逻辑表达式或比较表达式作为条件。

执行该指令时，将对指定的表达式进行运算。如果表达式的值为 TRUE，则表示满足该条件；如果表达式的值为 FALSE，则表示不满足该条件。该指令可以嵌套循环，即在程序循环内，可以编写包含其他运行变量的其他循环程序。

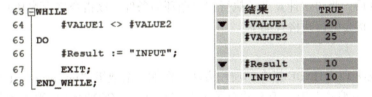

图 8-16　FOR 指令示例程序监控结果

执行 WHILE 指令时，可以通过"复查循环条件"指令（CONTINUE），终止当前连续运行的循环；也可以通过"立即退出循环"指令（EXIT）终止整个循环的执行。

WHILE 指令的语法格式如下：

```
WHILE <条件> DO <指令>
END_WHILE;
```

该指令表示，条件为 TRUE 时，程序执行 DO 之后的指令；如果不满足条件，即条件为 FALSE 时，则程序从 END_WHILE 后继续执行。

下面举例说明 WHILE 指令的使用方法。例如，比较两个 Int 型整数"VALUE1"和"VALUE2"，如果两数不相等，则将操作数"INPUT"的值传送给操作数"Result"。WHILE 程序示例及运行结果监控如图 8-17 所示。

程序中，"VALUE1"为 20，"VALUE2"为 25，两数不相等，所以将"INPUT"的值 10 传送给操作数"Result"；完成后，通过立即退出循环指令（EXIT）终止整个循环的执行。如果没有 EXIT 指令，由于"VALUE1"与"VALUE2"始终不相等，程序将进入死循环，导致报错，无法执行。

```
63  WHILE
64      #VALUE1 <> #VALUE2
65  DO
66      #Result := "INPUT";
67      EXIT;
68  END_WHILE;
```

结果	TRUE
#VALUE1	20
#VALUE2	25
#Result	10
"INPUT"	10

图 8-17　WHILE 程序示例及运行结果监控

5. REPEAT 指令（不满足条件时执行指令）

与 WHILE 指令相对应，使用不满足条件时执行指令 REPEAT，可以重复执行程序循环，直至满足执行条件为止。该条件是结果为布尔值（TRUE 或 FALSE）的表达式，可以将逻辑表达式或比较表达式作为条件。

执行该指令时，将对指定的表达式进行运算。如果表达式的值为 TRUE，则表示满足该条件；如果表达式的值为 FALSE，则表示不满足该条件。该指令可以嵌套循环，即在程序循环内，可以编写包含其他运行变量的其他循环程序。

该指令运行后，首先执行指令，然后检测条件是否满足，如不满足，重复执行循环；直到满足条件后，退出循环。注意，该指令初始时即使条件满足，也会执行一次。

执行 REPEAT 指令时，可以通过"复查循环条件"指令（CONTINUE），终止当前连续运行的循环；也可以通过"立即退出循环"指令（EXIT）终止整个循环的执行。

REPEAT 指令的语法格式如下：

```
REPEAT<指令>;
UNTIL<条件>
END_REPEAT;
```

下面举例说明 REPEAT 指令的使用方法。例如，通过 REPEAT 指令查找数组"my_array"（数据类型为 array[1..20] of Int）中数值为 111 的成员编号，查到后将对应的数组编号发送给"#number"；如数组中无此数据，则将 0 发送给"#number"。REPEAT 程序示例如图 8-18 所示。

```
1  #index := 0;
2  REPEAT
3      #index += 1;
4  UNTIL #index > 20 OR #my_array[#index] = 111
5  END_REPEAT;
6  IF #index > 20 THEN
7      #number := 0;
8  ELSE
9      #number := #index;
10 END_IF;
```

图 8-18 REPEAT 程序示例

程序运行后，首先将"#index"的值自动加 1；然后检查条件，如果满足条件，退出 REPEAT 循环指令；如果条件不满足，程序可能进入死循环，导致报错，无法执行。

6. CONTINUE 指令（复查循环条件指令）

使用复查循环条件指令 CONTINUE，可以结束 FOR、WHILE 或 REPEAT 循环中 CONTINUE 后续程序的运行，直接返回循环体首端继续执行循环。

执行该指令后，将再次计算继续执行程序循环的条件。该指令将影响其所在的程序循环。

CONTINUE 指令的语法格式如下：

```
CONTINUE;
```

下面举例说明 CONTINUE 指令的使用方法。例如，给数组"my_array"（数据类型为 array[1..10] of Int）中编号大于等于 5 的奇数成员赋值为 1。CONTINUE 程序示例及监控结果如图 8-19 所示。

```
12
13  FOR #i := 1 TO 10 BY 2 DO
14      IF #i < 5 THEN
15          CONTINUE;
16      END_IF;
17      #my_array[#i] := 1;
18  END_FOR;
```

名称	显示格式	监视值
"SCL练习-1_DB".my_array[1]	带符号十进制	0
"SCL练习-1_DB".my_array[2]	带符号十进制	0
"SCL练习-1_DB".my_array[3]	带符号十进制	0
"SCL练习-1_DB".my_array[4]	带符号十进制	0
"SCL练习-1_DB".my_array[5]	带符号十进制	1
"SCL练习-1_DB".my_array[6]	带符号十进制	0
"SCL练习-1_DB".my_array[7]	带符号十进制	1
"SCL练习-1_DB".my_array[8]	带符号十进制	0
"SCL练习-1_DB".my_array[9]	带符号十进制	1
"SCL练习-1_DB".my_array[10]	带符号十进制	0

图 8-19 CONTINUE 程序示例及监控结果

在 FOR 循环中，检验循环指针"#i"；如果"#i<5"，直接返回循环，不执行赋值指令"#my_array[#i]:=1"，且循环指针"#i"加上增量 2 后继续执行；当不满足"#i<5"（即#i>=5）时，执行赋值指令"#my_array[#i]:=1"。

7. EXIT 指令（立即退出循环指令）

使用立即退出循环指令 EXIT，可以随时取消 FOR、WHILE 或 REPEAT 循环的执行，而无须考虑是否满足条件；在循环结束（END_FOR、END_WHILE 或 END_REPEAT）后继续执行程序。该指令将影响其所在的程序循环。

EXIT 指令的语法格式如下：

```
EXIT;
```

下面举例说明 EXIT 指令的使用方法。例如，给数组"my_array"（数据类型为 array[1..10] of Int）中编号小于 6 的成员赋值为 6~10。EXIT 指令应用编程示例及监控结果如图 8-20 所示。

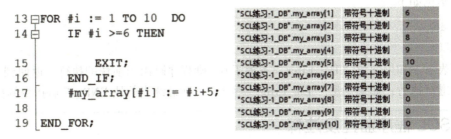

图 8-20　EXIT 指令应用编程示例及监控结果

8. GOTO 指令（跳转指令）

使用跳转指令 GOTO，可以使程序跳转到指定的标签点开始继续执行。

使用时应注意，跳转标签和跳转指令必须在同一个块中。在一个块中，跳转标签的名称只能指定一次；每个跳转标签可以是多个跳转指令的目标。不允许从程序循环的"外部"跳转到程序循环内，但允许从循环内跳转到"外部"。

跳转标签的命名需要遵守以下规则：可以使用英文字母或字母+数字的组合方式，不能使用特殊字符或数字+字母的组合方式。

GOTO 指令的语法格式如下：

```
GOTO <跳转标签>;
...
<跳转标签>:<指令>;
```

下面举例说明 GOTO 指令的使用方法。例如，判断 Int 型变量"#Value"的值，如果大于 27648，则跳转到标签"LABEL1"，将 Bool 型变量"#VoltAlarm"和"Motor_ON"均置 1；如果小于等于 27648，则跳过标签"LABEL1"，直接跳转到标签"LABEL2"，Bool 型变量"#VoltAlarm"为 0，"Motor_ON"置 1。GOTO 指令应用编程示例及监控结果如图 8-21 所示。

9. RETURN 指令（退出块指令）

使用退出块指令 RETURN，可以终止当前程序块（OB、FB 或 FC）中的程序执行，并返回到上一级的调用块中继续执行。如果 RETURN 指令出现在块结尾处，则可以忽略。

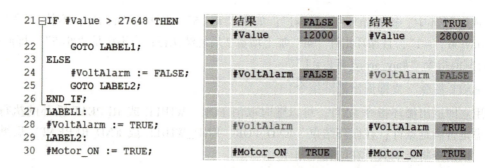

图 8-21　GOTO 指令应用编程示例及监控结果

RETURN 指令的语法格式如下：

RETURN;

程序示例如下：

IF "Tag_Error" <>0 THEN RETURN;
END_IF;

程序表示，如果变量 "Tag_Error" 不等于 0，则程序跳出当前块的执行，返回到上一级的调用块中继续执行；如果变量 "Tag_Error" 等于 0，则继续当前块 END_IF 后指令的执行。

8.3　SCL 程序监控及注释

8.3.1　程序监控

在程序编写并检查完成后，可进行程序的编译和下载；在联机下载完成后，转到在线状态，通过单击 SCL 编程窗口上方的启用/禁用监视按钮 就可进行程序的监控。程序的监控界面如图 8-22 所示，通过监控界面，可以看到在程序右侧的状态监视栏中会显示变量的名称及状态。

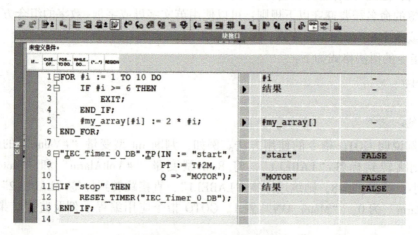

图 8-22　程序的监控界面

程序右侧的状态监视栏中，第一列为待显示的变量名称。如果该行包含 "IF" "WHILE" 或 "REPEAT" 指令，则在该行显示的指令结果为 "TRUE" 或 "FALSE"；如果该行包含多个变量,则只显示第一个变量的值。

从图8-22还可以看到,SCL程序中FOR循环内部没有任何变量显示,如果希望监视FOR循环内部的执行情况,可以在SCL程序编辑区任意位置右击,选择"监视"→"监视循环",确认后就可看到FOR循环内部的执行情况,但只能监控到第一个循环,如图8-23所示。

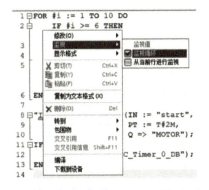
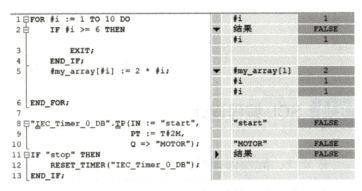

图8-23 循环程序的监控

8.3.2 程序注释

在SCL程序中,可以通过给代码添加注释的方式对程序进行解释性标注,以便阅读程序,还可以将注释灵活应用到程序调试中。

注释SCL程序,可以采用行注释和注释段两种方式;行注释以"//"开头,直到行尾;注释段以"(*"开始,到"*)"结束,该注释可跨多个行。程序注释示例如图8-24所示。

图8-24 程序注释示例

调试程序时,如果不执行某段程序,也可以通过注释的方法将其禁用。通过注释方式禁用相关程序示例如图8-25所示。调试时,可通过注释段方式禁用多行程序,如第3行~5行程序,只需以"(*"开始,到"*)"结束即可;也可通过行注释方式,在该行程序前插入"//",则该行显示为绿色,转为注释,不再执行。

```
 1
 2 FOR #i := 1 TO 10 DO          //FOR循环指令
 3   (*    IF #i >= 6 THEN       //比较i是否大于等于6
 4            EXIT;               //退出循环
 5       END_IF;    *)            //结束IF指令
 6       #my_array[#i] := 2 * #i; //数组赋值
 7 END_FOR;                        //结束FOR循环
 8
 9 IF "start" THEN
10      "speed" := 45;
11      "1#电机" := TRUE;
12   //   "2#电机" := TRUE;
13   //   "VALUE1" := 100;
14 END_IF;
```

图 8-25 通过注释方式禁用相关程序示例

8.4 SCL 编程设计

8.4.1 起保停电路

起保停电路编程示例如图 8-26 所示,左侧为采用梯形图语言的程序,右侧为采用 SCL 编写的程序,两个程序的运行效果是一样的。

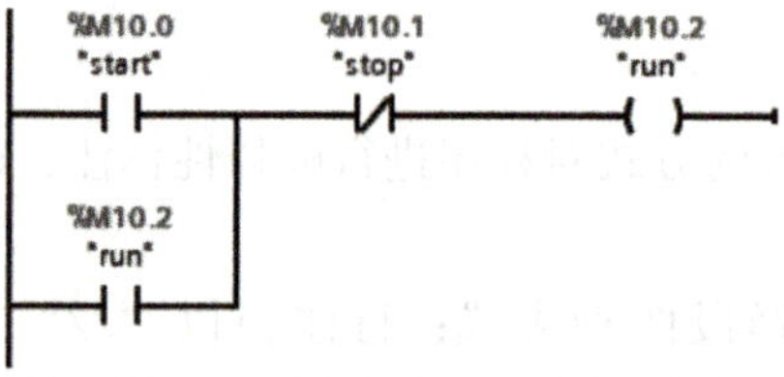

```
1 IF "stop" THEN
2     "run" := 0;
3 ELSIF "start" THEN
4     "run" := 1;
5 END_IF;
6
```

图 8-26 起保停电路编程示例

8.4.2 定时器指令应用

示例 1:当按下起动信号 (M10.0),电动机 M(Q5.4) 立即起动并连续运转,延时 2min 后电动机停止;按下停止信号 (M10.1),电动机 M 立即停止。

SCL 程序如图 8-27 左侧部分所示,右侧为其对应的梯形图程序。

```
1 "IEC_Timer_0_DB".TP(IN:="start",
2                     PT:=T#2M,Q=>"MOTOR");
3 IF "stop" THEN
4     RESET_TIMER("IEC_Timer_0_DB");
5 END_IF;
6
```

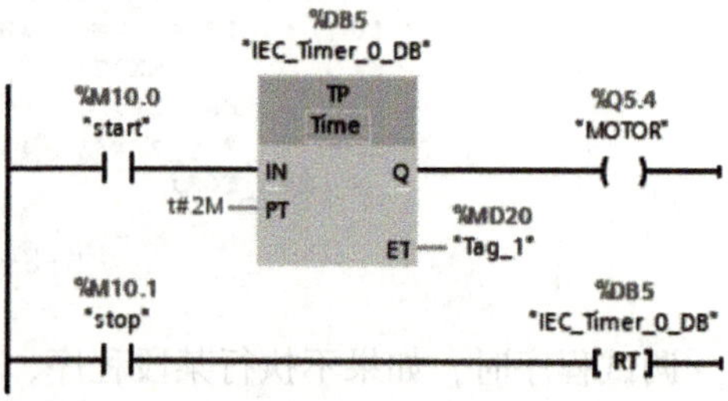

图 8-27 SCL 程序 1

示例 2:设计一个周期可调、脉冲宽度可调的振荡电路。

本例采用两个 TON 定时器实现,SCL 程序如图 8-28 所示,梯形图程序可参考"4.2.3 定时器指令应用→示例 2"。

```
#Time_on := T#2S;
#Time_off := T#3S;

"T0".TON(IN:="start"AND NOT "T1".Q,
         PT:=#Time_off);
"T1".TON(IN:="T0".Q,
         PT:=#Time_on);

#TIME_OUT := "T0".Q;
```

#Time_on	T#2S
#Time_off	T#3S
"start"	TRUE
#Time_off	T#3S
"T0".Q	TRUE
#Time_on	T#2S
#TIME_OUT	TRUE
"T0".Q	TRUE

图 8-28　SCL 程序 2

当 Bool 型变量“start”为 ON 时，定时器 T0 开始计时，到达#Time_off（Time 型变量，设为 3 s）设定的时间后，T0 定时器 Q 置位输出，其常开触点 T0. Q 闭合，#TIME_OUT（Bool 型）变为 ON，同时定时器 T1 开始定时；到达#Time_on（Time 型变量，设为 2 s）设定的时间后，T1 定时器动作，常闭触点 T1. Q 断开，T0 定时器复位，T1 定时器也被复位，#TIME_OUT 变为 OFF，同时 T1 的常闭触点又闭合，T1 又开始定时，如此重复。通过调整 T1 和 T0 的设定值 PT（由 Time 型变量#Time_on 和#Time_off 设置），可以改变#TIME_OUT 输出 ON 和 OFF 的时间，以此来调整脉冲输出的宽度和周期。

示例 3：采用 SCL 编写程序，要求当 Int 型变量 speed 的数值小于 1000 时，按照每隔 5 s 增加 50 的均匀速度提升到不小于 1000。

本例需要设计一个周期为 5 s 的自振荡电路，可采用一个 TON 定时器实现。SCL 程序如图 8-29 所示。

```
IF "speed" < 1000 THEN   //判断speed是否小于1000

    IF "Timer_5s".Q THEN    //5s时钟是否置1
        "speed":="speed"+ 50;   //speed自加50

    END_IF;
END_IF;
"Timer_5s".TON(IN:=NOT "Timer_5s".Q,
               PT:=T#5S);     //5s自振荡定时器
```

结果	TRUE
"speed"	270
结果	FALSE
"speed"	270
"speed"	220
"Timer_5s".Q	FALSE

图 8-29　SCL 程序 3

该例中需要注意，周期为 5 s 的自振荡电路应该放置在 IF 指令的后面；如果放置在前面，由于 PLC 使用周期扫描方式，而“Timer_5s”. Q 为沿信号，只持续一个扫描周期，所以 speed 的数值将不会改变。

8. 4. 3　SCL 表达式和运算指令

SCL 表达式是用于计算值的公式。表达式由操作数和运算符（如 *、/、+ 或 -）组成。通过表达式，可以实现变量赋值、逻辑运算、数学运算等功能，其操作数可以是变量、常量或表达式。

SCL 表达式的计算按一定的顺序进行，具体由以下因素决定：按照运算符定义的优先级，由高到低进行运算；优先级相同的运算符，按从左至右的顺序处理；可使用圆括号指定需要一同计算的一系列运算符。SCL 中的运算符如表 8-1 所示。

表 8-1　SCL 的运算符

类型	名称	符号	优先级	类型	名称	符号	优先级
括号	圆括号	（表达式）	1		小于	<	6
数学运算	幂	**	2	比较运算	小于或等于	<=	6
	一元加	++	3		大于	>	6
	一元减	--	3		大于或等于	>=	6
	乘法	*	4		等于	=	7
	除法	/	4		不等于	<>	7
	取模	MOD	4	逻辑运算	取反	NOT	3
	加法	+	5		与	AND	8
	减法	-	5		异或	XOR	9
赋值	赋值	:=	11		或	OR	10

示例 1：表达式示例如图 8-30 所示，程序释义见注释。

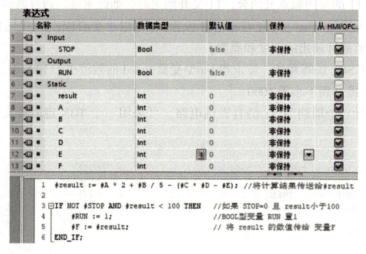

图 8-30　示例 1 程序

示例 2：采用 SCL 编程，计算数列 1+1/2+1/3+…+1/N 的数值。示例 2 程序如图 8-31 所示。

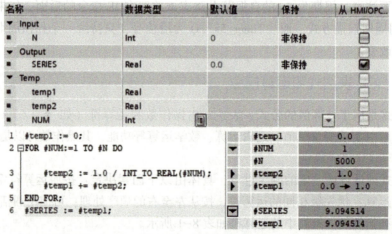

图 8-31　示例 2 程序

在示例 2 的程序中，局部变量#NUM 和#N 为 Int 型变量，临时变量#temp1、#temp2 和静态变量 SERIES 为 Real 型数据，所以在计算时需要注意变量间的转换；在计算#temp2（Real 型）时，需要将#NUM（Int 型）通过转换指令转换为 Real 型。图 8-31 右侧的监控数据显示当 N=5000 时，计算的数值为 9.094 514。

8.4.4 采用 SCL 实现数值查找功能

8.4.4 采用 SCL 语言实现数值查找功能

示例 1：从一个 2×5 的 Int 型二维数组 DATA[1..2,1..5]中查找最大值和最小值。编写程序如图 8-32 所示。

在示例 1 的程序中，将找出的最大值和最小值分别存放到局部变量#DATA_MAX 和#DATA_ MIN 中。前两行为赋初值语句，将二维数组 DATA 中的第一个变量赋给#DATA_MAX 和#DATA_MIN，避免其初始值不在数组极大值和极小值之间，导致结果错误；其后编写二维数组的二重 FOR 循环程序，通过逐个比较数据，查找数组中的最大值和最小值。

查找极值

	名称	数据类型	默认值	保持	从 HMI/OPC...	从 H...	在 HMI ...	设定值	监控	注释
3	▼ InOut				☐	☐	☐	☐		
4	DATA_MAX	Int	0	非保持	☑	☑	☑	☐		
5	DATA_MIN	Int	0	非保持	☑	☑	☑	☐		
7	▼ Temp				☐	☐	☐	☐		
8	i	Int			☐	☐	☐	☐		
9	j	Int			☐	☐	☐	☐		

```
#DATA_MAX := "DATA".DATA[1, 1];
#DATA_MIN := "DATA".DATA[1, 1];
FOR #i:= 1 TO 2 BY 1 DO
    FOR #j:= 1 TO 5 BY 1 DO
        IF #DATA_MAX < "DATA".DATA[#i, #j] THEN
            #DATA_MAX := "DATA".DATA[#i, #j];
        END_IF;
        IF #DATA_MIN > "DATA".DATA[#i, #j] THEN
            #DATA_MIN := "DATA".DATA[#i, #j];
        END_IF;
    END_FOR;
END_FOR;
```

名称	地址	显示格式	监视值
"查找极值_DB".DATA_MAX		带符号十进制	23456
"查找极值_DB".DATA_MIN		带符号十进制	-9898
"DATA".DATA[1, 1]		带符号十进制	12
"DATA".DATA[1, 2]		带符号十进制	23
"DATA".DATA[1, 3]		带符号十进制	-9898
"DATA".DATA[1, 4]		带符号十进制	457
"DATA".DATA[1, 5]		带符号十进制	864
"DATA".DATA[2, 1]		带符号十进制	23456
"DATA".DATA[2, 2]		带符号十进制	0
"DATA".DATA[2, 3]		带符号十进制	-982
"DATA".DATA[2, 4]		带符号十进制	6789
"DATA".DATA[2, 5]		带符号十进制	-35

图 8-32 数值查找功能示例 1 程序

示例 2：在示例 1 的基础上，要求将查找的最大值和最小值对应的数组地址，即数组的行列编号分别显示出来。编写程序如图 8-33 所示。

```
FOR #i := 1 TO 2 BY 1 DO
    FOR #j := 1 TO 5 BY 1 DO
        IF #DATA_MAX = "DATA".DATA[#i, #j] THEN

            #"MAX.行" := #i;
            #"MAX.列" := #j;
        END_IF;
        IF #DATA_MIN = "DATA".DATA[#i, #j] THEN

            #"MIN.行" := #i;
            #"MIN.列":= #j;
        END_IF;
    END_FOR;
END_FOR;
```

#i	1
#j	1
结果	FALSE
#DATA_MAX	23456
#"MAX.行"	2
#"MAX.列"	1
结果	FALSE
#DATA_MIN	-9898
#"MIN.行"	1
#"MIN.列"	3

图 8-33 数值查找功能示例 2 程序

在示例1程序后,继续编写程序;在二重FOR循环程序内,将已找出的最大值和最小值与数组成员进行二次比较,将与其相等的数组成员的行列编号分别传送给对应变量即可。通过监控,可以看到最大值的行列编号为[2,1],最小值的行列编号为[1,3]。

8.5 SCL编程的综合应用

8.5.1 实训1:4台电动机顺序起动控制程序设计

控制要求如下:系统有4台电动机,按下起动按钮,MOTOR_1先起动,10 s后MOTOR_2起动;MOTOR_2运行20 s后,MOTOR_3起动;MOTOR_3运行30 s后,MOTOR_4起动。按下停止按钮,4台电动机同时停止。

按照系统控制要求,在TIA Portal V16软件中新建一个项目,如命名为"4台电动机顺序控制"。

在"项目树"下,单击"添加新设备",选择PLC型号为"CPU 1511C-1 PN"。

在项目程序块中,单击"添加新块",添加一个FB,命名为"顺序控制","语言"选择"SCL",单击"确定"按钮,如图8-34所示。

图8-34 添加一个FB

打开FB,定义块接口变量,如图8-35所示。该例中,输入变量(Input)包括START(系统起动)、STOP(系统停止),输入/输出变量(InOut)包括1~4号电动机控制信号MOTOR_1、MOTOR_2、MOTOR_3、MOTOR_4,静态变量(Static)包括CASE指令应用的STEP变量(Int数据类型)、系统运行信号RUN(Bool类型)、RUN信号上升沿R_run(R_TRIG类型)以及三个TON型定时器TIMER_1、TIMER_2、TIMER_3。

在程序编辑区编写程序,如图8-36所示,程序释义见注释。

FB程序编写完成后,在Main[OB1]中调用该FB,并绑定相关输入/输出变量,如图8-37所示。

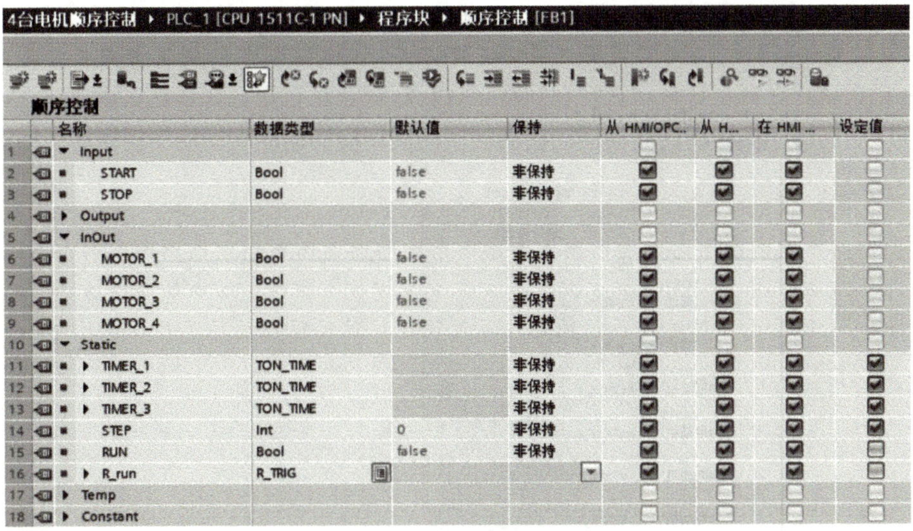

	名称	数据类型	默认值	保持	从 HMI/OPC..	从 H...	在 HMI ...	设定值
1	▼ Input				☐	☐	☐	☐
2	START	Bool	false	非保持	☑	☑	☑	☐
3	STOP	Bool	false	非保持	☑	☑	☑	☐
4	▸ Output				☐	☐	☐	☐
5	▼ InOut				☐	☐	☐	☐
6	MOTOR_1	Bool	false	非保持	☑	☑	☑	☐
7	MOTOR_2	Bool	false	非保持	☑	☑	☑	☐
8	MOTOR_3	Bool	false	非保持	☑	☑	☑	☐
9	MOTOR_4	Bool	false	非保持	☑	☑	☑	☐
10	▼ Static				☐	☐	☐	☐
11	▸ TIMER_1	TON_TIME		非保持	☑	☑	☑	☑
12	▸ TIMER_2	TON_TIME		非保持	☑	☑	☑	☑
13	▸ TIMER_3	TON_TIME		非保持	☑	☑	☑	☑
14	STEP	Int	0	非保持	☑	☑	☑	☑
15	RUN	Bool	false	非保持	☑	☑	☑	☐
16	▸ R_run	R_TRIG			☑	☑	☑	☐
17	▸ Temp				☐	☐	☐	☐
18	▸ Constant				☐	☐	☐	☐

图 8-35　定义块接口变量

```
IF #STOP=1 THEN
    #RUN := 0;
ELSIF #START=1 THEN
    #RUN := 1;
END_IF;              //系统起停控制

#R_run(CLK := #RUN);  //检测#RUN信号上升沿
IF #R_run.Q THEN
    #STEP := 1;
END_IF;              //将CASE指令的#STEP设为1

#TIMER_1(IN := #MOTOR_1,
         PT := T#10S);      //10s定时器设置
#TIMER_2(IN := #MOTOR_2,
         PT := T#20S);      //20s定时器设置
#TIMER_3(IN := #MOTOR_3,
         PT := T#30S);      //30s定时器设置

IF #STOP THEN                //停止时，复位定时器及相关变量
    RESET_TIMER(#TIMER_1);
    RESET_TIMER(#TIMER_2);
    RESET_TIMER(#TIMER_3);
    #MOTOR_1 := #MOTOR_2 := #MOTOR_3 := #MOTOR_4 := 0;
END_IF;

IF #RUN THEN             //系统运行时
    CASE #STEP OF
        1:                  //#STEP=1时
            #MOTOR_1 := 1;     //1号电动机起动
            IF #TIMER_1.Q THEN
                #STEP := 2;
            END_IF;
        2:                  //#STEP=1时
            #MOTOR_2 := 1;     //2号电动机起动
            IF #TIMER_2.Q THEN
                #STEP := 3;
            END_IF;
        3:                  //#STEP=1时
            #MOTOR_3 := 1;     //3号电动机起动
            IF #TIMER_3.Q THEN
                #STEP := 4;
            END_IF;
        4:                  //#STEP=1时
            #MOTOR_4 := 1;     //4号电动机起动
    END_CASE;
END_IF;
```

图 8-36　示例 1 程序

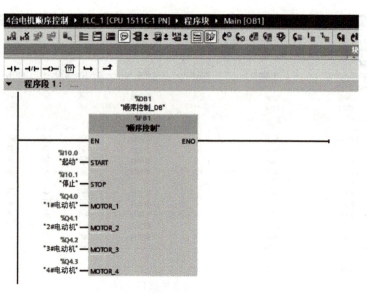

图 8-37　调用 FB 并绑定相关输入/输出变量

本例中，输入变量分别绑定 I10.0（系统起动）、I10.1（系统停止）。输入/输出变量分别绑定到 Q4.0（1#电动机）、Q4.1（2#电动机）、Q4.2（3#电动机）和 Q4.3（4#电动机）。

将程序下载到 PLC 中运行，或使用 PLCSIM 仿真运行。通过监控表查看程序运行情况，如图 8-38 所示。

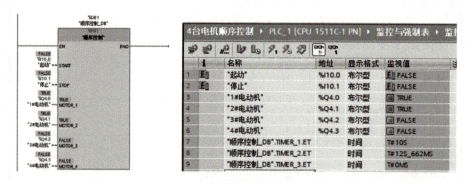

图 8-38　顺序起动运行监控表

8.5.2　实训 2：交通灯控制系统程序设计

交通信号灯控制系统控制要求如下，采用 SCL 编写程序（LAD 编写程序可参考"4.7.2 实训 2"）。

1）实现交通灯南北方向和东西方向红绿灯的控制，各信号灯时序要求如图 8-39 所示。

2）可根据东西方向、南北方向车流情况，手动调节通行时间。分为三种情况：

① 正常情况，南北和东西方向绿灯均点亮 20 s（常亮 17 s，闪烁 3 s）；黄灯点亮 3 s。

② 南北车流大，南北方向绿灯延长 5 s，即点亮 25 s（常亮 22 s，闪烁 3 s）；东西方向绿灯不变，即点亮 20 s（常亮 17 s，闪烁 3 s）；黄灯点亮 3 s。

③ 东西车流大，东西方向绿灯延长 5 s，即点亮 25 s（常亮 22 s，闪烁 3 s），南北方向绿灯不变，即点亮 20 s（常亮 17 s，闪烁 3 s），黄灯点亮 3 s。

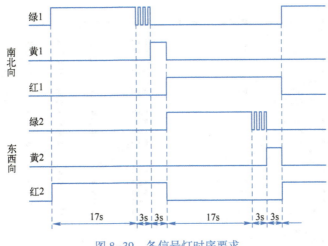

图 8-39 各信号灯时序要求

3）通过起动/停止按钮对系统进行起停控制。

设计过程如下：

① 打开 TIA Portal V16 软件，新建项目并命名为"交通灯控制程序"。

② 在项目下，添加新设备，选择 PLC 型号为"CPU 1511C-1 PN"；在 PLC 属性中启用"系统和时钟存储器"，以便于实现绿灯闪烁。

③ 在程序块中，单击"添加新块"，添加一个 FB，并命名为"交通灯_1"；"语言"选择"SCL"，单击"确定"按钮。"添加新块"对话框如图 8-40 所示。

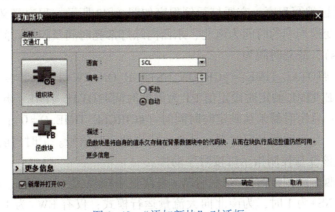

图 8-40 "添加新块"对话框

④ 打开新添加的 FB，单击块接口向下箭头，在块接口表格中定义相关变量，定义块接口变量如图 8-41 所示。

接口变量中，输入信号（Input）包括交通灯起停信号 START、STOP 及南北向、东西向车流调整信号 NS+、EW+，共 4 个 Bool 型变量。

输出信号（Output）包括南北、东西向三色信号灯（红、黄、绿），共 6 个 Bool 型变量，分别命名为 GREEN_NS、YELLOW_NS、RED_NS、GREEN_EW、YELLOW_EW、RED_EW。

静态变量共 5 个，其中 BOOL 型 1 个，Time 型 3 个，TON_TIME 型背景数据块 1 个。Bool 型为系统运行信号 RUN；Time 型为南北向绿灯常亮时间 GR_ON_NS，东西向绿灯常亮时间 GR_ON_EW，以及用于计算信号灯一个运行周期总用时的 TOTAL_TIME；TON_TIME 型背景数

	名称	数据类型	默认值	保持	从HMI/OPC...	从H...	在HMI...	设定值
	交通灯_1							
	▼ Input							
1	START	Bool	false	非保持	☑	☑	☑	☐
2	STOP	Bool	false	非保持	☑	☑	☑	☐
3	NS+	Bool	false	非保持	☑	☑	☑	☐
4	EW+	Bool	false	非保持	☑	☑	☑	☐
5	▼ Output							
6	GREEN_NS	Bool	false	非保持	☑	☑	☑	☐
7	YELLOW_NS	Bool	false	非保持	☑	☑	☑	☐
8	RED_NS	Bool	false	非保持	☑	☑	☑	☐
9	GREEN_EW	Bool	false	非保持	☑	☑	☑	☐
10	YELLOW_EW	Bool	false	非保持	☑	☑	☑	☐
11	RED_EW	Bool	false	非保持	☑	☑	☑	☐
12	▶ InOut							
13	▼ Static							
14	RUN	Bool	false	非保持	☑	☑	☑	☐
15	GR_ON_NS	Time	T#0ms	非保持	☑	☑	☑	☐
16	GR_ON_EW	Time	T#0ms	非保持	☑	☑	☑	☐
17	TOTAL_TIME	Time	T#0ms	非保持	☑	☑	☑	☐
18	▶ CIRCLE_TIME	TON_TIME		非保持	☑	☑	☑	☑
19	▼ Temp							
20	time	Time						
21	▶ Constant							

图 8-41 定义块接口变量

据块命名为 CIRCLE_TIME。

其中，周期总用时 TOTAL_TIME=南北向绿灯常亮时间 GR_ON_NS+3 s（南北绿灯闪烁）+3 s（南北黄灯）+东西向绿灯常亮时间 GR_ON_EW+3 s（东西绿灯闪烁）+3 s（东西黄灯）。故总时间为：

$$\#TOTAL\_TIME := \#GR\_ON\_NS + \#GR\_ON\_EW + T\#6s + T\#6s$$

临时变量 1 个，用于记录定时器当前时间，命名为 time，数据类型为 Time 型变量。

⑤ 在程序编辑区编写程序，交通灯示例程序如图 8-42 所示，程序释义见图中注释。

程序中，一个变换周期的时间为南北、东西向绿灯常亮时间及闪烁时间（各 3 s），加上黄灯点亮时间（各 3 s），故总时间为

$$\#TOTAL\_TIME := \#GR\_ON\_NS + \#GR\_ON\_EW + T\#6s + T\#6s$$

定时器#CIRCLE_TIME 的定时设定值 PT 为周期时间#TOTAL_TIME；起动输入信号为系统运行时（#RUN=1）且定时器未达到定时时间时（#CIRCLE_TIME.Q=0）；当系统运行且定时器达到定时时间时，会自动断开定时器，从而生成周期定时信号。定时当前时间传送给局部变量#time，后续通过该变量控制指示灯按时序动作。

通过南北、东西车流调整信号 NS+、EW+ 来调整系统模式，当 NS+、EW+ 均为 0 时，为正常模式；当仅有 NS+ 为 1 时，为南北向大流量运行模式；仅有 EW+ 为 1 时，为东西向大流量运行模式。

可根据定时器#CIRCLE_TIME 当前时间#time 的数值，参照交通灯时序要求，通过 IF 判断语句来编写交通灯控制部分。南北向时，当时间#time 为 0~#GR_ON_NS 时，绿灯常亮；当时间#time 为#GR_ON_NS~#GR_ON_NS+3s 时，绿灯闪烁；当时间#time 为#GR_ON_NS+3s~#GR_ON_NS+6s 时，黄灯点亮 3 s；当时间#time 为#GR_ON_NS+6s~#TOTAL_TIME 时，红灯点亮。

同理，按照时序图，东西向时，当时间#time 为#GR_ON_NS+6s ~#GR_ON_NS+6s+#GR_ON_EW 时，绿灯常亮；当时间#time 为#GR_ON_NS+6s+#GR_ON_EW ~#GR_ON_NS+#GR_ON_EW+9s 时，绿灯闪烁；当时间#time 为#GR_ON_NS+9s+#GR_ON_EW ~#TOTAL_TIME 时，黄灯点亮 3 s；当时间#time 为 0~#GR_ON_NS+6s 时，红灯点亮。

```scl
1  //红绿灯一个变换周期时间，等于南北方向绿灯、黄灯点亮时间加上东西方向绿灯、黄灯点亮时间
2  #TOTAL_TIME :=#GR_ON_NS+#GR_ON_EW+T#6S+T#6S;
3
4  #CIRCLE_TIME(IN:=#RUN AND NOT #CIRCLE_TIME.Q,ET=>#time,  //生成1个时长为TOTAL_TIME 的周期定时信号
5               PT:=#TOTAL_TIME);
6
7  IF #"NS+" = 0 AND #"EW+" = 0 THEN         //正常模式
8      #GR_ON_EW := t#17s;
9      #GR_ON_NS := t#17s;
10 ELSIF #"NS+" = 1 AND #"EW+" = 0 THEN      //南北向车流大模式
11     #GR_ON_EW := t#17s;
12     #GR_ON_NS := t#22s;
13 ELSIF #"NS+" = 0 AND #"EW+" = 1 THEN      //东西向车流大模式
14     #GR_ON_EW := t#22s;
15     #GR_ON_NS := t#17s;
16
17 END_IF;
18
19 IF #STOP THEN                              //系统起停控制
20     #RUN := 0;
21 ELSIF #START THEN
22     #RUN := 1;
23 END_IF;
24
25 IF #time >t#0s AND #time <= #GR_ON_NS THEN              //南北绿灯控制
26     #GREEN_NS := 1;
27 ELSIF #time >#GR_ON_NS AND #time <= #GR_ON_NS+t#3s THEN
28     #GREEN_NS := "Clock_1Hz";
29 ELSE
30     #GREEN_NS := 0;
31 END_IF;
32
33 IF #time > #GR_ON_NS+ t#3s AND #time <= #GR_ON_NS + t#6s THEN  //南北黄灯控制
34     #YELLOW_NS := 1;
35 ELSE
36     #YELLOW_NS := 0;
37 END_IF;
38
39 IF #time > #GR_ON_NS + t#6s AND #time <= #TOTAL_TIME THEN      //南北红灯控制
40     #RED_NS := 1;
41 ELSE
42     #RED_NS := 0;
43 END_IF;
44
45 IF #time >#GR_ON_NS+T#6s AND #time <= #GR_ON_NS+T#6s+#GR_ON_EW THEN   //东西绿灯控制
46     #GREEN_EW := 1;
47 ELSIF
48     #time > #GR_ON_NS+#GR_ON_EW+T#6s AND #time <= #GR_ON_NS+#GR_ON_EW+T#9s THEN
49     #GREEN_EW := "Clock_1Hz";
50 ELSE
51     #GREEN_EW := 0;
52 END_IF;
53
54 IF #time > #GR_ON_NS + #GR_ON_EW + T#9s AND #time <= #TOTAL_TIME THEN  //东西黄灯控制
55     #YELLOW_EW := 1;
56 ELSE
57     #YELLOW_EW := 0;
58 END_IF;
59
60 IF #time >t#0S AND #time <=  #GR_ON_NS + t#6s THEN      //东西红灯控制
61     #RED_EW := 1;
62 ELSE
63     #RED_EW := 0;
64 END_IF;
```

图 8-42　交通灯示例程序

⑥ FB 程序编写完成后，在 Main［OB1］中调用该 FB，并绑定相关输入、输出变量，如图 8-43 所示。

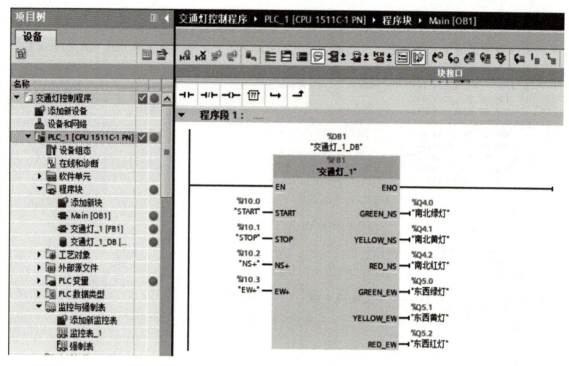

图 8-43 调用 FB 并绑定相关输入输出变量

本例中，输入变量分别绑定 I10.0（系统起动）、I10.1（系统停止）、I10.2（NS+，南北向大流量）、I10.3（EW+，东西向大流量）；交通灯分别绑定输出变量 Q4.0（南北绿灯）、Q4.1（南北黄灯）、Q4.2（南北红灯）、Q5.0（东西绿灯）、Q5.1（东西黄灯）、Q5.2（东西红灯）。

⑦ 将程序下载到 PLC 中运行，或使用 PLCSIM 仿真运行。在 PLC 上查看交通灯运行情况，或通过监控表查看程序运行情况，如图 8-44 所示。

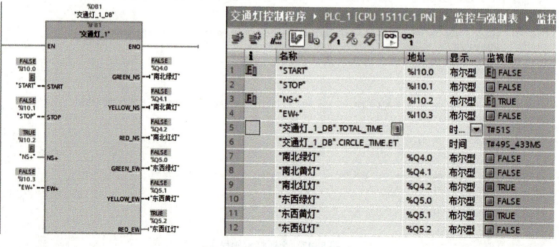

图 8-44 交通灯运行监控表

8.6 习题

8.1　SCL 支持哪些 STEP7 块，与其他语言有什么关系？

8.2　SCL 中本地变量与符号名的引用有什么区别？

8.3　采用 SCL 编写电动机 Y-△ 减压起动控制程序。要求：PLC 上电 3 s 后，电动机 Y 形减压起动，指示灯 HL 以 1 s 的时间周期闪亮；10 s 后，电动机转为 △ 形且全压正常运行，指示灯 HL 变为常亮。任何时候按下停止按钮，电动机 M 停止工作。

8.4　采用 SCL 编写程序，计算数列 $1-1/2+1/3-1/4+\cdots+1/n-1/(n+1)$ 的数值。

8.5　设计一个指示灯控制程序，输出指示灯为 A、B、C、D，要求上电自启动，输出指示灯按每秒一步的速率得电，顺序为 AB—AC—AD—BC—BD—CD，并周期循环；当任何时刻按下暂停按钮都能暂停运行，并保持指示灯当前的输出状态；松开暂停按钮，则继续循环下去；任何时刻按下停止按钮，停止运行，指示灯全部熄灭。

> 百学须先立志。
>
> ——朱熹

附　录　本书二维码视频清单

名　　称	图　形	名　　称	图　形
3.5-1　简单项目的建立与运行——硬件组态与程序编写		4.7.2-2　交通灯控制系统程序调试	
3.5-2　简单项目的建立与运行——项目下载与调试		5.2　数据块（DB）的应用	
3.7.2　TIA Portal 仿真功能的应用		5.3.4-1　延时中断组织块的应用	
3.7.3　系统和时钟存储器功能应用		5.3.4-2　循环中断组织块的应用	
4.2.3-1　定时器指令应用示例1		5.4.2　带有形参的 FC 块应用	
4.2.3-2　定时器指令应用示例2		5.5.2　具有单个背景数据块的 FB	
4.3.1　加计数器的应用		5.5.3-1　具有多重背景数据块的 FB 应用——FB1 的建立	
4.4.2　比较指令应用（配合触摸屏软件实现联合仿真运行）		5.5.3-2　具有多重背景数据块的 FB 应用——FB100 的建立	
4.6.3　移位彩灯控制系统（配合触摸屏软件实现联合仿真运行）		5.6.1　通过片段访问对 DB 变量寻址	
4.7.2-1　交通灯控制系统程序编写		7.2-1　S7-1500 PLC 的 S7 通信应用——客户端程序编写	

附录 本书二维码视频清单

(续)

名 称	图 形	名 称	图 形
7.2-2 S7-1500 PLC 的 S7 通信应用——系统运行		7.4 S7-1500 PLC Modbus TCP 通信仿真调试	
7.3-1 S7-1500 PLC Modbus TCP 通信项目建立——客户端		8.4.4 采用 SCL 语言实现数值查找功能	
7.3-2 S7-1500 PLC Modbus TCP 通信项目建立——服务器			

参 考 文 献

[1] 姚晓宁. S7-1200 PLC 技术及应用 [M]. 北京：电子工业出版社，2017.
[2] 郭琼，姚晓宁，钱晓忠，等. 基于 PLC 的远程监控系统研究及实践 [J]. 实验技术与管理，2019，36 (5)：4.
[3] 哈立德·卡梅尔，埃曼·卡梅尔. PLC 工业控制 [M]. 朱永强，王文山，等译. 北京：机械工业出版社，2019.
[4] 崔坚. SIMATIC S7-1500 与 TIA 博途软件使用指南 [M]. 北京：机械工业出版社，2016.
[5] SIEMENS. TIA 博途与 SIMATIC S7-1500 可编程控制器样本 [Z]. 2017.
[6] 郭琼，姚晓宁. 现场总线技术及其应用 [M]. 3 版. 北京：机械工业出版社，2021.
[7] 姚晓宁，郭琼. S7-200/S7-300 PLC 基础及系统集成 [M]. 北京：机械工业出版社，2015.